“图解”产品

产品经理业务设计与UML建模

擎苍 著

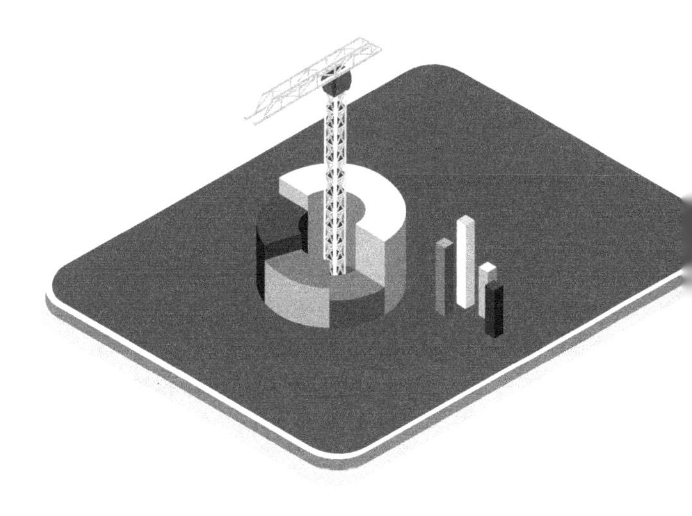

電子工業出版社
Publishing House of Electronics Industry
北京•BEIJING

内 容 简 介

《"图解"产品》就是用"图"来"解构"产品经理的相关知识，并解决业务设计工作中的三大难题：文档有漏洞、产品要返工、调研无逻辑。

作为产品经理，你是否遇到过如下问题：写出的文档有漏洞、上线的产品要返工，或者在调研的时候无逻辑。出现这些问题的原因往往是产品经理不会使用分层思考、UML 建模。本书因此针对性地提炼出四层九要素模型，并给出每个要素的设计细节，尤其讲解了产品经理必会的 UML 建模知识。

本书适合有一定基础的 C 端和 B 端的产品经理阅读，并可将知识用于 C 端领取优惠券、身份认证等设计中，用于 B 端内容管理、订单管理、CRM 等的设计中。

图书在版编目（CIP）数据

"图解"产品：产品经理业务设计与 UML 建模 / 擎苍著. —北京：电子工业出版社，2021.9

ISBN 978-7-121-41813-6

Ⅰ. ①图… Ⅱ. ①擎… Ⅲ. ①产品设计 Ⅳ.①TB472

中国版本图书馆 CIP 数据核字（2021）第 168242 号

责任编辑：林瑞和　　　　特约编辑：田学清

印　　刷：北京盛通数码印刷有限公司

装　　订：北京盛通数码印刷有限公司

出版发行：电子工业出版社

　　　　　北京市海淀区万寿路 173 信箱　　　邮编 100036

开　　本：720×1000　1/16　印张：22.5　字数：428 千字

版　　次：2021 年 9 月第 1 版

印　　次：2024 年 4 月第 8 次印刷

定　　价：69.00 元

凡所购买电子工业出版社图书有缺损问题，请向购买书店调换。若书店售缺，请与本社发行部联系，联系及邮购电话：（010）88254888，88258888。

质量投诉请发邮件至 zlts@phei.com.cn，盗版侵权举报请发邮件至 dbqq@phei.com.cn。

本书咨询联系方式：010-51260888-819，faq@phei.com.cn。

推荐序

第一次接触产品经理这个职位是我在 15 年前搭建移动运营商的时候，再次和产品经理在工作上有深度交流是 8 年前进行互联网创业的时候，这也是我和本书作者认识的机缘。在结识的这些年里，本书作者的认真和执着给我留下了深刻的印象。

在 2020 年的 6 月，我和本书作者见了一次面，交流了他这些年从事产品经理教学的心得和写本书的初心。这次沟通让我对产品经理这个职位有了更深一层的了解。在看完全书后， 我再次见证了本书作者认真和执着的匠心精神。

大部分产品经理用以用户为中心的框架来设计产品，本书作者在多年的工作及教学中，深刻体会到单纯地应用以用户为中心的框架存在一些不足，尤其是涉及企业内部员工的业务流程的产品。本书作者在多年的工作中总结并完善了以业务为中心的四层九要素的产品设计框架。这个框架可以指导业务设计，包括解决方案、功能、流程和数据结构等的设计。这是一本从实战中沉淀出来的充满经验和智慧的书，作者把这些实战总结成了一个一个的步骤，读者可以顺着这些步骤按部就班地把业务设计出来，并且这些步骤也考虑到了业务的细节，读者可以很容易地进入场景中。

本书针对不同业务的复杂性和场景介绍了三种业务设计模型（用例驱动设计，流程驱动设计及领域驱动设计），这对我颇有启发。借助不同的方法论更好地把当下的需求及未来的扩展性都思考清楚，就可以编写出内容全面、研发人员不返工的文档，实现高质量的沟通。这可能是所有研发团队最渴望实现的要求。从过往经验来看，大量研发资源浪费最主要的原因就是用户需求判断失误及对未来需求的扩充并没有被提前考虑进去。原有系统无法支撑新的需求，需要推倒重构，后果就是大量地浪费公司宝贵的研发资源，打击研发团队的信心，团队之间产生隔阂，甚至使公司错失了宝贵的市场机会。

本书向读者真实呈现了产品经理的工作流程，完整地介绍了产品经理工作中的很多细节、工作职责及方法、工具。同时，作者也介绍了许多真实的产品设计案例。这是一本产品经理的实战书，让很多在工作上遇到困惑的产品经理豁然开朗。应用书中提出的工作步骤，必能解决工作上遇到的难题，因此只要是产品经理，都值得仔细阅读本书，相信一定会受益良多。

——KK （连续创业者、战略顾问、投资人）

网友点评

产品不是目标，而是工具，他带你从 A 点到达 B 点。本书所讲的产品方法，就能帮助你使用这个工具、利用这个工具，从而到达远方的目标。

——网友 李圣添

把产品知识写明白可不简单，因为我们需要把网状结构的知识整理成树状结构，最后通过线性表达出来。擎苍老师无疑是此中的佼佼者，通过产品业务主线，将产品知识串联起来，最后铺成整个网状的知识体系，真大神也。

市面上很少有优秀的产品经理书籍，大多数对于读者不适用，也没有一条主线，干货较少。但是这本书干货满满，比如如何进行业务设计、如何定产品方向等，这些可都是硬核知识啊。

——网友 挺军

关于书名的说明

何为“图解”产品？就是用“图”表达并“解构”产品经理的相关知识。

用“图”表达知识

我常对学生说：“你在脑袋里画张图，才能记的住。”比如在脑中画出工作的流程图、知识的思维导图。人的头脑里要有图，知识的表达也要用图。一图顶万言，图比文字更容易记住。本书就是教大家如何用“图”表达业务设计、业务建模和业务细节。

1. 表达业务设计

本书提出了以业务为中心的产品设计，并将其结构化为四层九要素模型图。该图请见前言，这个图提纲切领地表达了业务设计过程，从而让业务设计井井有条。

2. 表达业务建模

本书讲解 UML 建模方法，让业务梳理更加轻松。

UML 图对于产品经理来说，是非常有价值的知识，但也存在一些问题。本书将正本清源，讲清楚 UML 图。

3. 表达业务细节

本书将业务细节设计步骤化，比如将流程设计分成三大步和五小步，将解决方案设计分成了五大步和若干小步。可以关注我的公众号，回复“知识地图”，可获得全书知识地图，内有细节设计步骤总结。

合理“解构”知识

“图解”产品的“解”是解构的意思，是对产品知识的拆解和梳理。解构时要做到符合逻辑，且穷尽可能，这样产品经理才能学到正确的知识，做出全面的分析。

前言

缘　　起

随着互联网技术的发展，产品经理这个职位诞生了。这个职位经历了从经验的积累，到知识的建立这一过程。我在互联网行业从业十多年，走过很多弯路，做过各种探索，同时发现，很多产品经理在成长过程中也面临着和我一样的问题：不知道学什么、如何学，甚至学了错误的知识。比如，流程图、状态图就是错误知识的“重灾区”，如果产品经理将这些图画错了，就会导致规划思路不清晰、需求文档有漏洞，甚至造成产品上线失败、研发人员返工。

针对上述问题，我写了三篇文章——《三步绘制大厂标准流程图》之一、之二和之三[①]。在文章发表后，很多读者留言说真正会画流程图了，还有一些读者咨询业务设计。在这些留言的鼓励下，我写了这本关于业务设计的书。

我期望通过撰写本书，帮助产品经理在成长过程中少走弯路。当然由于本人水平有限，难免有偏颇、疏漏之处，还请各位同人多提宝贵意见。

阅读对象

本书是讲业务设计的，既适合 C 端产品经理阅读，也适合 B 端产品经理阅读。为什么这么说？这要从产品经理的技能说起。

1．产品经理的技能

---

① 这三篇文章存在一些问题，本书做了修改，并全部重写。想看原文的读者请在知乎上搜索“大厂标准流程图”，并找到“擎苍”这个作者。

产品经理的划分有多种维度。一种是按行业划分，如划分为电商产品经理、社交产品经理等。一种是按模块划分，如划分为设计商家管理、设计内容管理、设计客服系统、设计协同办公等。还有一种是按照 C 端和 B 端划分。以上三种划分方式都有一定的道理。

虽然产品经理从事的行业、设计的模块和面对的人群不同，但有些技能是相通的。产品经理只有学习这些技能，才能适应不同行业、不同模块和不同人群的工作，才能走得更远。产品经理的技能主要包括做交互、做增长、做数据、做策略和做业务，本书主要讲如何做业务。下面我们对这几类技能做介绍。

做交互。这是产品经理的基础工作，需要产品经理在界面和交互设计上下功夫。比如，设计电商列表页的交互，或者设计大数据的前台展示和后台配置，或者设计直播系统的学生端。这些都是在做交互，但内在逻辑差异较大。

做增长。这项工作是提升用户数量、增加公司营收等。这类技能需要产品经理通晓社会心理和消费心理等，并学习行业内的增长套路。

做数据。当今是数据时代，网站或应用会沉淀出海量数据。产品经理通过这些数据，指导产品设计并评估产品效果，这就需要产品经理懂得数据模型、数据分析等知识。

做策略。产品的策略可以是热卖推荐的排序、优惠券的发送人群、防止用户“薅羊毛”等。在策略方面要做好和做精并不容易，这涉及算法、统计等知识。

做业务。一个 C 端产品经理需要设计领取优惠券的流程，一个 B 端产品经理需要设计发布商品的流程、退货和送货流程等，这些都是业务设计。业务设计的方法常常是类似的，产品经理需要学习流程设计、操作设计等内容，并要学会拆解业务功能。

通常，一个产品经理需要具备以上四类技能中的几类，并要有所侧重。比如，电商行业的 C 端产品经理，其基本技能是做交互，核心技能是做增长，并且要懂一些业务设计和数据分析。再如，一个做商家端的 B 端产品经理，其核心技能是业务设计，但是也要懂一些交互设计和数据分析。

2. 谁适合读本书

通过阅读上面的内容，我们知道本书适合 C 端和 B 端的产品经理阅读，尤其适合 B 端产品经理阅读，并且不会局限于某个行业。常见的设计模块如下。

- C 端产品经理：设计领取优惠券、登录、领红包、下订单等。
- B 端产品经理：设计商品发布和审核、商品退货、学籍管理、餐饮系统等。

总之，C 端和 B 端的产品经理都可以阅读本书。但初学者不适合阅读本书，因为本书没有讲项目管理、工作流程等内容，也没有讲太多的交互设计、用户故事和场景分析等。

如何学习

产品经理的知识没有高深的理论，每个知识点都很直白。但为什么有的人学起来得心应手，一眼就能看透本质，而有的人却没有思路，总也想不到、看不出呢？有人说是因为经验不足，但这只是表象。问题往往出在知识、连接和应用上。

1. 知识和连接

俞军老师在给我们产品团队做培训时，一开始就在白板上画了若干个点，然后用直线把这些点连接起来，如图 0-1 所示。俞军老师边画边说："这些点就是产品领域的知识，产品经理要不断掌握这些知识，并且随着知识的增加，要把这些知识连接起来，这样才能融会贯通。"

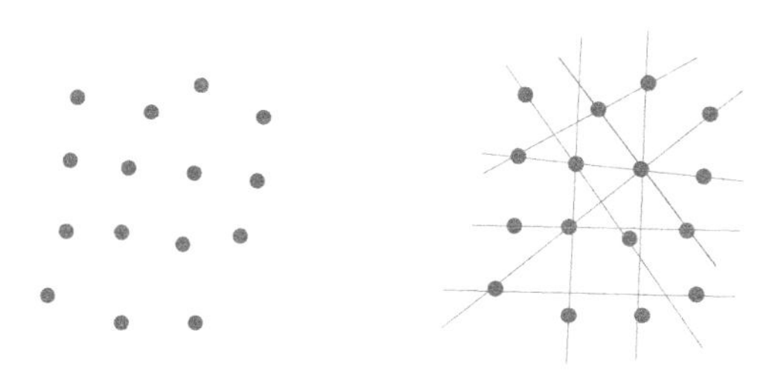

图 0-1　知识的连接

俞军老师的话切中要害。产品经理要掌握大量的知识，并且还要将这些知识连接起来，这样才能发挥威力。

本书所说的知识，尤指概念性知识。概念虽然枯燥，却是学习的基础。比如，什么是需求？用户的心理需求（如归属和交际）、目标需求（如进行团队聚餐）、产品需求（如在列表页按就餐人数筛选餐厅），这些都可称为需求。显然这些需求是不同的，如果不理解这些需求的概念，产品经理就会认为这些都是一样的需求，从而出现思考的混乱。但产品经理仅仅理解了概念还不够，还要将这些概念连接起来，形成结构。产品经理应先挖掘用户的心理需求和目标需求，然后定义产品需求[①]，这就是把知识连接起来。

2. 注意应用

产品经理在理解了概念，并能将知识连接起来后，仍需要多多运用。常常有人批评关于产品经理的书只是讲了常识，讲得太简单了，但即使简单的知识也不一定就能用好。

我曾经和一位产品经理沟通，谈到后台产品的价值是要提升效率、降低成本、提升业绩等，这非常容易理解。但是，该产品经理在分析业务的时候走偏了。他并没有思考产品价值，反而把产品价值理解错了，他认为产品价值就是满足用户习惯，这是不对的。

做好产品经理的一大挑战就是，如何从纷繁复杂的信息中筛选出重要信息，从而做出战略决策。而在这个过程中，产品经理需要否定 99 条路，然后选出一条正确的路。这要求产品经理应多用和多想，如此才能融会贯通。所以，虽然本书讲了一些常识，但是产品经理只有将这些常识用起来、用对了，才是真的学到了。

内容简介

既然知识、连接和应用是学习的关键点，那么本书的内容也按照这三点来组织。在各章节中，本书先讲概念等知识，如用例、流程、需求等，然后说明概念之间的联系，最后给出应用案例。另外，从整体框架上，本书把业务设计分成四层、九个要素，如图 0-2 所示。

① 关于需求的定义见 6.1 节。

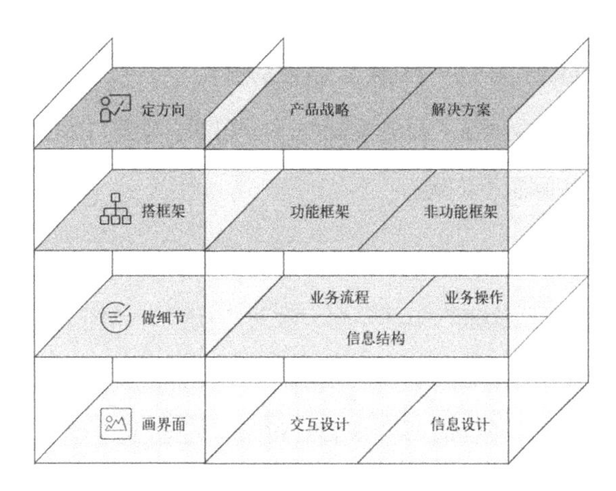

图 0-2　业务设计的整体框架

设计整体框架的目的是要把知识串在一起。全书的内容也是围绕这四层、九个要素来组织的。关于业务设计的整体框架，我会在正文中做解释，下面对全书的内容做简单介绍。

第 1 部分是认知篇（第 1、2 章）：介绍了什么是业务，以及业务设计整体框架中的四层、九个要素，同时介绍业务构建的工具——UML（统一建模语言）[①]。

第 2 部分是定方向（第 3、4 章）：这是业务设计整体框架的第一层，不能一开始就设计业务，应先制定产品战略和解决方案。其中，解决方案大体对应了产品模块。

第 3 部分是搭框架（第 5、6 章）：这是业务设计整体框架的第二层，搭框架仿佛在搭建人体骨骼，是在定义产品的大致范围。搭框架包括定义功能框架和非功能框架。

第 4 部分是做细节（第 7、8、9 章）：这是业务设计整体框架的第三层，做细节就像给人体以血肉和大脑，是在定义业务的细节，并注入灵魂。做细节包括业务流程、业务操作和信息结构。

第 5 部分是画界面（第 10、11 章）：这是业务设计整体框架的第四层，画界面仿佛是给人体以肌肤，是在定义业务的外在表现，是用户能直观看到的部分。画界面包括交互设计和信息设计。

---

① UML 的概念见第 2 章。

第 6 部分是拓展篇（第 12～15 章）：这部分介绍了如何运用四层九要素的知识来进行业务调研和设计，并讲解了业务设计的进阶知识，包括 UML 的整体框架，以及 UML 的作用、局限和问题等内容。

以上就是全书的内容。其中，业务设计整体框架中的定方向和搭框架大致对应中高级产品经理的工作，而做细节和画界面大致对应初级产品经理的工作。业务设计整体框架中的九个要素对应着九个章节，这些章节都是独立成章的。读者如果在工作中遇到问题，可找到相应章节阅读，不会太影响对内容的理解。但为了建立知识的连接，我们仍然建议读者按顺序阅读。

解决的问题

在业务设计整体框架中的搭框架和做细节层面，本书讲了用例图、流程图（活动图）、状态图和类图，解决如下问题。

编写内容全面的文档

产品经理编写的文档存在考虑不周全的问题，本书期望通过用例图、流程图和状态图等设计方法来解决该问题。

编写研发人员不返工的文档

产品设计不佳，将导致上线失败、研发人员返工。比如，设计错误的用户体系和结算系统将可能导致研发人员不断返工。

实现高质量的业务调研和沟通

业务调研就是梳理业务流程、状态和类等内容，并找到业务中的痛点和问题。本书侧重于介绍如何让业务调研全面和高效。

现在，就请静下心来，开启阅读之旅吧！

目录

第 1 部分　认知篇：认识业务设计

第 2 部分 定方向：产品战略、解决方案

第 1 部分　认知篇：认识业务设计

彼一时，此一时也。

——孟子

孟子这句话是说时间不同了，情况也不同了。对于产品经理这个职位，我们不能用老眼光来看待。在过去，我们对产品经理这个职位的要求不高，产品经理只要能做一些页面设计、懂一些用户体验即可。而在现在和未来，我们对这个职位的要求越来越高，产品经理需要懂得更多、做得更好。

一方面，对 C 端产品经理的要求越来越综合。C 端产品经理不但要设计前台，也要设计一些后台。比如，C 端产品经理设计人脸识别登录系统，就要既设计前台的用户操作，又设计后台的自动审核和人工审核，因此 C 端产品经理需要了解后台设计。

另一方面，对 B 端产品经理的要求越来越高。在互联网行业的下半场，B 端产品经理要为企业设计系统，如设计餐饮软件、企业 ERP 等。随着企业规模的扩大，业务的复杂度也随之上升，因此对 B 端产品经理的要求也越来越高。

然而，不论是设计 C 端的人脸识别登录系统，还是设计 B 端的餐饮软件、企业 ERP 等，其实都是在设计一项业务。虽然这些业务差异巨大，但是设计方法是类似的。本书主要讲业务设计，包括 C 端和 B 端的业务设计。

第 1 章

以业务为中心的设计

本章介绍什么是以业务为中心，内容如下。

- 业务设计概述
- 以业务为中心的设计
- 以业务为中心解决的问题

其中，1.1 节讲什么是业务设计，以及以业务为中心的设计和以用户为中心的设计的不同。1.2 节讲以业务为中心的设计框架。该设计框架包含四层九要素，我们将解释每个要素的概念、作用和范畴，后面的章节将围绕四层九要素来展开。1.3 节主要讲以业务为中心的设计框架可以解决的问题。

1.1 业务设计概述

要回答什么是业务设计，就要先了解什么是用户体验，以及什么是以用户为中心的设计。

1.1.1 什么是用户体验

长久以来，产品经理都在强调用户体验，这里的用户常指消费者。一款体验良好的产品，才能吸引用户使用。什么是用户体验呢？用户体验就是，产品在满足用户需求的同时，还要让用户在使用过程中感到足够方便和舒适。俞军老师对用户体验的解释是让用户付出最低成本满足需求。笔者以"搜索"为例，来说明什么是用户体验。

用户要进行搜索，其操作过程是从输入关键词开始的。在这个过程中，如果用户打开网站要等很长时间，在单击搜索的时候又要等很长时间，这就不是一个好的用户体验。再如，用户在输入完关键词后，如果不能将光标自动停留在输入框，甚至还需要用户单击输入框，才能输入搜索词，则也不是一个好的体验。

在搜索完毕后，就要呈现搜索的结果，如果搜索结果呈现了过多的广告，将导致用户想看的搜索内容排在后面，这个体验也不好。如果用户在搜索完毕后没有找到想要的结果，就需要继续搜索。用户可能需要翻看下一页，或者换一个关键词搜索。那么，翻页设计、搜索框大小、结果页底部是否放搜索框，也会影响用户体验。

通过该案例我们发现，产品经理只有仔细思考页面的内容和布局，才能让用户体验足够好。比如，对于搜索的结果页，就要考虑信息的布局、外观等内容。再如，对于用户使用的搜索和分页等功能，就要考虑文案、外观、位置和交互等内容。所以，虽然用户体验只是让用户在使用过程中感到足够方便和舒适，但要做好，还需要仔细思考。

1.1.2 以用户为中心的设计

在 1.1.1 节的"搜索"案例中，我们可以看出用户体验是从用户角度做产品设计的。杰西·詹姆斯·加勒特（Jesse James Garrett）提出了以用户为中心的设计，其在所著的《用户体验要素：以用户为中心的产品设计》中，将用户体验的设计划分为五层十要素。这五层分别是战略层、范围层、结构层、框架层和表现层。在这五层之内，还有十个要素，如图 1-1 所示。

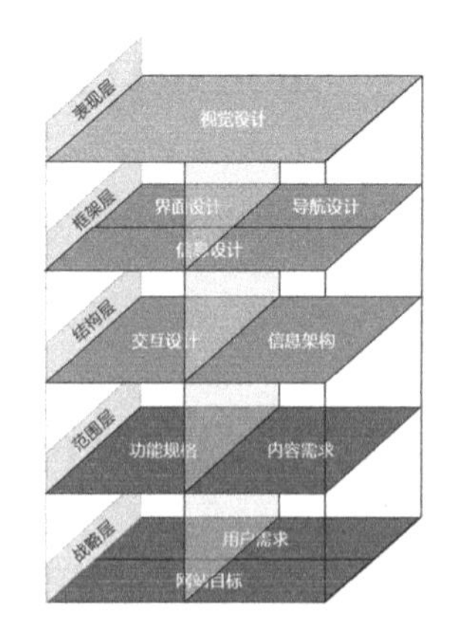

图 1-1　用户体验的设计

用户体验的五层十要素非常有名，也被产品经理所熟悉。但是，本书仍要做一个说明，便于读者理解以业务为中心的设计。我们以电商为例进行说明。

战略层：该层包括用户需求和网站目标[1]两个要素。网站要满足用户需求，电商要满足用户的购物需求。而网站是以盈利为目标的，细化的目标可以是增加销售额、提升增长率等。

范围层：该层包括内容需求和功能规格两个要素。用户打开网站是要看内容的，如看新闻、小说或电影，这些都是用户的内容需求。电商网站的内容主要是商品信息。用户在看了商品信息后，就可能购买。而为了完成购买，用户就需要使用注册和支付等功能。注册和支付就属于功能规格。

结构层：该层包括交互设计和信息架构两个要素。其中，交互设计是指用户操作和系统的响应。比如，用户要购买商品，就需要在网站上下订单，这个过程就是一系列的交互。信息架构是指网站的页面如何串联和组织。电商网站的商品页就是信息，可用分类或专题来组织。

框架层：该层包含界面设计、导航设计和信息设计三个要素。其中，界面设计是指一个页面的界面设计，如电商登录的界面设计。导航设计是指导航样式和结构设计。不同于信息架构强调的内容在全网的组织，导航设计强调导航的结构和导航的样式。信息设计强调了页面的信息如何组织。

表现层：表现层包含视觉设计要素。视觉设计是指用户看到网站后的视觉印象。比如，电商网站首页的主色调、整体的设计风格等。

以上就是对用户体验的五层、十个要素的介绍。这些设计多是围绕页面设计展开的，并附带少量的交互设计。除了本书，还有《点石成金》也讲了用户体验，也以页面设计为主。

1.1.3 什么是业务设计

一款产品不仅要有页面设计，还要有业务设计。比如，电商网站的页面设计固然可以促进购物，但为完成购物，用户就要下单，下单就是用户发起的一项业务。在下单过程中，网站需要实现一系列的逻辑判断，如判断用户是否登录、支付密码是否正确等。因此，我们要学习业务设计，就要先从业务的定义说起。

---

① 该模型不仅可用于网站，还可用在应用、小程序或软件等有界面的产品中。本书为了行文方便，用网站一词来指代网站、应用、小程序或软件等产品。

1. 业务的定义

业务的定义并不容易理解，我们先举一个例子，便于读者理解。

在小王进入一家银行的营业厅后，银行柜员会问小王：“要办理什么业务？”小王会说“我要存款”或者“我要开户”“我要销户”等，这些都可称为业务。如果小王要办理存款，银行柜员就会要求小王提供钱和存折，在小王提供了这些之后，银行柜员就把钱收了并打印存折，这样这项业务就办理完成了。

通过该案例，我们知道存款、开户和销户等都是业务。这些业务是由用户发起的，并由银行柜员执行。再如，一家餐厅的业务是给顾客提供点餐和结账服务。一家超市的业务是给顾客提供结账、退货和办会员卡等服务。业务的定义如下。

业务是指由用户发起并由系统执行的有结果的商业活动。

按照该定义，无论开户、点餐、结账等都是业务。一项业务分两端：用户发起和系统执行。业务是由用户发起的，并被系统执行，并且这些业务都是商业活动，活动的结果就是业务办理成功。

以上举例都是线下的业务，在业务线上化后，这些商业活动自然还是业务。比如，外卖网站给用户提供网上排队、网上点餐和网上支付等业务。电商网站给用户提供送货、退货和办会员卡等业务。需要特别指出的是，用户注册也是业务，这和银行的开户一样。只是该业务是由用户自主完成的，并没有电商网站员工的参与。

2. 业务的特点

无论是线下业务，还是线上业务，都具有如下特点。

1）一项业务是有流程的

比如，餐厅的线下排队业务的流程是：在顾客到达后，服务员会问是否有预订。如果顾客说没预订，服务员会再问几个人一起吃饭。当顾客回答 4 个人时，服务员会给顾客排队小票。再如，用户在网站下单，商家为完成这项业务，就需要库管人员出库、财务人员开发票、物流人员配送货物等。而无论是排队还是送货，都是有流程的。

2）定义了用户的服务和员工的工作

业务定义了用户的服务和员工的工作，两者相辅相成，不可分割。比如，上面提到的排队和送货业务，都是在给用户提供服务。而为完成该服务，商家就要明确员工的工作和具体的操作流程。对传统企业而言，线下业务的流程常由企业管理人员制定。

3）互联网产品是在重构业务

现在，越来越多的业务开始线上化，线上化就是在重构业务，也就是在重构用户的服务和员工的工作。比如，定义餐厅的线上排队流程，定义电商的送货流程等。显然，线上业务对企业也很重要。和线下业务不同，线上业务的流程常常由产品经理设计，而不是由企业管理人员设计。但在开始的时候，产品经理往往不了解业务，更不是经验丰富的业务人员，因此设计起来并不容易。

3. 业务设计的挑战

一款产品可分为两部分，一部分是给用户用的产品，另一部分是给员工用的产品。只有既为“用户”设计了产品，又为“员工”设计了产品，才是完整的业务设计。然而，只以用户为中心的设计，无法进行业务设计，原因如下。

没考虑内部业务设计：以用户为中心的设计，是从用户角度出发的，目标是要让用户的体验好，但没考虑内部业务如何设计。一项业务需要定义员工的工作，并让员工高效地完成业务，这不是用户体验所能包括的。

没考虑业务流程设计：一项业务需要设计流程。比如，一个订单需要设计用户下单、客服确认发货、物流送货和用户签收等流程。但以用户为中心的设计，对流程强调得并不多，更多地强调了页面设计和简单的交互设计。

综上所述，我们发现，以用户为中心的设计无法指导业务设计。因此，我们要采取新的设计方法。该方法不但要从用户角度，还要从企业角度来思考业务设计。而这些内容，就是本书提出的以业务为中心的设计。

1.2 以业务为中心的设计

本书提到的以业务为中心的设计，参考了以用户为中心的设计。以用户为中心的设计是指在设计的每一步中，都要考虑用户的因素，并且把用户体验的设计分成了五层、十个要素，分别是战略层（用户需求、网站目标）、范围层（功能规格、内容需求）、结构层（交互设计、信息架构）、框架层（界面设计、导航设计、信息设计）、表现层（视觉设计）。

而以业务为中心的设计，就是要思考一项业务要如何设计。为此我们把业务设计分成了四层九要素，如图0-2所示。

图0-2所示的模型从上到下分为四层，分别是定方向、搭框架、做细节和画界面。这四个层次首先体现了工作的次序，即从上层的战略设计到底层的画原型图；其次，一项业务必须从大到小做设计。有的产品经理编写的文档容易出现结构混乱的问题，往往就是因为层次不分、次序不分、大小不分，因此需要重视设计的层次。下面，我们具体解释四个层次中的九个要素。

1.2.1 定方向：产品战略、解决方案

产品都要有方向，无方向的产品就如同在黑暗中远征。定方向包含产品战略和解决方案。产品战略定义了产品近期和远期的轮廓，划定了产品范围。解决方案在本书中特指在确定了产品范围后的较大决定，如某模块或某系统是否要开发。显然，只有确定了产品战略和解决方案，才能确定如何设计业务，否则业务设计就成了为设计而设计。

1. 产品战略

产品战略是指，明确要进入的市场、要服务的用户和要做的产品范围。比如，企业决定要给中小餐厅开发本地餐饮系统，解决餐厅的营销和管理问题。这就是一个产品战略。而产品范围就是做本地餐饮系统，以后的产品设计都要在这个范围内展开。

产品战略的制定很复杂，要考虑企业情况、市场规模、竞争环境等因素。制定产品战略的理论众多，我们将讲解经典并常见的理论，并梳理各个理论间的关系，从而形成较完整的战略思考框架。

2. 解决方案

在产品战略确定后，我们就要确定先做什么，后做什么。比如，先做点餐系统，再做预订系统，最后做排队系统。要想清楚这些内容，一方面要能想到各种方案，如基于线下场景的各种点餐方案。另一方面要能评估方案的价值，一个方案只有对使用者和开发者都有高价值，才值得开发。

基于以上两点，我们会讲电商、教育和企业服务行业的价值点，然后基于这些价值点，讲如何找到高价值的方案，以及如何排期。

1.2.2 搭框架：功能框架、非功能框架

在定方向完成后，产品经理就要做产品设计。产品经理不能一上来就画原型图，而应先搭建框架。该框架包括功能框架和非功能框架，是对这些内容的宏观定义。产品的框架仿佛是摩天大楼的框架，或者是人的骨骼框架，对产品起支撑和限定作用。

1. 功能框架

功能框架要对功能做挖掘和限定。比如，企业决定要做线下的排队系统，就要明确该系统所具有的功能。梳理功能框架有两个难点。

首先，产品经理容易遗漏需求。比如，一个外卖平台的预订和排队系统，除了具备常规功能，还要具备给老板用的绩效统计功能，给维护人员用的故障排查功能，这些功能一旦遗漏，产品就是不完整的。

其次，产品经理往往梳理功能无层次。比如，一个外卖平台既要具备订单的待支付、已支付等功能，又要具备购物车、设置优惠券、查看物流信息等功能。尤其对于复杂系统，无层次地梳理功能，既不利于厘清需求，也不利于研发人员理解。

我们将通过用例的方法，解决上面两个难点，使用该方法就能没有遗漏、有层次地厘清产品的功能。对“用例”也许你很陌生，但“用户故事”你应该听说过。其实，用户故事就是用例的实践，用例可表达用户故事之间的联系。本书将综合运用这两种方法来梳理功能。

2. 非功能框架

功能是可以被用户使用的。比如，排队功能和点餐功能，都可以被用户使用，属于功能需求。除了功能需求，还有非功能需求，如安全、可维护、性能需求等需求。

如果说功能需求是用户使用网站的原因，那么非功能需求则是用户使用网站的根基。从某种程度看，非功能需求和功能需求同等重要。因为如果安全没有保障，用户就不会使用该产品；如果网站访问速度慢，用户就会失去耐心而流失。

很多产品经理不会梳理非功能需求。一个原因是产品经理不懂这方面的知识，只

能由研发人员代劳。另一个原因是，研发人员也能搞定这些需求。但情况并不是总如此。比如，给银行做的存取款系统。产品经理既要梳理该业务的发生时间、业务类型、并发人数等，从而确定性能需求，也要梳理监管部门、安全部门等提出的安全需求。在该场景下，产品经理要学习这些知识。

虽然非功能需求的知识点众多，但是内容比较固定，只要认真学习就能掌握。本书将梳理主要的非功能需求，解释其概念，并给出和研发人员进行配合的建议。

1.2.3 做细节：业务流程、业务操作、信息结构

在业务框架搭建完毕后，就要做细节规划。这好比盖一座摩天大楼，要先设计外部框架，再设计内部的细节，细节包括房间的空间结构、水电布局等。对一项业务来说，细节包括业务流程、业务操作和信息结构。搭框架强调了功能有什么，而做细节就是要把功能细化，是一个从粗到细的过程。

有的功能比较简单，产品经理就不需要梳理这三类内容。但是如果功能复杂，产品经理就必须先梳理这些内容，这样做的一个原因是，研发人员要根据这些内容来设计系统，而不能只看原型图。另一个原因是产品经理需要理顺设计思路，为画原型图打下基础。下面，我们就介绍这三类内容。

1. 业务流程

我们从业务的定义了解到，业务都是有流程的。比如，排队业务的流程是，首先服务员询问顾客是否有预订，然后服务员输入就餐人数，服务员打印排队小票，最后呼叫就餐顾客。再如，一个外卖订单，在用户支付完毕后，就需要运营人员确认发货，再到物流人员进行配送，这也是一个流程。面对一项复杂业务，产品经理需要先梳理好流程，再画原型图，这是一个完整的过程。

2. 业务操作

我们用流程图梳理了业务流程，还要用状态图梳理业务操作。状态图表述了在一项事务的不同状态下，人能做什么操作，该操作会改变事务的状态。比如，一个订单在用户支付完毕后，其状态就变为已支付；在运营人员确认发货后，订单状态就变为已发货。在该案例中，人的操作就改变了订单的状态。

产品经理使用状态图，可让思考更全面。比如，用户下单了但未支付，谁能取消订单呢？可以是用户，可以是商家，也可以是系统。要做到这些，产品经理只需看着状态图进行思考就可以。状态和流程既有区别又有联系，我会在相应章节中讲到。

3. 信息结构

信息结构表述了信息内容之间的关系。比如，一个订单含有该订单的下单时间、购物金额等信息内容。而一个订单可由多个物流运输，就是在表述信息之间的数量关系。显然，订单支持一个还是多个物流，其前台和后台的原型图是不同的。因此，信息结构决定了前台的展示、后台的交互。信息结构可用类图来表达。

如果信息结构设计错误，将导致信息冗余和系统无扩展，这也是造成研发人员返工的主要原因。本书将讲解如何梳理信息结构和类图，从而避免这些问题的产生。

4. 本节小结

以上就是业务流程、业务操作和信息结构的内容。其中，业务流程和业务操作在梳理业务的动态部分，信息结构在梳理业务的静态部分。这些内容都在描述业务的细节。本书将分三章讲解，包括最关键的流程图、状态图和类图。当然，绘图不是目的，我们的目的是通过绘图，厘清业务的动态部分和静态部分，从而为画原型图打下基础。

1.2.4 画界面：交互设计、信息设计

一个建筑的细节包括房间的水电结构等，而在房屋的细节做完后，还要做好外在装饰，如给墙面刷漆，配好地砖等。一项业务也要有装饰，这就是要有界面。搭框架和做细节都是一项业务的内在表现，而画界面则是一项业务的外在展示。一个界面对使用者来说，是可直观看到的部分。画界面分为两部分，分别是交互设计和信息设计。

1. 交互设计

交互设计的范畴很广，本书的交互设计特指人机交互，侧重在界面上的人机互动，其过程是用户输入信息，系统展现信息。C 端和 B 端的交互设计有所不同，我们分别做介绍。

1）C 端的交互设计

C 端的交互包括信息展现类的交互和业务执行类的交互。

信息展现类的交互。比如，列表页按价格筛选，详情页单击看评价等。这种类型的交互，在很多书中都被讲到，不是本书的重点。

业务执行类的交互。用户在决定购买后，就要发起一项业务，如进行注册、下单或视频认证等。这些交互往往比较复杂，比如，在用户进行登录时，系统就要判断手机号格式是否对、用户密码出错次数是否过多、该手机号是否注册过等。这些交互设计是本书的重点。

2）B 端的交互设计

C 端发起一项业务，B 端就要处理。比如，当用户进行实名认证时，B 端员工就要进行审核，员工可以选择拒绝或通过。这些页面交互并不难，也不是本书的重点。

2. 信息设计

信息设计包括信息有什么，以及该信息如何展示和操作。关于 C 端的信息设计，已经有很多书阐述，本书将侧重阐述 B 端的信息设计。

B 端的信息设计和 C 端的不同，B 端用户看信息是为了高效地工作，因此产品就要从业务出发，如思考列表页要有什么信息，从而便于用户区别、决策和操作。B 端的信息设计包括导航设计、列表设计和详情页设计等。本书侧重讲解列表设计，如商品列表、订单列表等的设计方法。

1.2.5 业务设计整体框架的运用

业务设计整体框架中的四层九要素定义了业务设计的过程。然而业务是复杂的，类型是众多的。在工作中，我们不一定要按照本书的顺序做，即不一定只有第二层的搭框架做完了，才能做第三层的做细节，反过来做也是可以的。我们要具体情况具体分析，要灵活运用。本书的第 13 章会讲如何灵活运用。

1.3 以业务为中心解决的问题

本书提出以业务为中心的框架，并给出实战方法，目的是要解决产品经理的问题。本书主要解决如下问题。

1.3.1 C 端和 B 端产品经理的提升之路

C 端产品经理也要做业务设计。此时，C 端产品经理既要设计前台页面，也要考虑后台逻辑和异常流程，这样才能保证业务的完整性。但往往 C 端产品经理的业务设计能力并不强。所以对 C 端产品经理而言，如果说页面设计是其看家立命的根本，那么业务设计就是其提升能力的必由之路。

业务设计整体框架中的做细节和画界面层面，以及搭框架层面的功能框架部分，也适合 C 端产品经理来学习。适合的典型模块包括用户下单和退货、登录和注册、视频认证、优惠券领取和使用等。

业务设计显然是 B 端产品经理的核心工作。业务设计整体框架中的四层、九个要素都适合 B 端产品经理学，并可用于商品管理系统、库存管理系统、合同审核系统、排队系统、收银系统等的设计中。

1.3.2 编写内容全面的文档

要把业务考虑全面，不遗漏大的需求，这是毋庸置疑的。然而在过去，即使考虑不全面，也是可以容忍的。原因是过去企业的规模小、用户量小，即使没有考虑全面，以后也可弥补，不会造成大的损失。但现在企业规模大、用户量也大，如果需求考虑不全，就会产生大的影响。

比如，大型电商平台的分销系统就要考虑全面，如果上线后才发现有的功能没做，那么将导致业务无法运转，并产生严重损失。再如，给银行做 CRM 系统也要考虑全面，否则发现用户的需求没有满足，出现用户信息的重复，或者不符合国家的监管和安全要求，也将产生灾难性的后果。

本书将通过涉众分析、参与者分析、用例分析、梳理流程、梳理状态和梳理类等方法，来保证将业务考虑全面。

1.3.3 编写研发人员不返工的文档

产品的需求考虑全面了，也就是在广度上考虑周全了，但还要在深度上思考，即产品的细节也要考虑周到，否则将导致资金损失、研发人员返工等问题。因此，我们要通过学习流程图、状态图和类图等，来保证在细节上考虑周到，下面进行举例说明。

1．流程设计的问题

比如，用户要进行人脸识别认证，企业的人脸识别系统用的是第三方的，所以每次用户做认证，企业都要付出成本。如果用户反复进行人脸识别认证，企业就会产生不必要的费用，同时多次认证也不利于账户安全。所以，当出现用户反复识别认证也没通过的情况时，企业就要转为人工验证。如果产品经理没考虑到这一点，就会给企业造成损失。

2．审核信息的问题

在上面的人脸识别认证案例中，产品经理可通过迭代来弥补，只会产生资金损失，研发人员还不至于返工，但有的时候就需要研发人员返工了。

比如，一个商品的审核流程是在商家发布商品后平台就要审核。但有的产品经理会这样设计该流程，就是把要审核的商品分配给若干审核员，这样做似乎很合理。但是如果审核员因故未到岗或中途离开，要怎么办呢？再如，新员工做得比较慢，如何给新员工少分配一些任务？这些细节不考虑，将导致业务无法运转。

3．信息结构的问题

公司是做企业应用的，服务的企业可以登录后台。如果产品经理设计成只允许一家企业的账户登录，并且以手机号作为账户标记，这样就会产生问题。比如，以后多个账户同时登录怎么办？员工换手机号怎么办？有的读者说可以到时候再改，但对研发人员来说，如果设计不周，则意味着要大改。

在以上案例中，人脸识别认证案例对应业务流程设计，商品审核案例对应业务操作设计，企业登录案例对应信息架构设计，这些都属于做细节的要素。所以产品经理应仔细考虑以上问题，来避免研发人员返工。

1.3.4 实现高质量的调研和沟通

产品经理如果能设计好业务，则意味着做用户调研也会做得很好，日常沟通也更清晰。我们讲的用例、流程、状态和类的分析，就可以达到这些目的。比如，产品经理设计了排队系统，其用户调研和产品宣讲分别如下。

1. 用户调研

产品经理通过用户访谈，就可以梳理出人工排队的流程。

在宾客到达餐厅后，服务员询问是否预订；如果宾客回答没有预订，则服务员询问几人就餐和手机号；如果宾客回答 5 人就餐并报手机号，则服务员会输入 5 人和手机号等信息；最后，服务员将纸质排队小票给宾客。

以上内容就是按照流程图念出来的，所以说流程图画好了，表达就清晰了。

2. 产品宣讲

产品经理在理解了人工排队的流程后，就可以设计排队系统了。产品经理可向研发人员这样描述该排队系统：

在宾客到达餐厅后，服务员询问是否预订；如果宾客回答没有预订，则服务员询问几人就餐和手机号；如果宾客回答 5 人就餐并报手机号，则服务员会输入 5 人和手机号，并确定；最后系统打印排队小票，服务员再将此小票给宾客。

读者在学了流程图后，就知道用户调研和产品宣讲的内容，都是按照流程图的内容设计的，只是加入了少量转折词。所以只要流程图画好了，用户调研和产品宣讲就能做好。同样，用例图、状态图和类图画好了，用户调研和产品宣讲也能做好。

1.4 本章提要

1. 用户体验是在满足用户需求的同时，还要让用户在使用过程中感到足够方便和舒适。产品设计要以用户为中心，努力提升用户体验。杰西·詹姆斯·加勒特提出的用户体验有五层十要素，其中五层分别是战略层、范围层、结构层、框架层和表现层。

2. 业务是指由用户发起并由系统执行的有结果的商业活动。一项业务是有流程的，并且定义了用户的服务和员工的工作。互联网产品就是在重构业务。但以用户为中心的设计无法设计业务。

3. 以业务为中心的设计包括四层、九个要素。

定方向：产品战略、解决方案

搭框架：功能框架、非功能框架

做细节：业务流程、业务操作、信息结构

画界面：交互设计、信息设计

在实际工作中，产品经理可灵活运用该模型，不必完全按照本书的顺序设计。

4. 以业务为中心可解决如下问题：C端和B端产品经理的提升之路、编写内容全面的文档、编写研发人员不返工的文档、实现高质量的调研和沟通。

第 2 章

搭业务的工具——UML

我们了解了以业务为中心的设计，其中提到了用例图、流程图、状态图、类图等，这些图都是用来构建业务的。这些图也是有标准的，其标准来自 UML（Unified Modeling Language，统一建模语言）。UML 已经被 ISO（国际标准化组织）所采纳，也就是说 UML 是国际认可的标准，已被 IBM 等大厂所承认，并被用在软件设计中。通过阅读本章内容，我们能了解 UML 是什么，并理解各种图的作用，从而形成整体认知。本章内容如下。

- UML 的历史
- UML 的概念
- UML 的应用
- 学习和绘制

其中，2.1 节讲了 UML 的历史和地位。2.2 节讲了 UML 的概念。2.3 节讲了 UML 的应用，我们将用例子来串联 UML 图，便于读者理解 UML 的作用。2.4 节讲了 UML 图的学习和绘制、本书所讲 UML 和 UML 规范的异同，以及 UML 图的绘制工具。

2.1 UML 的历史

2.1.1 UML 的诞生

要了解 UML 有什么作用，就要先了解 UML 产生的历史。在 20 世纪 80 年代之前，并没有UML，也没有用例图、状态图和类图等说法。那个时候软件设计虽然难，但代码不多，研发人员只需要直接编码即可。在20世纪80年代之后，软件越来复杂，直接编码就会出问题，常常会丢三落四。大家发现只有在编码前做好准备，才能避免问题的产生。这个准备就是要先设计并描述软件架构，于是很多人提出了图形化的描述方法。

其中，做出卓越贡献的三位大师分别是Grady Brooch、James Rumbaugh和Ivar Jacobson，他们也被称为UML三友。他们各自提出了表达方法，这些方法是类似的或互补的。于是三位大师决定将这些方法统一起来，并在1995年推出了UML。业界熟知的活动图（流程图）、状态图、类图、顺序图等都是由这三位大师逐步发明的。这些图加起来有十几种，共同构成了UML的全部。

这些图形化的描述方法，不仅可用于构建软件，也可用于梳理当前业务、设计未来产品，并且这三者是相辅相成的，解释如下。

首先，无论是梳理当前业务，还是设计未来产品和构建软件，都是类似的。比如，梳理原有业务有流程，设计产品有流程，构建软件也有流程，都可以用流程图表达，并且描述方法没有质的区别。而提出UML的初衷，也是要实现这些目标。

其次，如果原有业务梳理不清，就无法构建新业务。如果业务设计错误，软件即使实现再好也没用。比如，设计餐厅的排队系统，如果产品经理连原来线下的排队流程都梳理不清，那么自然无法设计新的排队系统。

2.1.2 UML的地位

创建UML的三位大师曾先后进入Rational公司工作，并在Rational公司推出了UML的初版。在这之后，由Rational公司发起，各大公司参与的OMG（Object Management Group，对象管理组）被建立起来。当然，该组织的核心成员仍然是UML的三位发明人。建立OMG的目的，是完善UML的标准，促进UML的使用。这个组织的成员包括众多知名公司，如IBM、Microsoft、Oracle等行业巨头。

从那以后，在OMG的主持下，UML相继推出了从UML 1.0到UML 2.5等一系列的版本。修订后的UML 2.5版本，还被提交到ISO并被采纳，因此，UML就成了国际标准。后来Rational公司被IBM收购，其产品线也成为当时IBM五大产品线中的一条。

2.2 UML 的概念

理解了 UML 的历史，下面就要理解什么是 UML。UML 是一种为软件设计提供的统一的、可视化的建模语言。下面，我们对相关概念做解释。

1. 建模的概念

建模这个概念往往让人望而生畏。其实，当产品经理绘制订单的流程图时，就是在对订单进行建模。

建模是对事物的一种抽象表述，其目的是简化现实。比如，流程图、状态图等就是对事物的抽象表述，并且简化了现实。

建模的概念要从以下两点理解。第一点，描述系统的角度有很多，因此才有了流程图、状态图等图形。比如，流程图和状态图都可以用来描述订单，目的是简化对订单的描述。第二点，描述事物可以用文字描述，也可以用图形描述。当然，图形的描述方式更具有结构性，也更直观。我们主要讲图形的描述方式。

其实，建模这个词不仅用在软件中，也用在各行各业中。比如，国家大剧院的设计图就是对该建筑的建模，或者说是对该建筑的抽象。该设计图包含建筑结构图、水电结构图、网络拓扑图等。再如，3D 建模就是对对象进行三维抽象，从而用于动画制作。再如，数学建模也是对事务的抽象，我们可以通过数学建模，描述流行病的传播模型，进而预测流行病的发展趋势。

对产品经理而言，当你在画流程图、状态图的时候，就是在建模。

2. 语言的概念

我们学习的英语、汉语可以被称为语言，这个是显而易见的。我们学习的各种数学符号，也是一种语言。怎么理解数学符号也是一种语言呢？比如，我们可以用汉语说“一加一等于二”，这是没有问题的。但是在实际做计算的时候，我们还是习惯用“1+1=2”来表达。两者的意思是相同的，但用数字表达更高效、更简洁。所以，我们说数学符号也是一种语言。

同样，统一建模语言也是语言，该语言可以代替我们的文字描述来表达一项业务。比如，我们可以通过口头描述表达订单流程，也可以通过画流程图表达该流程，两者在一定程度上是等价的。

另外，语言都有语法，如英语、汉语等都有语法。数学符号也有语法，如规定加、减、乘、除和括号的用法。UML 既然也是语言，那么就有相应的语法，如规定流程图的开始和结束怎么画、判断条件怎么画等。

3. 可视化和统一

流程图用图形加文字来描述一个流程，这种描述就是一种"可视化"的描述方法。"可视化"强调要用图形来表达。"统一"强调的是原来各有各的表达，现在统一了表达方式。

总之，UML 就是为软件设计提供的一种统一的、可视化的语言。而流程图、状态图、类图、用例图等，都是这个体系下的产物。

2.3 UML 的应用

2.3.1 UML 的应用范围

1. UML 的广泛应用

虽然 UML 的初衷是要解决软件设计的问题，但是 UML 的使用是跨领域的，既可用在软件领域，也可用在非软件领域，可以说 UML 是一个"野心勃勃"的标准。

在软件领域中，UML 可用在银行系统、餐饮零售系统、电子商务系统、在线教育系统等软件系统的建模上；在非软件领域中，UML 可用在餐饮服务流程、法律服务流程、医院的药品传送系统等流程和结构的设计上；在特殊领域中，UML 可用于设计战斗机的控制系统、安全网关的软硬件系统。

在本书的 12.2.1 节中，我们用文字描述了线下餐厅迎宾人员的工作流程，虽然该流程和产品经理无关，但也可以用 UML 中的流程图（活动图）表达。因此，即使不做产品经理，学习 UML 也是有用的。

2. 在软件领域中的应用

在软件领域中，我们可将 UML 用于分析业务、设计业务和构建软件。

分析业务：即梳理线下的业务流程，比如，在银行的贷款系统中，有哪些部门涉及贷款业务，申请贷款的审批流程是什么，以及还款逾期的处理流程是什么。

设计业务：在理解了线下业务后，产品经理就要设计产品，并编写需求文档，此时也要描述新的流程。比如，描述线上的贷款审批流程、分级的权限管理系统、贷款逾期的自动处理规则等。

构建软件：在描述清楚产品需求后，研发人员就要进行开发，这就需要描述软件系统如何实现，如模块之间的调用关系、模块之间的消息传递等。

总之，无论是分析业务、设计业务，还是构建软件，都是在描述一个系统，都可以用 UML 来描述。

2.3.2 UML 的应用举例

2.3.1 节介绍了 UML 的应用范围，2.3.2 节将要介绍产品经理如何用 UML。同时，我们知道产品经理要用 UML 设计产品，研发人员要用 UML 构建软件。常常有产品经理画了构建软件的 UML 图，这是错误的。所以我们也要了解研发人员如何用 UML，避免画错。

UML 图一共有 14 种之多，在第 14 章中，我们将介绍这些图。下面，仅对产品经理常用的 UML 图做介绍。通过了解这些内容，我们能对 UML 形成总体性认知。

1. 产品经理设计产品

在以业务为中心的设计框架中，和 UML 关系密切的是功能框架、业务流程、业务操作和信息结构这四个要素，这四个要素都要用 UML 来表达。

1）功能框架

搭建功能框架的目的是梳理出大的功能，并且保证功能没有遗漏。这用 UML 的用例（Use Case）方法就可实现。通俗地讲，用例描述的是用户做了什么，是一种面向用户的思考方式。图 2-1 就是一个用例图（Use Case Diagram），该图描述了一个银行系统，该系统可实现个人用户的存取款、申购基金和申请贷款三项业务，这三项业务也是个人用户要做的事。

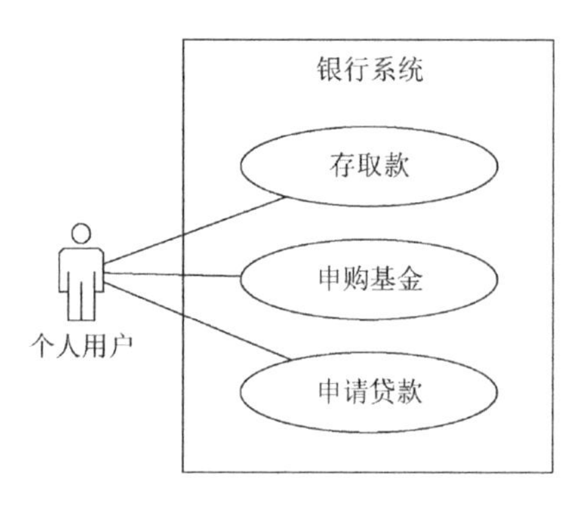

图 2-1　银行系统

用例图描述了用户要做的事，在明确要做的事后，我们就可梳理出要实现的功能。与用例分析相关的概念有用例、参与者、系统、目标层用例、步骤层用例等，这些内容都是为挖掘功能而设置的。另外，用例的价值在于思考框架，而不在于画出用例图。在实战中，我们常用文字表达用例，而不是用用例图来表达。

2）业务流程

要梳理业务流程，就要有业务流程的表达方式。我们可以用文字表达，也可以用图形表达，其中图形的表达方式就是流程图。流程图在 UML 中被称为活动图（Activity Diagram），该图可以描述业务的流程。图 2-2 就是一个身份审核流程图，该图描述了审核身份的流程。此时，用户提交身份信息，然后客服审核身份信息，如果信息查验合格就可单击“审核通过”按钮。

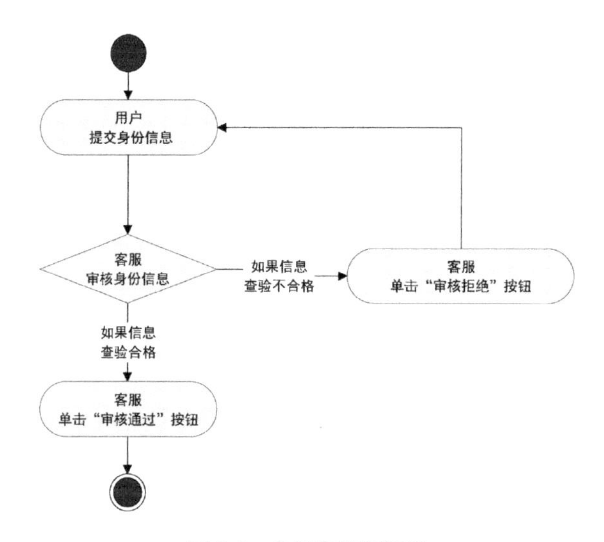

图 2-2　身份审核流程图

虽然产品经理对流程图非常熟悉，但是该图也是标准混乱的一种图。产品经理如果学了不标准的流程图，出现错误是其次的，更重要的是会导致思路混乱，弄不清楚业务。和流程图相关的概念有活动、并行、合并、选择、泳道等。我们尤其应学习分层绘制流程图，这就要明确业务流程图、交互流程图等内容。这样就能确保画出的流程图简单、有效。

3）业务操作

通过流程图能梳理出业务流程，但是还要明确用户和员工的操作，这种操作是指在系统上进行的操作。要梳理这些操作，就要用到状态图（State Diagram），状态图描述了事务的状态，以及触发状态变迁的操作。图 2-3 描述了身份审核的操作。比如，在用户提交了身份信息后，身份信息就变成了待审核状态。此时，客服可以单击审核通过或审核不通过的按钮，之后身份信息就可变成其他状态。

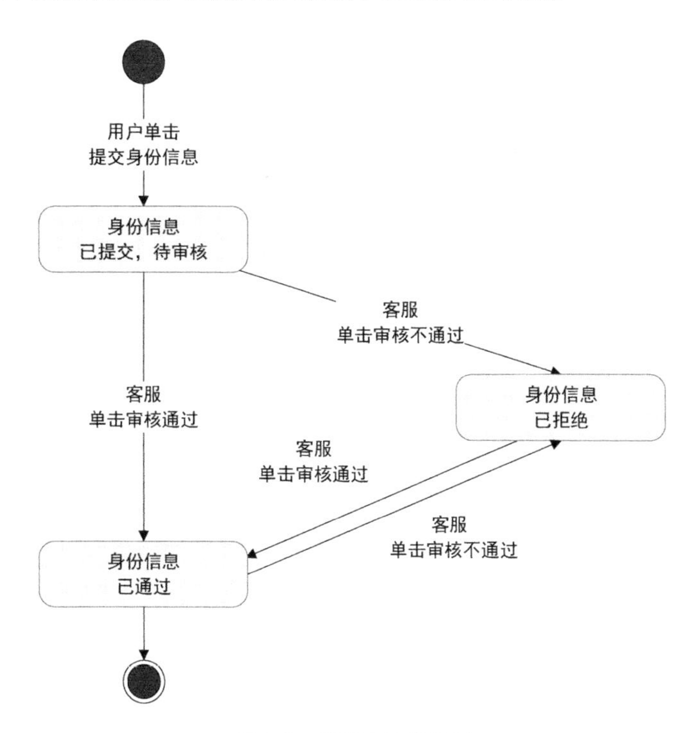

图 2-3　身份审核状态图

状态图和流程图非常类似，但是作用不同，后面我们会做说明。和状态图相关的概念有状态、操作、锁定、角色等。状态图虽然简单，但能和前后台的操作按钮形成严格的对应关系，这样就能有效指导原型图绘制。

4）信息结构

信息结构表述了信息内容之间的关系。这种关系可以用类图（Class Diagram）来表达。图 2-4 就是一个订单的类图。该类图表明，一个订单可开 0 或 1 张发票，一个订单可支持多个物流配送，这表明了类间的数量关系，并且订单含有订单编号、下单时间等信息。

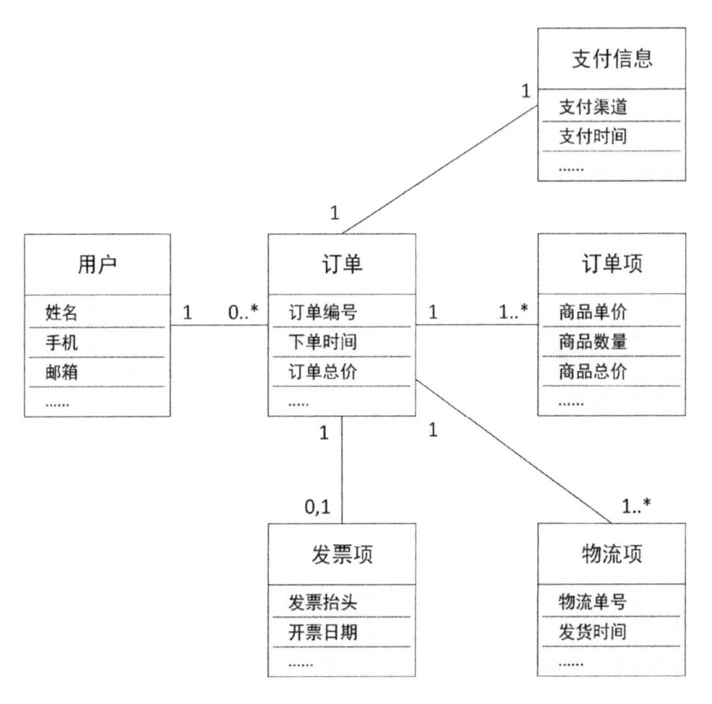

图 2-4　一个订单的类图

这些数量关系和信息内容，决定了前后台的展示和交互。和类图有关的概念有类、对象、数量关系、聚合关系、组成关系等。很多产品经理虽然不用类图，但是也要明确信息间的数量关系，这将影响到原型图的结构，这其实就是在梳理类。因此，学习类图将有利于厘清业务关系，保证考虑周全。

以上就是 UML 在功能框架、业务流程、业务操作和信息结构中的应用，当然，本书不仅讲如何画图，也讲实战的思路，从而有方法地梳理出业务。

2. 研发人员构建软件系统

产品经理在做完系统设计后，还要绘制原型图，并将其汇总成产品需求文档。之后，研发人员就要进行开发。开发工作有两部分内容，分别是系统构建和代码编写。

要进行系统构建，研发人员要用到 UML 中的用例图、流程图、状态图、类图等，这些也是产品经理要用的。同时研发人员还会使用 UML 中的顺序图、构件图、部署图、包图等，这些主要是研发人员用的。

无论研发人员使用什么图，都是为了设计软件系统。尤其是用例图和流程图，既可以表达业务是什么，也可以表达软件如何构建。下面，我们看看研发人员如何用这些图。

1）研发人员的用例图

和产品经理不同，研发人员绘制用例图的目的是明确模块之间的关系。图 2-5 所示是研发人员的取钱用例图，可分成四个模块，分别是取钱、验证卡、打印小票和退出卡，并且取钱模块“包含”验证卡和退出卡两个模块，打印小票“扩展”了取钱的功能。模块间的关系明确了，研发人员就能做进一步的开发。

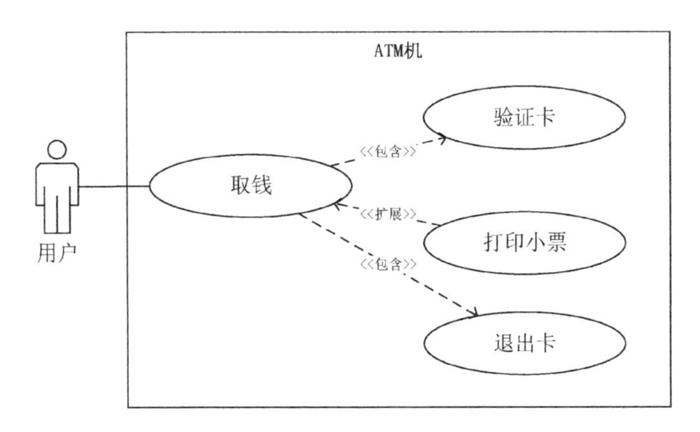

图 2-5　研发人员的取钱用例图

2）研发人员的流程图

研发人员要用流程图表达软件系统是如何工作的，图 2-6 描述了软件系统如何实现用户的查询，这样的图产品经理是没必要画的。产品经理的其他错误有：① 将软件系统划分为前台和后台系统，然后表达系统间的交互。② 在图里表达该系统创建了订单或执行了查询等。研发人员表达这些内容有意义，产品经理表达这些内容就意义不大。

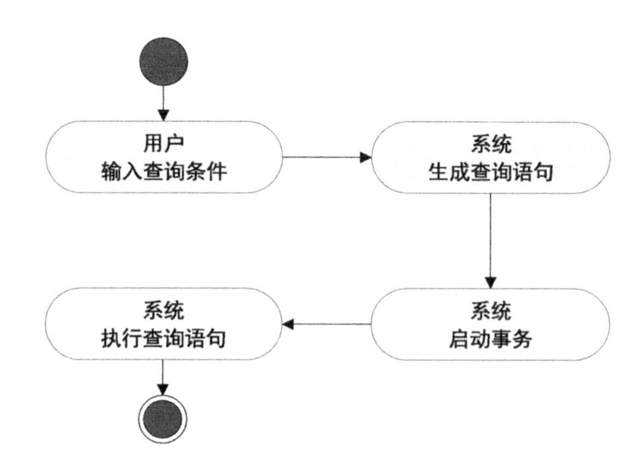

图 2-6 研发人员的查询流程图

以上就是 UML 在研发中的应用。读者应了解研发人员和产品经理画的图的差异，并在后面章节中仔细体会。

2.4 学习和绘制

2.4.1 学习的内容和规范

通过上面的案例，我们发现 UML 图有很多，上面展示的只是其中的一小部分。UML 的规范文档有接近千页之多，我们是否都要掌握？答案是否定的。

UML 作为行业规范，自然要全面和细致，以适应不同的需求。所以 UML 不但可用于产品业务的设计，也可用于软件架构的设计，不但可用于设计小型系统，也可用于设计大型系统。对此，UML 创始人在《UML 用户指南》一书中指出："大约利用 UML 的 20%，就可以为大多数问题 80%的部分建模。"

所以，我们没有必要全面学习 UML。好的学习方式是，产品经理应把 80%的时间用在学习其中 20%的内容上，并略微了解另外 80%的内容，同时在实战中需要简化或改写 UML 的规范。对此，我们的解释如下。

1．学少量的 UML 图

在所有的 UML 图中，产品经理需要掌握的是用例图、流程图、状态图、类图这四种图。其他的图多与研发相关，产品经理使用较少。同时，这四种图的表达符号非常多，产品经理不必都学，因为很多是给研发人员用的。所以，产品经理应学习这四种图的少数表达方式。

2. 改写 UML 图的规范

UML 图是给研发人员或产品经理用的，每个表达符号都有特定含义，不利于直观理解，所以不适合给非专业人士看。而产品经理常常需要将这些图拿给运营人员、市场人员看，以确认该业务的流程、功能等。

因此，如果产品经理都按照规范来绘制 UML 图，反而会让对方看不明白。所以，本书对 UML 图的规范做了改写，目的就是让沟通更顺畅。但是我们仍然会使用标准的 UML 图，原因是当研发人员使用标准的 UML 图时，产品经理也不至于不懂。本书既会讲笔者改写的 UML 图的规范，也会讲标准的 UML 图的规范。

2.4.2 绘制 UML 图的工具

对产品经理而言，挑选一个适合的绘制 UML 图的工具，将有助于提高工作效率，并展现出专业度。总体而言，绘制 UML 图的工具包括三类。

第一类是 Rational Rose、StarUML 等软件。这类工具是给研发人员用的，研发人员使用这些工具，不但可以画 UML 图，还可以组建软件架构。其中，Rational Rose 由 Rational 公司开发，Rational 公司就是 UML 的创始人所在的公司。

第二类是 Microsoft Visio、ProcessOn、亿图图示等软件。这类工具研发人员和产品经理都能使用。用这类工具制作的 UML 图比较灵活、美观。

第三类是 Axure RP 软件。使用 Axure RP 软件既能绘制原型图，又能绘制 UML 图。只是 Axure RP 软件中的 UML 图不算美观，元件也不多，且绘制效率略低。

对产品经理而言，工具的使用效率是第一位的，美观是第二位的。第一类工具不建议使用，因为这类工具是给研发人员用的，产品经理使用这类工具过于复杂，从而降低了效率。第二类工具视情况而用，如果偶尔画流程图，为了展现美观和专业度，则可以使用。第三类工具推荐使用。从使用效率和美观上来看，第三类工具比不上第二类工具。但产品经理常常需要将 UML 图和原型图一并提交，所以如用一个工具绘制，就可以一起维护这两类内容，这样就减少了文档的维护时间。

综上所述，用 Axure RP 软件绘制 UML 图能节省时间，我们建议使用该软件绘制 UML 图。但本书中的 UML 图是用 Microsoft Visio 画的，目的是为了保证印刷的质量和提升写作的效率。

2.5 本章提要

1. UML 是为软件设计所提供的统一的、可视化的建模语言。UML 已被 ISO 所承认，并被 IBM 等大厂推广使用。

2. UML 规定了用例图、流程图、状态图等图的画法，并可用于梳理业务、设计产品和构建软件。产品经理要用 UML 来梳理业务、设计产品，而不是构建软件。

3. 产品经理可改写部分绘制 UML 图的规范，目的是更好地与外界沟通。产品经理在绘制 UML 图时，应在效率和美观上寻找平衡，在日常工作中可用 Axure RP 软件绘制。

第 2 部分　定方向：产品战略、解决方案

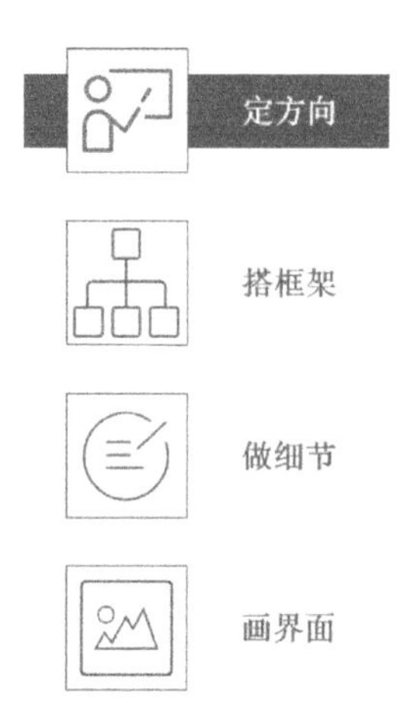

将军既帝室之胄，信义著于四海，总揽英雄，思贤如渴，若跨有荆、益，保其岩阻，西和诸戎，南抚夷越，外结好孙权，内修政理，天下有变，则命一上将将荆州之军以向宛、洛，将军身率益州之众出于秦川，百姓孰敢不箪食壶浆以迎将军者乎？诚如是，则霸业可成，汉室可兴矣。

——摘自陈寿《三国志》

刘备的战略目标是要匡扶汉室，一统中华，而诸葛亮给出的方案是，先占荆、益二州，待天下有变，再出荆州和秦川，两边夹击曹魏，最后达到霸业可成、汉室可兴的目标。可以说，一篇《隆中对》分析了天下的大势，给刘备指明了方向，至于以后如何攻城掠地，则成了具体的执行。

而在做产品的时候，也要先给产品定方向，也就是要确定产品战略和解决方案。其中，**产品战略**是公司层面的，是在定义要给用户提供什么产品，也就是在确定产品的范围。**解决方案**是指先做什么，后做什么，以及采用什么方案做。

比如，公司定义的产品战略是开发中小餐厅的餐饮软件，解决方案是先做堂食点餐系统，再做外卖点餐系统等。给产品定方向，仿佛给产品点亮一盏引路明灯，指引着它向前走。

第 3 章

产品战略

产品战略是复杂的、关键的。复杂体现在定战略的理论很多，我们必须结合实际情况，不断摸索，因为没有一种理论能保证绝对有效。关键体现在如果产品不好，公司就很难有发展，产品的好坏决定了公司的成败。在本章中，我们将讲解产品战略的理论是什么，并重点梳理它们之间的关系，从而方便读者形成思维框架。内容如下。

- 战略概述
- 战略设计
- 目标设定

在理解了产品战略后，我们将进行实战，用产品管理专家罗伯特·G.库珀的模型，来评估产品的机会，并分析产品的目标，内容包括如下两个部分。

- 机会的评估模型
- 评估模型的实战

其中，第一部分会介绍罗伯特·G.库珀的模型，第二部分是运用罗伯特·G.库珀的模型，明确产品的目标，这个目标包括开发方和购买方的目标。

3.1 战略概述

3.1.1 产品战略和企业战略

产品战略是企业战略的一部分，企业战略还包括营销战略、市场战略、技术战略、人才战略、融资战略等。这些战略形成合力，共同促进企业的发展。其中，产品战略是企业战略的重要组成部分，也是其他战略的“抓手”。

只有明确了产品战略，企业才能对外开展营销和市场工作，对内进行人员和组织的优化，并引进外部资源（人才、技术和资金等）。因此，本书侧重讲解产品战略。

当然，产品战略也会受到资源的影响，包括品牌限制、营销限制、人力资源的限制、资金的限制、技术限制等。这就需要用其他战略来减少这些限制。有时，我们也需要把产品战略和渠道战略综合起来考虑。虽然其他战略会影响产品战略，但是产品战略仍然是所有战略中的重中之重。

3.1.2　产品战略的组成部分

产品战略大致可分为三个部分：战略设计、目标设定和战略实施。

战略设计：我们可以运用波特五力模型、SWOT 分析、蓝海战略等方法做战略分析和设计。战略分析是在描述事实；设计是根据事实，明确产品范围，即明确产品为谁而做、产品做什么和不做什么等。战略分析和设计往往是同时进行的。

目标设定：在战略分析和设计完成后，我们还要思考战略目标。“目标”一词并没有公认的定义。本书的战略目标是指企业的指导方针，而不是指具体做什么。比如，当前是要盈利，还是要增长等。

战略实施：在以上内容做完后，我们就要进行战略实施。战略实施强调的是执行力，既要做好产品的具体设计和开发，也要做好对外宣传、对内协调等。在执行过程中，还要做战略的监控和调整。

以上就是战略设计、目标设定和战略实施的具体内容。其中，战略设计和目标设定并没有绝对的先后次序，往往是循环调整、互相影响的。而战略实施是在做执行，但也可以做验证，即在执行过程中，如果发现战略不适合，就要随时调整战略。

限于篇幅，本书重点介绍战略设计和目标设定。这些内容是概括性的，所以需要读者有一定的实践经验。如果读者阅读困难，也可快速阅读了解大概内容，这并不影响后面的阅读。

3.2 战略设计

战略设计的理论非常多，都是从不同角度来梳理战略的。我们应了解不同理论产生的背景、适用的场景和解决的问题。只有这样，才能基于不同情况，来设计战略。这些理论大致可分为四种：通用分析模型、从竞争角度分析、从差异化角度分析，以及破坏性的创新。

☞ 通用分析模型，关键词是分析起点、较为通用

SWOT 分析和 PEST 分析，就是通用分析模型，是其他分析方法的基础。

☞ 从竞争角度分析，关键词是优化企业、击败对手

当企业竞争加剧，同质化严重时，如何击败竞争对手，就成了企业必须面对的问题。解决这个问题的方法是不断对企业做优化，凭借实力战胜竞争对手。这种方法是一种“硬碰硬”的竞争。代表理论有波特五力模型和波特钻石模型等。

☞ 从差异化角度分析，关键词是用户驱动、解决需求

从竞争角度做分析，可在环境变化小且同质化的市场中，产生良好效果。但往往用户需求是多姿多彩的。我们还可从用户角度出发，帮助用户解决问题，从而形成差异化竞争，这样就能避免“硬碰硬”的竞争。代表理论有蓝海战略、特劳特的定位理论等。

☞ 破坏性的创新，关键词是积极探索、另辟蹊径

随着近 20 年来科技进步和社会发展，企业间的竞争变得瞬息万变。过去，精于管理的公司有强大的执行力和资源，也是多数公司效仿的对象，但是容易被颠覆。正如诺基亚 CEO 约玛·奥利拉所说：“我们并没有做错什么，但我们输了。”这是因为新公司进行了破坏性的创新。代表理论是克里斯坦森的创新窘境理论。

以上我们对分析方法做了大致归类。限于篇幅，还有很多理论没有介绍。但无论采取哪种分析方法，最终都是为了让企业赢得竞争。而优秀的分析者，需要灵活运用各种理论，并以犀利的目光，找到关键成功要素，从而赢得胜利。

3.2.1 通用分析模型

通用分析模型的代表是 SWOT 分析和 PEST 分析。其中，SWOT 分析可以作为其他分析方法的起点，PEST 分析中对宏观环境的描述，可作为其他分析方法的组成部分。

1. SWOT分析

SWOT 分析是一种知名度很高的分析方法。该方法可分析企业的优势（Strengths）、劣势（Weaknesses）、机会（Opportunities）和威胁（Threats）。其中优势和劣势是企业内部的因素，是企业自身的特点，是相对于竞争对手而言的。而机会和威胁是企业外在的环境因素，包括宏观环境、行业环境和竞争对手等。在明确了企业的优势、劣势、机会和威胁后，我们就可由此制定战略。制定的方式是对这四个因素进行组合分析，如图3-1所示。

因素	优势-S	劣势-W
机会-O	机会+优势——SO分析 发挥优势，并利用机会	机会+劣势——WO分析 克服劣势，并利用机会
威胁-T	威胁+优势——ST分析 发挥优势，改进战略	威胁+劣势——WT分析 或克服劣势，或回避竞争

图3-1 SWOT分析

该方法众所周知，我们仅从机会和威胁两个角度，做简单说明。

当有机会时。当市场出现机会时，如果企业在该市场有优势，那么就要利用这个优势，在市场上果断出击，并努力扩大市场份额。但是，如果企业有劣势，就要考虑克服劣势，再主动把握机会。

当有威胁时。当出现外部威胁时，如发生市场的变化、政策的变化或竞争对手的变化等，企业就要有所反应。如果企业有优势，就要发挥出优势，改进当前战略，并占据有利态势。当外部的威胁直击企业的弱点（劣势）时，则可以防御、撤退或者着手变革。

通过进行 SWOT 分析，我们可以帮助企业把精力聚焦到自身的强项和有机会的地方。该方法可用于竞争性分析中，比如，企业有优势，我们就利用优势打击竞争对手；该方法也可用在差异化分析中，比如，企业有劣势，我们就转换"战场"。但是，SWOT 分析过于笼统，是一个概括性的、细节较少的分析，仅可作为其他分析的起点。

2. PEST分析

在 SWOT 分析中，我们提到了外部的环境，这个环境既可以是宏观环境，也可以是竞争环境等。而对于其中的宏观环境，我们就可用 PEST 进行分析。PEST 分析中的 P 是政治（Politics），E 是经济（Economy），S 是社会（Society），T 是技术（Technology）。PEST 分析既可用于分析机会，也可用于分析威胁，但主要用于分析机会。PEST 分析是一个通用的分析工具，当需要做外部环境分析时，就可以使用。

然而，用 PEST 分析的常见问题是，分析者列出的项目非常多。而实际上，能影响产品的宏观环境的变化并不多。最近几年，鲜有让人眼前一亮的新产品，原因之一就是没有重大环境变化。而过去，因为不断有环境变化，也就催生了新的产品。比如，智能手机的出现，催生了移动社交、移动支付等应用。再如，网络带宽的增加和费用的降低，催生了手机视频的发展。又比如，正因为智能手机在下沉市场的普及，才有了拼多多的发展。未来随着 5G 的普及，还会催生出一批新的产品。

3.2.2 从竞争角度分析

当和其他企业有竞争时，我们可以对企业做优化，积极地进行竞争。以竞争为核心的方法众多，多以经济理论为基础，并融合公司管理、组织管理等经典理论。这些方法在 20 世纪的市场环境中有较好的应用。主要理论有波特五力模型和波特钻石模型。

1. 波特五力模型

波特五力模型是由迈克尔·波特提出的。迈克尔·波特是哈佛大学教授，是公认的“竞争战略之父”，其竞争三部曲《竞争战略》《竞争优势》《国家竞争优势》系统地介绍了如何进行竞争。迈克尔·波特致力于将经济理论引入企业战略中，所以他的理论带有强烈的经济色彩。除了波特五力模型，迈克尔·波特还提出了波特钻石模型等众多理论。市面上很多竞争模型其实都源自迈克尔·波特的这三本书。

波特五力模型和 SWOT 分析不同。SWOT 分析将外部环境分为机会和威胁，这非常笼统。而波特五力模型从产业角度将外部环境分成五类，分别是产业内公司间的竞争、供方的议价能力、买方的议价能力、潜在进入者的威胁和替代品（产品或服务）的威胁，如图 3-2 所示。

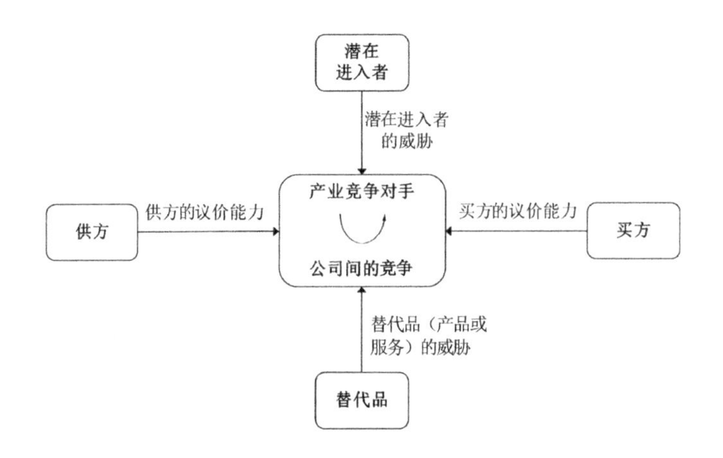

图 3-2　波特五力模型（产业角度）

在该模型中，企业与买方的议价能力，决定了能不能把产品或服务卖高价；企业与供方的议价能力，决定了能不能低价购买产品或服务。而竞争者、替代品、潜在进入者，也会影响企业的销量、市场份额等。

对一家企业而言，好的情况是行业内的竞争者少，即行业集中度高，并且上游和下游集中度低，这样企业就有较强的议价能力。一些业务相似的企业合并，就是要增强行业的集中度。如果该企业的产品的替代性很低，也没太多的潜在进入者，则意味着买方的选择更少。那么，企业就可获得高利润。

波特五力模型有两种用法。用法一，重新定义企业边界。比如，是否考虑收购企业，即增强行业集中度。再如，电商企业是否考虑增加用户数量，从一二线城市走向三四线城市，即扩大买方的规模。用法二，分析五种力量对企业的影响，从而制定这五个方面的战略。

2. 波特钻石模型

波特五力模型和其相关理论可用来做竞争分析，但无法解释日本汽车在美国的成功，这背后其实是国家间的竞争。迈克尔·波特在其著作《国家竞争优势》中也对此做了分析，提出企业所在的国家会对企业间的竞争有显著影响，并由此提出了波特钻石模型。总之，波特五力模型从产业角度进行分析，波特钻石模型从国家角度进行分析。

波特钻石模型分析了某国的产业为什么会有较强的竞争力，用于评估该国的产业，如本国产业是否应走向海外，或者将本国产业转移到海外等。国家的产业竞争力主要体现在四个主要因素和两个辅助因素上，如图 3-3 所示。

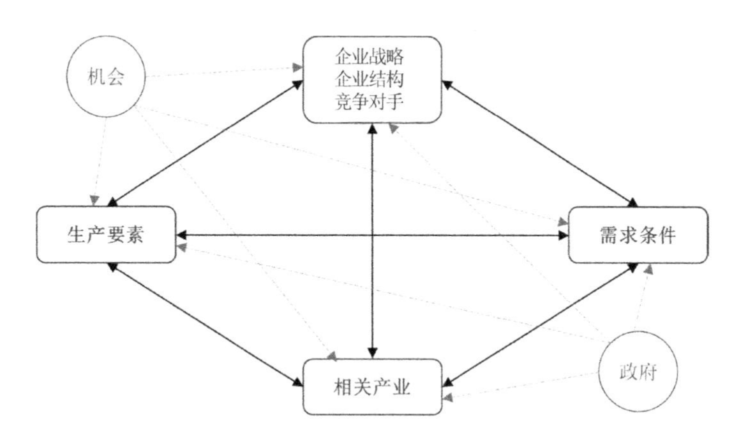

图 3-3 波特钻石模型（国家角度）

（1）生产要素：反映了国家拥有的资源。其中，初级生产要素有天然资源、地理位置、低价值劳动力等；高级生产要素有通信设施、基础设施、高素质人才、专业技术等。

（2）需求条件：反映了在本国的市场上，用户或企业的需求的差异和规模。

（3）相关产业：反映了国家在该产业、上下游产业和支撑产业上，是否有竞争力。

（4）企业战略、企业结构和竞争对手：这三个要素是综合要素，我们可根据其对企业走向国际化的战略做评估。一家企业走向国际化的动力，通常来自企业的自身结构、本地竞争的压力、外国市场的推力等因素。在国内竞争中胜出的企业更加有生命力，这迫使其在国内进行改进和创新，而开拓海外市场就是其竞争力的延续。促使国内的企业走向海外的一个因素，就是企业在国内经历磨炼后再走向海外就比较有竞争力。

除了这四个主要因素，我们还要考虑两个辅助因素，分别是政府和机会。政府的政策等会显著影响产业的发展，甚至是决定性的。机会是指发现的开拓海外市场的机会，可以用 PEST 分析进行评估。

通过用波特钻石模型做分析，我们就可以解释为什么日本汽车在美国能够获得成功了，其背后是生产要素、需求条件、相关产业和综合要素（企业战略、企业结构和竞争对手），以及机会和政府共同作用的结果。比如，猎豹的成功也可用波特钻石模型分析，猎豹拥有很强的技术和运营能力，但国内市场竞争激烈，那么进军海外市场就成了一个好的选择。

3.2.3 从差异化角度分析

从竞争角度进行分析，更多地强调了竞争，但这种方法对用户需求分析得很少。波特五力模型的提出者迈克尔·波特虽是战略专家，却挽救不了自己的公司。迈克尔·波特的公司没被五种力量中的任何一种力量摧毁。公司关闭的原因是，人们不需要这项服务了。虽然迈克尔·波特也强调要关注用户需求，但只是将其作为基础性的前提，并没有展开。所以过度强调竞争，常会导致用户需求被忽视。

所以，也有很多理论来强调用户需求，典型的是蓝海战略和特劳特的定位理论。这些理论都强调，要面对不同用户和不同的需求，提供差异化产品。

1. 蓝海战略

如果说基于竞争的战略是正面搏杀，则蓝海战略就是希望回避正面竞争，从红海走向蓝海。蓝海战略强调了要给用户提供差异化服务，从而减轻同质化带来的负面影响。蓝海战略的制定有四个重要的原则。

重新构建市场边界。比如，本来是功能性的产品，也可以被当成情感性的礼品出售。比如，茅台酒的热卖就弱化了其功能性。

绘制战略布局图。企业要进行竞争，就要评估哪些产品要素可以被剔除、减少、增加或创造。比如，美国西南航空公司的起飞班次频繁而灵活，票价也低，虽然降低了航班服务水平，但仍然对客户具有吸引力。

超越现有的需求。该原则强调要关注边沿用户、用替代产品的用户，以及没有被开发的用户，并找准他们的共同需求，从而扩大市场空间。比如，美国西南航空公司比照汽车运输费用进行机票的定价，其目的就是要替代汽车运输。而要替代汽车运输，其实就是在扩大公司的边界，这也可以用波特五力模型表示，如图3-4所示。

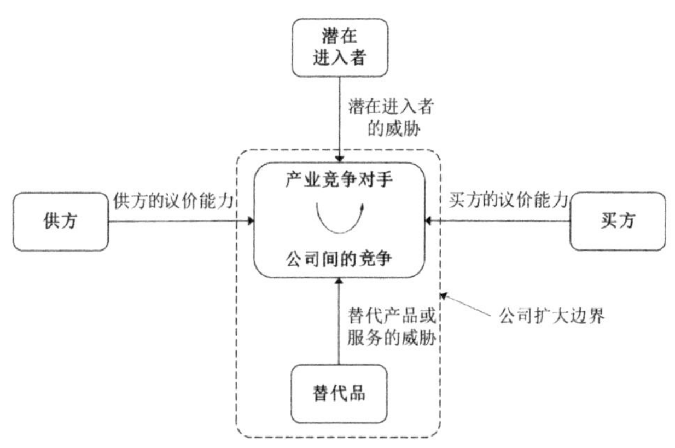

图3-4 美国西南航空公司扩大边界

合理安排战略顺序。该原则强调要先把产品做好，让产品有用，接着再制定有竞争力的价格，并反推和控制成本，最后还要考虑员工、商业伙伴和公众的接受程度，并采取新的推广手段。这种思考方式和竞争性战略不同，竞争性战略强调一开始就要考虑价格、成本等要素。

2．定位理论

特劳特在《定位》一书中提出定位理论和“心理占位”的概念，指出要抢占用户的“心智资源”。比如，海飞丝洗发水定位去头屑，飘柔洗发水定位柔顺。这就是在给产品做定位。《定位》一书还详细介绍了找到定位的方法。定位理论可对产品做定位，也可用在国家、政治，甚至个人的定位中。

当对产品做定位时，我们应以目标用户为基础，将产品做出区别，并建立目标用户对产品的认同感。这里有两个关键概念，分别是产品的区别和产品的认同感。（1）产品的区别包括功能和心理。功能体现了用户需要什么功能，以及这种功能能给用户带来什么利益；心理体现在提高形象、社会认同等方面，都可归在马斯洛需求理论中。（2）产品的认同感包括认同、印象和认知，是对产品或群体的认同，是在建立对产品的印象。

比如，在饮料行业中，可口可乐是可乐的开创者，作为后来者的百事可乐，就定位于“年轻人应该喝百事可乐”，这就是在建立身份认同，并且这个口号是其他品牌的可乐所没有的。再如，王老吉将产品定位为“怕上火，喝王老吉”，在这个功能性定位上，王老吉进而抢占了餐厅的饮料市场。

定位理论多用在存量市场中。现在互联网行业也渐渐地变成了存量市场，也在运用定位理论。比如，网易严选、拼多多、小米有品就有不同的用户群体，其在解决的需求、心理认同感上有区别。

定位理论和蓝海战略有相同点，也有不同点。相同点是都要区分不同用户的不同需求。不同点是，蓝海战略更多地强调产品的功能或服务要有差异化，定位理论强调要从用户的心智出发找到定位，其产品的功能等要素可以没区别。总之，这两种理论的目的相同，但方法不同。

3.2.4　破坏性的创新

以上战略要么从竞争角度出发，要么从差异化角度出发，但从这些角度都不能解释破坏性的创新。破坏性的创新往往以小博大，并在经历了磨难后，才将对手彻底击败。比如，苹果智能手机取代了诺基亚的功能机，数码相机取代了胶卷相机。破坏性的创新所带来的经济效益，占所有经济效益的一半。因此，我们需要研究破坏性的创新。主要理论有创新窘境理论和 4P 理论。

1. 创新窘境理论

对破坏性的创新进行研究并做出重大贡献的是克莱顿·克里斯坦森，其在著作《创新者的窘境》中对破坏性的创新做了深入的分析，揭示了技术和公司的发展规律，并给出了进行破坏性创新的方法。

1）技术和公司的发展规律

克莱顿·克里斯坦森提出了技术的 S 形曲线，如图 3-5 所示，该曲线揭示了硬盘行业技术的发展规律。

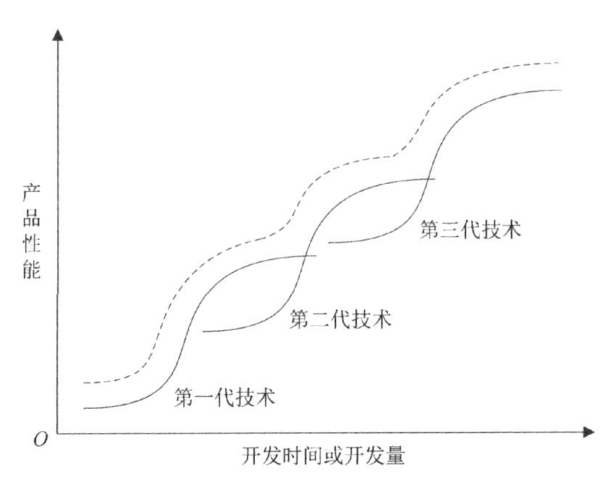

图 3-5 技术的 S 形曲线

对于硬盘行业，任何一种技术在早期都需要用很多的开发时间或开发量（横轴），才能实现少量的产品性能（纵轴）提升。但到了技术发展的中期，产品性能提升变得容易。到了技术发展的晚期，产品性能提升又变得困难。

因此，处于早期的下一代技术并不是好的选择。因为产品性能低，且产品性能还不容易提升。这也导致下一代技术在刚出现的时候不被主流公司认可。但是随着时间的推移，必然是下一代技术比上一代技术更好，具有更高的性价比。也就是说，下一代技术会以更低的成本满足用户的性能需求。最终，下一代技术不仅在性能上，还在容量上优于上一代技术，从而实现破坏性的创新。

技术的 S 形曲线不仅适用于硬盘行业，也适合其他技术驱动行业。比如，电动汽车行业也是如此。克莱顿·克里斯坦森在 1997 年出版《创新者的窘境》时，就曾预言电动汽车终将取代燃油车。首先，从长远看，电动汽车的生产成本比燃油车的生产成本更低。其次，电的使用成本比汽油低，也就是说电动汽车行驶一千米所耗费的能源成本更低。从这两个“低”来看，电动汽车终将取代燃油车。今天看起来，该预言是正确的。

同时，克莱顿·克里斯坦森还预言，电动汽车要取得突破，应从低端市场入手，如幼儿园的校车或者老年代步车。今天看起来，该预言是错误的。电动汽车反而是从高端市场做起的，原因可用定位理论来解释。用户需求是复杂的，高端用户购买电动汽车，并不是为了实际使用，而是作为备用车。高端用户的需求弹性大，走远路可以开燃油车，走近路就可以用电动汽车。电动汽车作为第二辆车来购买，是适合的。

2）如何实现破坏性的创新

管理良好的公司只重视持久性创新，却忽略了这种破坏性的创新，从而最终被淘汰。导致其失败的恰恰是完美的管理、完美的决策。这是因为大公司的资源、价值观和企业文化，都是为了适应原有产品而产生的。新技术在刚出现的时候，无法满足大公司主流人群的使用，支撑起庞大的销售额。因此，新技术无法获得大公司的支持，而小公司就不会有这么多约束。

以手机行业为例，诺基亚的企业信条是生产结实、耐用的手机，这在过去是正确的。苹果手机采用了触摸屏技术，并不结实、耐用。其实诺基亚早于苹果做出了触屏手机，但因为触屏手机不符合诺基亚的形象和文化，而没有生产。另外，苹果手机到了第三代才开始突破，并逐渐被主流人群认可。而如果一款产品不断探索，并且在几年后才见效，这对一些大公司来说也是难以接受的。

基于以上原因，克莱顿·克里斯坦森建议公司应采取以下措施，来实现破坏性的创新。第一，推动一个刚出现的市场的增长率提升；第二，等到破坏性创新的市场规模变大之后，要快速跟进；第三，成立一个独立的机构来开发新技术和新市场，避免公司的价值观和文化影响新技术和新市场的发展。

2．4P 理论

4P 是指产品（Product）、价格（Price）、渠道（Place）、促销/推广（Promotion）。该理论是在 20 世纪 60 年代由杰瑞·麦卡锡教授在《营销学》一书中提出的。4P 理论是一个古老的理论，属于营销学范畴，但同样可用于破坏性的创新中。4P 理论的含义如下。

产品。产品包括有形的产品或无形的服务，是指能够提供给市场，并被人们使用和消费的任何东西。

价格。价格是用户购买产品的价格，关系到企业的利润。影响价格的因素有三个：需求、成本、竞争。最高价格取决于市场需求，最低价格取决于产品的成本，并且价格也受竞争者或替代者的产品价格的影响。

渠道。渠道是指商品从生产企业流转到消费者手中所经历的各个环节和推动力量之和。

促销/推广。促销/推广包括品牌宣传（广告）、公关等一系列的营销行为。

在当今的互联网行业中，产品、价格、渠道和促销/推广的范围已经发生剧烈的变化，并由此出现一些颠覆性的业务模式。

比如，在早期，杀毒软件都是收费的，并且要有渠道帮助推广。但 360 杀毒是免费的，从而大幅降低了渠道、促销和推广的成本。在杀毒产品价格为零后，360 杀毒则变成了渠道。360 杀毒通过推广游戏来挣游戏厂商的钱，实现了颠覆性的业务模式，彻底颠覆了杀毒产品的市场。

3.2.5 本节小结

本节介绍了四种分析方法。需要强调的是，这些方法都有各自提出的背景，我们需要依据企业和市场的情况，做综合分析。

通用分析模型：代表是 SWOT 分析和 PEST 分析。

从竞争角度分析：产生的背景是，信息革命尚未爆发，产业边界并不模糊，并且行业态势较为稳定。这个时候企业就要努力优化产品，从而战胜对手。所以，在市场较稳定的情况下，从竞争角度分析有较好的应用。

从差异化角度分析：产生的背景是，研究者发现“硬碰硬”的竞争并不容易获胜，应从用户需求出发，来探索如何提供差异化服务。这些理论能发展起来，是基于竞争加剧和科技发展的原因，这为寻求差异化产品提供了基础。

破坏性的创新：克莱顿・克里斯坦森从一个犀利的角度切入，发现大公司无法创新，进而总结出技术的发展曲线，并给出公司创新的路线。虽然 4P 理论是一个古老的理论，但也可以用在破坏性的创新中。

以上是几种分析方法的总结[①]。限于篇幅，以上内容只说了决策的可能性，并没有给出决策的准则。所以，不能认为学了这些方法，就能正确分析并给出建议。而一种好的分析方法可以用几句话说清楚，分析内容全面，从几个角度都做分析。这样才能找到最犀利的角度，并做出正确决策。

另外要注意，长期战略和短期战略常常不同。一般长期战略是稳定的，短期战略是易变的和市场较小的。比如，电商市场是一种双边市场，一边是用户，一边是商家。只有让用户和商家尽快获得利益，市场才能不断滚动发展。在这个前提下，淘宝从服装切入，京东从电器切入，都是从小市场切入的，这就是短期战略。但两个公司的目标都是做更大的综合电商平台，这就是长期战略。

3.3 目标设定

通过对战略的分析和设计，我们就能决定公司要做什么。比如，在运用波特五力模型分析后，我们需要考虑是否要修改企业边界，即是否要收购其他企业。再如，在用 SWOT 分析后，我们就要根据企业的优势和劣势等，明确开发什么功能。从战略分析到设计，是很自然的过程。

但是，还有一些企业目标更加宏观和笼统，需要定义清楚，如是要成本领先，还是要做差异化。这种宏观的目标共有三个角度：是要利润还是要增长、是成本领先还是差异化、是积极进取还是求稳定。需要说明的是，有的公司不使用“目标”这个词，而用“目的”“使命”“方针”等词。但无论使用哪个词，都是在定义相同的内容。

3.3.1 是要利润还是要增长

战略目标可以是盈利、增长、市场份额或社会反映[②]。不同行业的战略目标会不同，我们以企服行业为主进行说明。

---

① 如果读者想了解四种分析方法间的联系和更多案例，请关注微信公众号“图解产品设计”。

② 这四个目标均源自迈克尔·波特的《竞争战略》一书。

1. 盈利

所谓盈利，是指利润额和利润率。公司的最终目标是盈利，可根据自身的发展阶段，来确定什么时候盈利。通常，互联网行业的前期投入大且不盈利，后期才能获得盈利，但并不总是如此。

比如，定制开发一款产品，就要计算成本和收益。两者要有差价，企业才有利润。如果企业只追求一个订单的利润而不考虑后续的其他订单，其目标就是追求短期利润，这样做通常是因为不看好该领域。而为了追求短期利润，技术选型应以成本为依据，不应过多考虑软件的复用性或可扩展性。同时，产品经理在确认需求的时候，应引导需求方不要加入开发成本高且很难复用的模块。

2. 增长

增长是指销售额的增长。一家企业只有销售额不断增长，才能获得更多的利润。但和盈利不同的是，为获得增长会牺牲短期的销售额和利润率。而要获得增长，企业一方面要通过降价挤占竞争对手的市场，另一方面要努力挖掘未被满足的需求，并扩大营收范围。

企服公司通常并不在乎一个订单的利润，而是希望可持续地发展。企业在这个时候的做法是，努力找到一个需求类似的市场。在该市场内，企业就可以不断地把产品做强大，然后将该产品卖给不同企业。同时，针对每个企业的不同需求，再进行少量的定制开发。

为了更好地开拓市场，企业常常需要打造标杆项目。标杆项目可以不挣钱，但通过打造标杆项目，企业能在其他项目上挣钱。比如，开发餐饮系统或企业官网的公司，都是在做一个市场，而不在乎一个订单的利润。为了拿下标杆项目，即使对方的要求略有不合理，产品经理也要尽力满足，这样才能避免丢单。

3. 市场份额

市场份额是指市场占有率。比如，有的公司要成为行业排名前三，并且要达到20%的市场占有率。在互联网领域中，有的公司的餐饮软件并不挣钱，只是为了获取市场份额，因为以后可以通过给餐厅贷款、提供其他增值服务来挣钱，并帮助其发展支付业务。有的时候，有的公司为了获取市场占有率还会主动打击竞争对手，千方百计不让竞争对手发展起来，这是富有攻击性的手段。在通信领域中，有的公司就采用过激的方法打击竞争对手，最终让竞争对手在萌芽中消失。

采取这种战略的公司，常常对资金和资源都有较高的要求。其产品设计不完全从需求出发，而是竞争对手有什么自己就做什么，并且要做得更好，这样就可以有效打击竞争对手。

4. 社会反映

对于较大的公司，获得好的社会反映是必选项。比如，用户在使用滴滴出行时可能存在安全问题，如果安全问题发生了，就会成为社会问题，引发社会舆论。因此，公司必须注重安全问题，承担社会责任，从而获得良好的社会反映。对企服行业来说，也要考虑所服务的行业的社会反映。比如，当餐饮行业遇到危机的时候，不应甩手不管，而应该肩负起行业责任，帮助餐饮行业化解危机，渡过难关。

3.3.2 是成本领先还是差异化

一家企业还可实施成本领先战略、差异化战略和专一化战略。

（1）成本领先战略：该战略是努力降低企业的成本，并以低价赢得顾客，占领市场。沃尔玛是该战略的典型代表，用“天天平价”策略来获得顾客。为此，沃尔玛减少了品类数量，从而更好地进行集中采购。

（2）差异化战略：该战略就是在产品的外观、品牌、性能、服务、销售渠道等方面做出差异化。比如，要头发飘逸柔顺用飘柔，要去头屑用海飞丝。

（3）专一化战略：该战略也称为聚焦战略，就是主攻某一细分市场、某个特定客户群，或者某个地区市场。某一细分市场，如智能家电、折扣商品；某个特定客户群，如男装或女装；某个地区市场，如南方或北方。

一家企业不可能既做到成本领先，又有差异化，这不符合客观规律，如果实施这样的战略，该企业注定是低利润的，也是无法长久的。只能选择其中一种战略。

3.3.3 是积极进取还是求稳定

产业是有生命周期的，可分成四个阶段：导入期、增长期、成熟期和衰退期，如

图 3-6 所示。该图以产品销售额为纵轴，以时间为横轴。

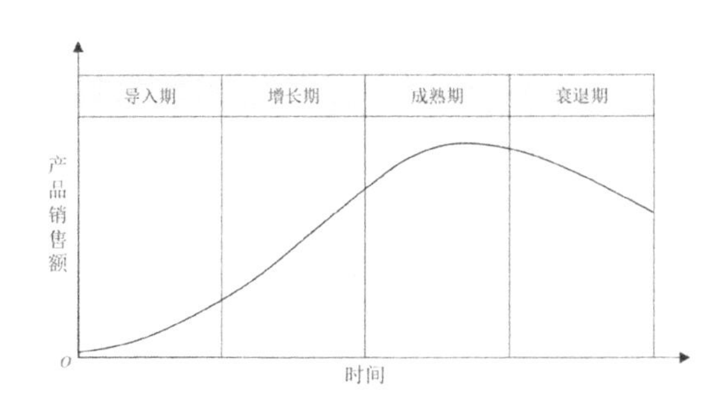

图 3-6　产业的生命周期

需要说明的是，这四个阶段的划分是多数产业的规律，而不是定律。比如，有的产业没有经历成熟期就快速衰退了，典型的如寻呼机产业，没有经历成熟期就快速被手机所取代。很多人在分析产业的生命周期的时候，常常忽视了这个变化，而是生搬硬套。在产业生命周期的不同阶段中，企业的产品战略也会有差异，该战略可以是积极探索、努力增长，也可以是收缩、退出、转型或被收购。

1. 导入期，用探索战略

在导入期，公司应积极探索。在该阶段，产品通常是质量低、不易用或服务性差的。比如，早期的电商网站的网站体验性、付款便捷性、送达的时效性都较差。在导入期阶段，公司要做的事情是，不断改进产品和服务，并努力找到愿意尝试的目标用户，说服他们购买。通常在导入期阶段，进入的公司少，风险很高，很容易导致失败。在这个阶段，产品的不确定性较高，较难预估方向，需要多多探索。

2. 增长期，用增长战略

在增长期，公司应积极寻求增长、抢占空白市场。在这个阶段，产品的质量和服务问题都会逐步改善，产品成本也会下降，产品逐渐获得主流人群的认可。但也会有新的公司进入，从而加大竞争压力。有的时候，最早进入的公司可以凭借先发优势获得成功，这种先发优势包括技术和成本优势，以及占领用户心智。但是，后进入的公司也不是没有机会，它们可利用自身资源，找到好的切入点，获得长足的发展。

3. 成熟期，用稳定战略，或被收购

在成熟期，公司应适度追求稳定。在这个阶段，市场上可能会出现产品同质化、

更多的细分市场、市场垄断等现象。

（1）产品同质化：这需要企业不断进行优化，这种优化是全方位的，包括产品、营销和市场等。（2）更多的细分市场：比如，电商行业很大，不会出现一家独大的情况，仍然有很多细分市场可挖掘。（3）市场垄断：互联网行业有规模效应，头部公司所做的功能可服务更多人群，这样就降低了开发成本。同时公司利用规模效应，很容易占领细分市场。如果出现市场垄断，寻求收购也是一种战略。

4. 衰退期，用收缩战略

在衰退期，公司可进行收缩、退出或转型。对传统行业而言，随着竞争的加剧，产品利润持续走低，此时公司应控制成本、追求利润、适当收缩，或者考虑直接退出。但对互联网行业而言，衰退的发生往往是因为产品被取代，这个时候公司就可积极开拓新的业务，努力进行转型。

针对以上四个阶段，本书给出了不同的战略。然而，这只是大致的战略选择，并不绝对。公司可以在任何阶段实施任何一种战略，不能一味地按照上面推荐的策略走。这样公司就要在增长速度、产品或服务的质量、投入产出比之间找平衡，团购大战就是典型代表。

在团购大战开始的时候，业务模式很清晰。因此行业并没有经历导入期，直接到了增长期。而要想在团购大战中获胜，公司就要把握好节奏，过快或过慢都不行。

如果扩张得过快，就会导致投入产出比不高，并且给用户和商户提供的服务水平也不高。再加上如果资金不足，就很容易出现问题。如果扩张得过慢，就会被其他公司占领市场，从而错失先机。因此，公司应把握节奏，不断在增长速度、产品和服务的质量、投入产出比之间找到平衡点。同时也要积极探索细分市场，如探索团购的新类目、新城市等。

3.3.4 本节小结

本节从三个角度分析了战略目标。而每个角度下的目标常常是互相排斥的。比如，在第一个角度下，不能既追求高利润，又追求高增长，这是做不到的。或者在第二个角度下，又要成本领先，又要有差异化；或者在第三个角度下，要积极进取，还要寻求稳定，这些也是做不到的。但在三个角度之间，公司可以拥有多个目标。比如，公司可以既要利润，也要成本领先，还要追求稳定，这些战略目标是可以同时设定的。只是在设定过程中，几个战略目标要有轻重之分。

对于产品经理，应从以上角度去理解公司的战略目标，从而指导产品设计。战略目标也是不断发展变化的。通常中长期目标会比较稳定，短期目标可以灵活多变。比如，一家线上折扣店的长期目标可以是成本领先，短期目标可以是追求差异化，但为了获得融资，可以将更近期的目标设定为实现高增长。

3.4 机会的评估模型

一款新产品是否有机会胜出？我们可用 SWOT 分析、波特五力模型等做分析。产品管理大师罗伯特 · G.库珀在《新产品开发流程管理》一书中，提出了自己的方法。在本节中，我们就介绍该方法。该方法的评估项比较细，更有利于初学者掌握学习，所以我们单独拿出来说明。

罗伯特 · G.库珀的方法是，通过考察公司外部和内部的各项指标，评估新产品的发展潜力。如果这些指标的得分都较高，就说明比较适合新产品的发展。本人对考察点做了少量修改，以适应对互联网产品的评估。总体考察点分为两类，共五项。

- 领域内的机会：市场吸引力、技术的机会。
- 公司的优势：发挥技术优势、发挥营销优势、发挥差异优势。

以上五项还可分为更细的子项，接下来我们会分别说明。

3.4.1 领域内的机会

新产品要在一个市场领域内立足，一方面产品要满足用户需求，另一方面市场也要有吸引力，能让公司获利，这样公司才愿意进入该市场。市场吸引力体现在市场足够大、增长足够快等方面。不过，有的市场虽然发展不快，但是也可以进入。因为重大的技术变化就可让新产品有弯道超车、颠覆市场的机会。

总之，领域内的机会包括市场吸引力和新产品机会，下面我们分别介绍。

1．第一项：市场吸引力

市场吸引力体现在以下四个子项中，包括市场规模、用户数目、市场增长率和市场潜力。

（1）市场规模。市场规模是以销售额来衡量的。市场规模足够大，才能分担研发和生产的成本。尤其在互联网行业中，找到规模大的市场是成败的关键。因为开发一款互联网产品的成本是高昂的，公司要给研发人员、运营人员和产品人员发工资。当公司开发出一款产品时，其成本就已经固定了。因此，用户买得越多，企业挣得也越多。

笔者曾给一个实验室软件项目做过咨询，其市场规模很小，要用这种软件的实验室的数量很少，并且该软件能给实验室创造的价值也不高，所以也卖不了高价。因此，产品无法获得足够的收入，也就无法聘用更多的开发人员，这就导致产品开发缓慢，难以满足实验室的需求。

（2）用户数目。用户数目是指领域内潜在的购买产品的用户的数量。对于面向消费者的产品，用户就是购买产品的消费者；对于面向企业的产品，用户就是购买产品的企业。

通常，如果用户数目较少，那么新产品进入就会有风险。原因是，该行业只能容纳较少的企业，且竞争对手强大，获取项目的不确定性增加。比如，银行的基金理财系统。银行数量较少，这就意味着此类项目不多。但是，要使用该系统的用户的数量不少，因此银行不允许项目失败，更趋向找大型软件企业开发基金理财系统。此时，新产品要进入该领域，就需要谨慎。

如果用户数目较多，那么新产品的进入就有机会。原因是，该行业可容纳较多的企业，软件销售的不确定性降低。比如，因为餐饮企业很多，所以餐饮系统销售的偶然性因素减少，也更容易找到细分领域。需要说明的是，用户数量的多少并没有标准答案，这要基于行业认知来判断。

（3）市场增长率。该指标反映了未来的销售增长率。评估一个市场不应只看现在的销量，还要看未来的销售增长率。高销售增长率意味着行业总销售额会增加。此时公司就要提前布局，早早进入，占据有利位置。

（4）市场潜力。该指标反映了市场未来可能的销售量，而不是现有的销售量。比如，拼多多就激活了下沉市场的消费潜力。在过去，下沉市场中线下商铺的商品种类少，从而导致消费者的消费潜力未被释放。拼多多通过网购的方式，增加了商品品类和数量，从而释放了下沉市场的消费潜力。

市场潜力和市场增长率有所不同。市场增长率更多地是指常规的市场增长情况，是基于当下用户的需求来预测未来的增长。而市场潜力则不同，不是评估当下的需求，而是评估未被满足的需求，评估此类需求的市场潜力有多大。

2. 第二项：新产品机会

市场吸引力只是一方面，新产品有没有机会还要看重大环境变化、新技术的回报和要求的技术水平。

（1）重大环境变化。重大环境变化可用 PEST 模型做分析，包括政治、经济、社会和技术，这里就不再复述了。

（2）新技术的回报。并不是所有的行业运用新技术都有高回报。比如，对于与农业相关的行业，互联网可做的就较少。原因是，此类行业更多地靠资金和管理驱动。

（3）要求的技术水平。这项指标是指产品开发或生产的技术难度。一方面，如果新产品的开发技术难度大，那么公司一旦突破，就能获得长足的发展。比如，科大讯飞的智能语音技术和旷视的人脸识别技术都属于开发难度大的技术。另一方面，技术难度大，意味着风险也很高，一旦开发不出，就将导致投资失败。

3.4.2 公司的优势

领域内的机会包括市场吸引力和新产品机会，这些都属于外在因素。公司的优势则属于内在因素，包括发挥技术优势、发挥营销优势和发挥差异优势。

1. 第三项：发挥技术优势

公司的技术优势主要体现在产品的研发和生产上。其中，互联网企业多看重研发优势，制造企业多看重生产优势。

（1）研发优势。比如，科大讯飞就有很强的智能语音技术，该技术构筑了企业的核心竞争力。之后，科大讯飞将该技术运用在了各种场景中，如给英语口语打分、合成餐厅叫号的语音等，从而不断地获得发展。

（2）生产优势。多数软件企业并不涉及生产。但有时，软件也能在生产中发挥优势。比如，尚品宅配是一家生产定制家具的公司，其前身是一家软件公司。该公司开发的软件支撑了从设计师下单，再到工厂生产、产品入库等流程。而在尚品宅配出现之前，其他家具企业无法做定制家具，原因是靠传统技术无法组织大规模的个性化生产。可以说，尚品宅配通过软件系统，给生产注入了优势。

2. 第四项：发挥营销优势

公司的营销优势主要体现在销售/渠道优势和广告/营销优势。

（1）销售/渠道优势。一些公司会有独特的销售渠道。比如，公司是做政府市场的，那么常见的战略是不断拓展新的产品线，并将其一并销售给政府。再如，开发餐饮软件的公司因为已将餐饮软件卖给了餐厅，所以再向餐厅卖其他系统就很容易，如售卖 ERP 或库管系统。

（2）广告/营销优势。国内的头部互联网公司的广告/营销优势很明显。如果该公司推出一款新产品，就可要求其他公司做推广，如提供免费的广告位。这些优势都是小公司不具备的。

3. 第五项：发挥差异优势

新产品虽然没有技术优势，也没有营销优势，但是该产品能获得巨大的提升，并能做到差异化，那么也能取得成功。而这种差异化往往是竞争者难以模仿的。

（1）巨大的提升。以餐饮行业为例，餐厅的团购就比地面推广有优势，是巨大的提升。首先，团购可以把餐厅业务拓展到线上，从而获取了新的客户群。其次，餐厅的地面推广模式成本高，要雇人在路边发传单，相较之下，用团购进行推广的成本很低。

（2）差异化的竞争力。差异化的竞争力强调产品要区别于竞品，从而满足用户的不同需求。以电商行业为例，天猫采取的是商家入驻的商城模式，网易严选采取的是工厂代工的优品模式，小米优品采取的是少而精的爆款模式。产品有了差异化，就能满足不同的用户需求，且这种差异化竞争对手不容易模仿、跟进。

3.5 评估模型的实战

在本节中，我们将进行实战。当公司有多个产品方向时，就要明确哪个方向机会多。在明确了做哪个方向后，公司还要明确产品的目标。对产品机会的评估，可以运

用罗伯特 · G.库珀提出的方法，而产品的目标就是前面讲的战略目标。

- 步骤一：评估产品的机会
- 步骤二：明确产品的目标

其中，步骤一，我们将运用罗伯特 · G.库珀的方法，通过一个打分机制，来评估产品的机会。步骤二，我们将明确开发方和购买方的产品目标。这两个步骤没有绝对的先后顺序。

3.5.1 步骤一：评估产品的机会

我们可以运用罗伯特 · G.库珀的方法给每个产品方向打分，从而确认哪个产品方向优先。打分方法是先对五项下的子项逐一给分，然后算平均分。表 3-1 就是产品方向评估表。在每个考察点后面，都要写上相应的分数。

表 3-1 产品方向评估表

项 目	分 值
1. 市场吸引力	
- 市场规模	
- 用户数目	
- 市场增长率	
- 市场潜力	
2. 新产品机会	
- 重大环境变化	
- 新技术的回报	
- 要求的技术水平	
3. 发挥技术优势	
- 研发优势	
- 生产优势	
4. 发挥营销优势	
- 销售/渠道优势	
- 广告/营销优势	
5. 发挥差异优势	
- 巨大的提升	
- 差异化的竞争力	
五大项平均分	

该表的每个子项可得的分数在 0～5 分（包括 0 分、5 分）。比如，市场潜力非常大就是 5 分，较大是 4 分，不大是 0 分。每个分值的含义没有标准，只要公司内部观点一致即可。最后，再计算五大项平均分，这五大项是市场吸引力、新产品机会、发挥技术优势、发挥营销优势、发挥差异优势。

我们在运用这种方式打分的时候，需要注意以下三点。

1. 该方式属于定性分析，有一定的主观性

这种打分的方式属于定性分析，有一定的主观性。既然是主观的，那么就会有一定的偏差。因此，如果能够用数据证明，仍然要用数据证明。并且这种打分方式要求平均分，这样就导致关键要素的分值被稀释，从而忽略了关键要素。但这种打分方式可很好地梳理促使产品成功的关键点，让思考更加全面。

2. 评估项目不是一成不变的

读者可以对表中项目进行合并、删除和增加。首先，可以进行合并，如只列出五个大项，不必列出细致的项目。其次，可以进行删除，如产品不涉及生产，就可以删除这一项。最后，也可以进行增加，对于销售到海外的产品，政治风险是需要关注的。

总之，对该表格中的项目进行合并、删除和增加，都是可以的。列出产品方向评估表的目的在于，厘清产品成败的关键点，而不是关注次要问题。

3. 所有项目不能都得高分

对一款新产品而言，很难在各个项目上都得高分。如果领域内的机会的分值都是高分，就说明机会很好，那么该市场也会快速变成红海。因为当机会很明显时，其他公司也会看到，从而快速跟进。团购大战就是一个明显的机会。

3.5.2 步骤二：明确产品的目标

在明确了产品做不做后，下一步就要明确产品的目标。产品目标需要从两方面考虑：一方面是开发方的目标，也就是软件公司的目标；另一方面是购买方的目标，也就是购买商品的消费者，或购买软件的企业的目标。这些都对产品有影响。

1. 开发方的目标

开发方要有目标，这个目标就是前面谈到的战略目标，如公司是追求利润还是增长，是追求成本领先还是差异化等。无论是什么目标，其制定程序都是复杂的。本书不做展开。但是，产品经理应知道并理解公司的战略目标，从而指导产品设计。比如，如果公司追求单一项目的利润，那么复用性不强的模块或开发难度大的模块，就要考虑少加入。

2. 购买方的目标

产品的目标不仅要从开发方考虑，也要从购买方考虑。如果购买方是企业，则企业购买软件的目标可以是提升企业效率、提升企业服务质量、提供商业决策等。总之，产品要能帮到该企业。关于这部分内容，我们将在下一章展开说明，下面做个粗略的介绍。

提升企业效率：一款产品要能提升企业效率，效率提升了，也就节省了人力。此时应分别计算购买产品的成本、减少的人力成本，从而可以评估产品价值。

提升企业服务质量：企业的效率提升了，但不能降低服务质量，应提升服务质量。服务质量的提升体现在方方面面。比如，用户要到银行取钱，等待时间减少、可以全天候取钱、可随时随地取钱都是服务的提升，为此银行就需要部署ATM机。

提供商业决策：软件产品的一大优势，就是可以方便地收集数据，并且进行数据分析。比如，当银行收集了足够的贷款数据时，就能评估当前贷款业务的情况，从而为以后的决策提供支持。

产品经理应理解企业购买产品的目标，从而以目标为导向设计产品。

3.6 本章提要

1. 企业战略由产品战略、营销战略、技术战略等组成。其中，产品战略是重要组成部分，也是其他战略的抓手。产品战略可分为三个部分：战略设计、目标设定、战略实施。其中，战略设计描述企业要做什么，目标设定描述指导方针，如是要增长还是盈利等。

2. 战略设计可以分为通用分析模型、从竞争角度分析、从差异化角度分析，以及破坏性的创新。

- 通用分析模型：通用分析模型是其他分析的起点，较为通用，有 SWOT 分析、PEST 分析。
- 从竞争角度分析：从竞争角度分析是对企业做优化，是一种“硬碰硬”的竞争，代表理论有波特五力模型、波特钻石模型等。
- 从差异化角度分析：从差异化角度分析从用户出发，提供不同的产品或服务，从而形成差异化，避免“硬碰硬”的竞争。代表理论有蓝海战略、特劳特的定位理论。
- 破坏性的创新：此类创新往往是以小博大，并在经历了磨难后，才将竞争对手彻底击败。主要理论有创新窘境理论、4P 理论。

3. 战略目标共有三个角度，分别为是要利润还是要增长、是成本领先还是差异化、是积极进取还是求稳定。同一角度下的多个目标常常是互相排斥的，即不能同时实现。在三个角度之间，公司可以追求平衡，如公司可以要利润，还可以要成本领先。

4. 罗伯特 · G.库珀的新产品机会评估关注两类指标。（1）领域内的机会：市场吸引力、技术的机会。（2）公司的优势：发挥技术优势、发挥营销优势、发挥差异优势。

5. 确定战略可分两步。步骤一：评估产品的机会，可用罗伯特 · G.库珀的方法；步骤二：明确产品的目标，要明确开发方和购买方的目标。

第 4 章

解决方案

《隆中对》中的战略目标是一统中华，匡扶汉室。而解决方案就是，先占荆益二州，再从两边夹击曹魏。同样，对于一款产品，在明确战略目标后，就要制定解决方案了。如果说产品战略解决了“做不做”的问题，那么解决方案就解决了“做什么”和“什么时候做”的问题。在本书中，解决方案特指较大模块的决定，如餐饮软件是否做预订、排队等模块。而每个模块的方案设计都要解决用户的问题，给用户创造价值。产品经理要构建解决方案，需要经过以下几个步骤。

- 步骤一：梳理所有的涉众
- 步骤二：梳理涉众的期望
- 步骤三：确定产品的价值
- 步骤四：构建高价值方案
- 步骤五：确定需求的排期

其中，步骤一和步骤二要明确涉众（利益相关者）和其期望，只有知道了产品为谁而做，以及要做什么，才能明确解决方案如何做。步骤三和步骤四要构建高价值的方案，产品要给用户创造价值，我们要知道产品有什么价值，如电商系统可以为用户创造什么价值，餐饮软件可以为餐厅创造什么价值。我们只有明确了产品的价值，才能构建高价值的解决方案。步骤五是确定需求的排期，本书将从三个维度来进行需求排期。通过以上五个步骤，我们就能确定解决方案。

4.1 步骤一：梳理所有的涉众

我们要设计一款产品，就要知道谁能影响这款产品。而这种影响最后都会在产品需求文档中有所反映。只有找到了影响人，才不至于遗漏需求，其中影响人就是涉众。

4.1.1 涉众

1. 什么是涉众

涉众（Stakeholder）也被称为利益相关者、干系者或影响者。在工作中，如果对方不明白什么是涉众，也可用“利益相关者”这个词代替。IEEE[①]对涉众的定义如下。

涉众是指影响产品，或受到产品影响的任何人、团体或组织。

首先，影响指的是利益方面的影响。其次，人、团体或组织是指具体的人、部门或公司等。最后，影响的是该产品的活动或成果，也就是影响了产品的研发过程和设计结果。然而，影响产品的涉众都有谁？涉众又如何产生影响呢？我们举两个例子。

1）建设国家大剧院

要建设国家大剧院（见图 4-1），谁能影响国家大剧院这个产品？

图 4-1　国家大剧院

我们可以将涉众分成四类。① 第一类是投资方。投资方进行投资，承建方就要满足他们的需求，要符合他们的审美。② 第二类是使用方。在国家大剧院建成后，艺术

① IEEE（电气与电子工程师协会），是一个国际性的行业协会，致力于电气、电子、计算机工程和与科学有关的领域的开发和研究，已制定了众多的行业标准。

家是使用方，他们可以提出建歌剧院、戏剧院等需求。观众也是使用方，也可以对使用体验发表意见。③ 第三类是管理方。管理方也就是剧院的管理者，会对剧院的维修、管理、安防和能耗等提出要求。④ 第四类是监管方。建设国家大剧院要符合政府的法律法规，如环境评估、安全评估等。

在建设国家大剧院的过程中，谁会受到该产品的影响?

我们分建设前、建设中和建设后来看。在建设前要拆迁，拆迁的居民会受到影响。在建设中有噪声，周边的居民会被噪声影响。在建设后会改变环境，周边的居民也会被灯光和声音影响。周边的居民可以不使用国家大剧院，但是也要考虑他们的需求。

2）开发银行软件系统

我们要开发一个银行软件系统，该系统包括存取款和金融理财业务。我们可以按图索骥，列出该产品的涉众。但和建设国家大剧院不同的是，这里的涉众包括系统的购买方和开发方，不存在建设中被影响的人，因为银行软件系统并不是物理设施，所以不存在建设中的噪声、灯光等问题。

系统的购买方

第一类是投资方。投资方是银行，银行的高管代表银行决定项目的投资。这就要在现有预算下，增加或减少功能。

第二类是使用方。使用方包括储户和银行员工，他们都要使用系统。储户需要使用该系统来取钱。如果储户到柜台取钱，员工就要使用该系统，帮助储户取钱。

第三类是维护方。系统管理员是维护方，需要进行日常维护。开发软件的公司也是维护方，需要进行软件升级、故障排查等工作。我们也要开发便于维护的功能。维护方也是使用系统的人，但是往往容易被忽略。

第四类是监管方。政府部门要监督银行业务是否违规。

系统的开发方

开发方就是软件开发企业，其中的涉众常常被遗漏。

第一类是使用方。银行软件系统往往是不对外的，开发方无权使用。但是餐饮软件是 SaaS 部署的，开发方也要使用该软件。比如，开发方的财务软件要有计费功能，开发方的销售软件要能开通账户，开发方的产品经理有数据分析需求，要能评估产品设计的效果等。

第二类是维护和研发方。比如餐饮软件，开发方的运维人员要能远程维护和指导用户使用，开发方的研发人员要能进行软件升级和系统扩容等。

第三类是监管方。比如餐饮软件，监管部门或管理者要监督软件销售过程以发现其中的违规现象等。

以上就是购买方和开发方的涉众。涉众中使用该系统的人自然可以影响需求，包括功能、易用性、可维护性等。但涉众中不使用该系统的人也会影响需求，甚至更为重要。比如，投资方并不使用系统，但也要考虑他们的需求。这就要开发一些统计功能，便于其评估项目的价值，或者开发多种付费模式，如支持分期支付、按需支付等，便于其灵活付费。

需要注意的是，设备不是涉众。涉众只可以是个人或组织，也只有人或组织才可以主动影响产品，才能对产品“指手画脚”。设备无法影响产品，因为设备不会说话，也就无法对产品“指手画脚”。

2. 涉众的应用场景

对于一项业务，是否要进行涉众分析，要看具体情况。

涉众分析的最佳应用场景是陌生且复杂的领域。比如，公司刚开始开发银行软件系统，对该领域比较陌生。这类系统的开发流程很复杂，涉众较多，需求很容易被遗漏。因此，产品经理要先把涉众找齐，然后说有什么需求。

但是，如果产品经理很熟悉该领域，并且涉众较少，那么涉众分析发挥的作用就有限。比如，建立一个论坛，这个产品很简单，并且涉众很少，产品经理可不必进行涉众分析，直接设计产品就行。但好的习惯是，先思考该产品和谁有关，这样可避免遗漏需求。

4.1.2 如何找到涉众

在理解了什么是涉众和涉众的应用场景之后，我们如何才能不遗漏地找到涉众呢？我们可从三个角度来找涉众，这三个角度分别是公司角度、系统角度和业务流程角度。同时，这三个角度应同时使用，并相互验证，避免遗漏涉众。下面我们以开发银行软件系统为例，来说明如何找购买方的涉众。

1．角度一：公司角度

在找具体的涉众之前，产品经理可以问自己以下的问题：公司的客户是谁？公司的组织架构是什么？公司的合作伙伴有哪些？监管部门有哪些？

1）公司的客户

对银行来说，办理存取款等业务的人就是个人客户。个人客户还可分成普通客户和 VIP 客户。如果 VIP 客户来办理业务，银行会有专门的员工来接待。虽然两者不同，但业务期望没有太大不同，不必细化成两个涉众。同时，银行还支持对公的存取款业务，它们的存取款需求与个人客户是不同的，因此就要提炼出公司客户。至此，我们梳理出来两个涉众：个人客户和公司客户。

2）公司的组织架构

通过了解公司的组织架构，我们可快速梳理出公司的涉众。步骤是先梳理组织架构，再梳理架构下的员工。比如，一家银行的组织架构是总行—省行—二级分行营业部—营业网点。通过这个组织架构，我们可以再梳理每个组织架构下的员工。

其中，在一个具体的营业网点，柜员负责办理客户业务，大堂经理进行客户分流，理财经理从事理财营销工作，核准柜员要对柜员业务进行复核。个贷经理负责基金理财、个人信贷等业务。副主任负责对柜台业务的内控管理和统筹工作。财务人员负责审核和记账等工作。组织架构内的人都要列出来，他们都可以对存取款业务发表意见。

3）公司的合作伙伴

如果银行有跨行取钱业务，则其他银行也会影响该系统。如果银行有基金理财系统，则合作的基金公司也会影响该系统。

（4）监管部门

监管部门是对银行的业务有监管职责的机构或组织，包括政府部门和银行内的监管部门。

2．角度二：系统角度

这个角度以系统为分界线，思考涉众会如何使用产品，具体如下。

（1）谁使用系统？使用这个系统的人很容易辨识，就是客户、柜员等。

（2）谁查看系统？副主任需要通过该系统查看银行业绩。

（3）谁维护系统？银行网管和软件开发公司运维人员。

（4）用在什么地方？通常在银行内部使用，但对于政府部门，还可能要在展示大厅用大屏幕展示，用于实时显示当前的业务情况。

该角度概括一下就是从使用、查看、维护、使用地点四个方面梳理涉众。

3. 角度三：业务流程角度

此角度主要通过梳理业务流程发现涉众。产品经理可以问自己两个问题：（1）公司现有的主要业务流程是什么？（2）在主要业务流程中，都有谁参与？

此时，产品经理应以一个客户的角度，去思考从进门到业务办理完成后，都有哪些人员参与其中。比如，客户进入银行，就要有人接待，这个接待者就是大堂经理，然后柜员办理业务，也会有核准柜员复核该业务。

以上就是梳理购买方涉众的三个角度。其中从公司角度梳理其组织架构，是一种重要的梳理方法。通常三个角度都要考虑一遍，这样可交叉确认，避免遗漏。比如，产品经理如果只按组织架构梳理餐厅的涉众，就无法发现涉众还有迎宾人员（负责引导客人入桌）和收银人员两个角色。在有些餐厅内，服务员既能迎宾也能收银，并在组织内统称为服务员，没有迎宾人员和收银人员这两个职位。如果要梳理开发方的涉众，其角度也是这三个，我们就不一一列举了。

4.1.3 涉众人员汇总

依据上面的分析，我们列出了银行的涉众，如表 4-1 所示。这些涉众并不全面，主要包括与存取款、金融理财相关的涉众。

表 4-1 银行的涉众

项　　目	涉　　众
银行的客户	个人客户、公司客户
银行使用人	大堂经理、柜员、核准柜员、副主任、个贷经理、理财经理
银行其他人	财务部、运维部、CEO、副总经理
银行外部人	监管部门

4.2 步骤二：梳理涉众的期望

在明确了涉众是谁之后，下一步就要梳理涉众的期望。这个期望是指，涉众希望系统能处理什么业务，以及解决什么问题。比如，涉众希望贷款的审核线上化，希望系统能打印排队小票。收集涉众期望的目的是，可以初步评估系统能做什么，但不必深入探究如何做。然而要理解涉众的期望，就要知道涉众的工作职责。涉众的工作职责不同，对产品的期望也不同。

4.2.1 挖掘涉众的工作职责

涉众的工作职责是指涉众在工作中所负责的范围和承担的责任。比如，大堂经理要负责接待客户，并引导其排队和填写资料。

挖掘涉众的工作职责主要有四种方法，分别是查看行业资料、查看公司资料、进行业务访谈和进行现场观察。其中，通过查看公司资料，我们就可获得公司内部编写的岗位职责表，这样就可提炼出涉众的工作职责。

关于涉众的工作职责，我们可用表格的形式记录，如表 4-2 所示。该表可以称为涉众工作职责简表或涉众简表，没有统一的叫法，只要公司内部统一即可。对银行来说，该表中的涉众就是银行员工的职务名称，涉众的工作职责就是涉众的工作内容，已去掉和本业务无关的工作内容。

表 4-2 涉众工作职责简表

涉　众	涉众的工作职责
大堂经理	负责对银行业务进行宣传，对网点客户进行分类引导，对客户的各类业务咨询负责解答，引导客户填写资料，对工作人员与客户间的纠纷进行调解等
柜员	从事柜台业务，包括各类对公、对私业务。进行当日账务的核对、结账等
核准柜员	负责对柜员当日的各类账务进行核对、监督、审查。进行业务流程的解释、规章制度执行的检查等，有时也会办理具体业务
理财经理	从事理财营销工作，包括理财产品、保险、基金、信托
个贷经理	负责信用卡分期业务、个人房贷、个人信贷投放业务

除了涉众的工作职责，我们还可以列出涉众的工作效果，以及参与的工作等，如表 4-3 所示。表 4-3 被称为涉众工作职责详表或涉众档案。

表 4-3 涉众工作职责详表

涉　众	柜　员
涉众代表	XX 银行 XX 网点 XX 柜员
主要职责	1. 准确高效地办理存取款业务，包括记账、打印凭证、收付现金等 2. 执行内控制度和操作规范，防范金融风险 3. 对当日账务进行核对和结算 4. 发现客户有销售机会，做好销售和销售推荐工作
成功标准	提升柜面业务交易量，降低业务差错率，提升服务好评率和成功的产品推销量
参与工作	略
参考文档	《XX 银行员工工作手册》

对表 4-3 的内容的解释如下。

涉众代表：如果通过调查某个涉众得出表格中的内容，就应写出调查对象的信息，包括调查对象的姓名、职位和联系方式等，这样方便以后追溯信息来源。

工作职责：通过列出工作职责，我们可以挖掘产品要实现什么，如产品可以帮助柜员实现现金和非现金业务的办理，实现防范金融风险等。

成功标准：工作职责明确了，也要明确成功标准。对于柜员，提升柜面业务交易量、降低业务差错率等都是成功标准。这些标准应尽可能写全，因为这些成功标准也往往是新产品的成功标准。如果一款产品能帮助员工提升业务的交易量，同时还能降低业务差错率，就是一款好的产品。

参与工作：员工的参与工作也要列出，这将在进行权限设计时用到。比如，有的大堂经理也要兼做柜员，那么产品经理就要在进行权限设计的时候，赋予大堂经理办理业务的权限。

其他注意事项：① 该表要在产品设计中不断迭代，方便理解涉众的工作。② 如果给非专业人士看，建议把表中的“涉众”改成“用户”。因为“涉众”这个词不常见。③ 对于一个较小系统，写涉众档案意义不大，可以不做。

在涉众档案完成后，我们就要确认涉众的期望。涉众不同，其期望也不同。

4.2.2 涉众期望的差异

每个涉众都会提出需求，产品经理要根据其需求进行产品规划。但是涉众的职位不同，所提的需求也会不同。在一家银行中，涉众根据职位的高低可以分为高层决策人，中层管理人和基层执行人。很多企业的涉众都可划分为这三类人。下面我们来讲解他们各自的期望是什么，以及产品经理要做什么。

1. 高层决策人

高层决策人就是 CEO 或副总等。高层决策人不实际操作业务，但是会决定项目的投资方向、投资规模、分期规划等内容。高层决策人评估项目主要看以下三点。

第一点，项目要能促进公司效率提高，并更好地服务用户等。但是，即使产品能解决以上问题，高层决策人也不一定投资。原因是，资金对公司来说是宝贵的，只有该项目创造的利益足够大，才值得投资。第二点，如果高层决策人还有上级，则不但需要考虑产品能否获利，而且需要考虑产品的稳妥性，否则将有可能影响其地位，所以高层决策人一般会选择保守方案。第三点，高层决策人也关注数据表现，以此评估投资价值或向上级说明业绩。

针对高层决策人的特点，产品经理应从价值角度思考产品能带来什么，要强调产品的高价值，并要设计一些能表现业绩的统计功能。因为高层决策人不实际操作业务，所以关于系统如何使用，不适合向其询问。

2. 中层管理人

虽然中层管理人不是高层决策人，但是也可影响决策，有时甚至是决定性的。原因是，高层决策人在决定大方向的时候也要听中层管理人的意见。所以，如果中层管理人坚决反对，就可影响决策。常见的反对意见可以是系统使用不方便、效率没提升、用处不大等。但是，对于一个新系统，我们总要有一个学习的过程，在短期内可能出现工作效率下降等问题。

另外，高层决策人更关注用户用不用产品。中层管理人更关注如何提升销售额、提升服务质量等。同时，中层管理人也会关注如何管理员工和统计员工的业绩等。

针对中层管理人的特点，产品经理一方面要强调产品的意义，另一方面要强调如何帮助其完成业绩。同时在挖掘需求时，产品经理应多挖掘管理性的需求。对于业务的细节也可以问，但是应主要找基层执行人问。

3. 基层执行人

产品经理要对基层执行人做业务访谈，目的是了解业务流程和日常的问题等。只有弄明白现有业务，才能设计新产品。产品经理在对基层执行人做访谈的时候，可能出现如下情况。

首先，基层执行人可能说不清自己的工作，这要靠产品经理的访谈技巧。其次，因为产品的价值在于提升工作效率，这可能导致基层执行人失业，所以其可能出现抵触、贬低产品的情况。最后，基层执行人会提一些次要问题，如界面的优化等。但即使对这些做了修改，也无法大幅提升其工作效率。

针对基层执行人的特点，产品经理要有良好的沟通技巧，也要学会评估需求价值。对于价值不大的需求，必须注意甄别，不要盲目满足。关于如何进行业务访谈，我们会在第 12 章的业务调研中展开。

4.2.3 调查涉众的期望

大到要用系统做什么，小到系统的交互细节，都可称为涉众的期望。本文所说的涉众期望，特指涉众对系统的大期望，也就是涉众期望什么系统要实现线上化，此时不应深入到系统的功能、流程和交互细节上。

比如，银行领导希望有 ATM 机，希望客户贷款审核能够实现线上化，这就是涉众的期望。但是，如果银行领导对贷款审核过程提出要求，要实现贷款项目的修改，并要实现多级审核，则不在涉众期望的调查范围内。

如何调查涉众的期望？产品经理需要注意提问的内容和调查的对象。

1. 提问的内容

要想问清楚涉众的期望，产品经理可依次问三个方面：先问业务，再问类型，最后问期望。比如，对于一个银行系统，产品经理可按下面的方式提问。

先问业务： 产品经理可先问银行有什么业务。对方会说银行有存取款业务、金融贷款业务、金融投资业务。然后问其中的存取款业务包括哪些具体业务。对方会说存取款业务包括存款、取款、开设账户、修改密码等具体业务。

再问类型： 产品经理可先问存取款业务有什么类型。对方会说存取款业务有个人存取款和企业存取款两种类型。再问金融贷款业务有什么类型。对方会说金融贷款业务包括房贷、车贷等类型。

最后问期望：最后问对方希望哪些业务实现线上化。对方会说希望存取款业务有一个内部系统，方便进行账务统计等。

2. 调查的对象

如果系统比较小，涉众不多，那么产品经理可一个一个地调查涉众的期望。如果系统很大，涉众很多，这时产品经理就要明确先调查谁和后调查谁。首先围绕公司的主要业务找到涉众；其次在这个基础上，找到和业务相关的高层决策人和中层管理人；最后再扩展为基层执行人。

比如，对一家银行来说，存取款业务、金融贷款业务和金融投资业务都是主要业务。没有主要业务，其他业务将无法开展。财务的统计报表和网管的维护等不是主要业务。显然这些业务是依附于主要业务的，因此不能算主要业务。

另外，办理主要业务也是客户到银行的目的，因此要优先满足客户的这些需求。比如，银行的存取款业务、金融贷款业务是主要业务。再如，电商平台的订单是主要业务，用户登录电商平台是为了购物。再如，餐厅点餐是主要业务，用户来餐厅就餐都需要点餐。

只要抓住了主要业务，非主要业务就好梳理了，它们都是依附于在主要业务的。比如：

（1）银行贷款业务，为完成贷款要多人协作，可找到贷款审批业务。

（2）电商订单业务，为完成订单需要客服、物流等的配合。

（3）餐饮点餐业务，点餐是要吃饭，围绕吃饭有排队、就餐和结账。

综上所述，涉众调查要以主要业务为核心。梳理主要业务上的涉众，再加上能够对主要业务产生影响的高层决策人和中层管理人，这些涉众都要作为最初的调查对象。

4.2.4 涉众期望调查表

通过有层次、有步骤的涉众调查，产品经理就可以总结出表4-4所示的涉众期望调查表。

表 4-4　涉众期望调查表

涉众名称	工作职责和特点	涉众的期望	使用系统的方式

对表 4-4 的内容所做的解释如下。

涉众名称：一般是涉众的职务名称，如柜员、大堂经理等。

工作职责和特点：表 4-2 所示的涉众工作职责简表中有“工作职责”一项，本表中的工作职责与其相同，但可以更精练些。特点是选填项，是对该涉众特点的描述。一般一个职位有一份工作，但是有的时候，一个职位可以有多份工作。比如，餐厅服务员是一个职位，除了本职工作，有时候也负责收银和组织顾客排队的工作，这样产品经理就要在工作职责中分开描述。

涉众的期望：一般用几句话概括涉众的期望，主要包括需要实现线上化的业务、对效率和服务等方面的期望。该期望不能深入到实现信息层面，如对界面字段的要求等。

使用系统的方式：比如，对于银行软件系统，大堂经理只需偶尔看看信息，柜员要不断操作系统，银行领导需要汇总信息，并将其发送到邮箱等。这些不同的使用方式对产品界面和交互都有影响。

4.3　步骤三：确定产品的价值

一方面，不是涉众期望做什么，产品经理就做什么。另一方面，涉众没有想到的，产品经理也要想到并做到。而产品经理做什么或不做什么，都要基于产品的价值。因此，我们要先理解什么是产品的价值，然后再看如何做。

其中，C 端产品要给消费者创造价值，B 端产品要给企业创造价值，显然这两类产品的价值点是不同的，并且不同行业的价值点也不同。为此，我们选取几个常见行业（电商行业、教育行业、服务行业）说明其价值点。其中，电商行业的价值点是商品对消费者的价值，教育行业的价值点是课程对学员的价值，企服行业的价值点是企业购买的产品对企业的价值。

4.3.1 电商行业的价值点

电商行业面对的是消费者，消费者要购买商家的商品或服务。电商行业的商品泛指能在网上交易的商品或服务，如衣服、外卖、机票、酒店、二手房、金融产品、网络课程等。电商行业对消费者的价值点众多，切分方式也众多。在此，我们借用俞军老师提到的交易成本的概念做介绍。只要能降低交易成本，就能创造价值。

1. 交易成本

销售者在购买商品或服务时是有成本的，这些成本包括搜寻成本、度量成本、询价成本、决策成本、实施成本和保障成本。比如，消费者要购买智能洗衣机，其成本如下。

搜寻成本：搜寻成本是消费者搜寻商品或服务所产生的成本。比如，消费者通过线下商场就能找到智能洗衣机，但是要付出路费、时间等成本，显然电商网站的搜寻成本要低很多。

度量成本：度量成本是消费者得到商品或服务的真实信息成本。度量信息包括商品客观的规格属性、消费者主观的使用感受等。比如，对电商商品的评价，就是消费者主观的感受，详情页的参数就是商品客观的规格属性，这些信息是消费者做决策的依据。通过这些信息，消费者就能度量各种智能洗衣机之间的不同。而往往在线下商场因为空间和媒介限制，消费者不方便对商品进行比较。

询价成本：询价成本是消费者获得更多的商品和服务信息的成本，以及进行议价和比价的成本。消费者为了买到合适的商品，就要有更多选择，并且反复进行价格对比，这也会产生成本。

决策成本：消费者为做出购买决策所付出的金钱、时间和学习的成本。比如，评估智能洗衣机的烘干、远程控制等功能是否对自己有价值。

实施成本：实施成本是指消费者在买到商品或服务后，所付出的配送和安装的成本，以及消费者将商品用起来的成本。比如，智能洗衣机的上门安装成本和消费者学习智能功能的成本等。

保障成本：保障成本是和售后相关的成本，包括权利、违约、意外和监督的成本等。

这六类成本大体对应着消费者交易的三个阶段：寻找（搜寻成本和度量成本）、决策（询价成本和决策成本）和服务（实施成本和保障成本）。

2. 降低成本的案例

上面介绍了交易成本，能降低以上成本的产品，就是一款好产品。降低成本的案例如下所示。

（1）决策成本的降低：小米有品实施只卖爆款商品的策略。虽然平台的商品数量不多，但可降低消费者的决策成本。比如，当消费者想买家具时，只需要购买即可，不用反复比较，其质量、颜值和体验都不会太差。

（2）搜寻成本的降低：设计一个本地餐厅的列表页，可以增加按餐厅的特色进行筛选的模块，从而便于朋友在聚会时选择适合的餐厅，这也是在降低搜寻成本。

综上所述，降低各种交易成本，就是在给消费者创造价值，就是产品经理要重点思考的内容。

4.3.2 教育行业的价值点

在线教育从某种角度看也属于电商行业。因为消费者也是从网上购买了商品，这个商品就是课程。因此，在线教育也要降低消费者的交易成本。但是，在线教育的核心在于课程的好坏，那么，如何评估课程的价值呢？

1. 柯氏四级培训评估模式

我们可用柯氏四级培训评估模式评估课程价值，该模式是由唐纳德 • L.柯克帕特里克提出的，是世界上应用广泛的培训评估工具。

笔者曾经和一个产品经理沟通，对方的公司想建立一个职业教育平台，希望通过该平台能够让从业者学习知识，如学习美发、保洁等。而对于产品经理，就要组织课程的内容，评估课程的质量和效果。

此时，解决方案可以是自己公司做课程，也可以请第三方培训机构入驻。选择解决方案的依据是看公司能否组织这些资源。但更重要的依据是要看各种类型的课程能否给学员创造价值，这个价值就可用柯氏四级培训评估模式衡量。

柯氏四级培训评估模式将一门课程分四层进行衡量。

1）第一层——反应评估：学员的满意程度

这一层级是让学员自己评估课程好不好。通常在这个层级，好课程的标准是学员能轻松掌握知识，并且觉得茅塞顿开。所以在课程质量好的前提下，控制课程难度、进行话术包装就是重点。而使用这些手段的目的就是要获取学员的高满意度，因为如果学员的满意度低，课程就无法继续开展。

但根据这个标准对课程进行评估，会出现在授课过程中过度包装和思考简单化的情况，从而导致课程质量大打折扣。在授课过程中，老师常会用一些“高大上”的词，但这些词不仅意义不大，还增加了学员的学习成本。在过度简化上，老师会教学员用一种简单的套路做市场需求文档，这又把复杂的分析简单化了，学员觉得挺好掌握的，认为真正学到了。但是在他们走上工作岗位后，才发现实际情况不是课程中的样子。

因此，以学员的满意程度作为评估标准，并不能真实反映课程的好坏。往往学员因为认知的不足，还以为学到了“高大上”的知识。也因为学员认知的不足，出现“劣币驱良币”的现象，即讲正确知识的课不如会包装的课卖得好。

2）第二层——学习评估：学员学到了什么

既然用学员的满意程度来评估课程有弊端，那么我们可以评估学员学到了什么。学员学到的内容包括技能的提高、知识的增长和态度的转变。

比如，学员学会了注册公众号，学会了开车，这些就是技能的提高。再如，学员知道了产品需求文档包含什么，知道交通规则是什么，这就是知识的增长。技能的评估可以用实操解决，知识的评估可以通过笔试达成。比如，考驾照就包含技能考试和知识考试。

学员除了学到技能和知识，还包括态度的转变。所谓态度，是指对一件事情的看法。比如，有人认为产品经理只做 C 端而不需要做 B 端，这将导致产品经理只学习 C 端的技能，而不学习 B 端的技能，从而导致就业方向错误。所以，如果态度能转变，就是有意义的。对态度转变的评估，只要学员认可观点即可。

3）第三层——行为评估：学员行为的改变

对驾驶员来说，能开车上路并且不违章就算能开车。对一门产品经理的课程来说，学员能写出高质量的产品需求文档就算已经掌握了该课程讲授的知识。而往往能出活比懂知识更重要。比如，一个产品经理可能说不出用户体验是什么，但这不妨碍其写合格的产品文档。

4）第四层——结果评估：计算培训的效益

所谓结果，是指在培训完毕后，可以提升的企业的指标。对于给企业进行的培训，这些指标可以是提高生产率、减少人员流动、降低事故率、提升成功率等。对于给个人进行的培训，这些指标可以是快速找到好工作、个人业绩的提升。

一门培训课程最终要以结果为导向。但从企业角度看，很难评估培训课程提升了业绩。尽管如此，仍然要提供其他证据链来间接证明培训的效果。比如，通过培训发现销售人员的约访成功率高了，约访成功率高了，销售额自然也增加了。再如，在给个人做技能培训后，总体的就业率提高了。

2. 产品经理如何配合

对产品经理而言，应务力和课程的产出方密切配合，更有效地达成以上评估。比如，产品经理可以统计学员的满意程度并据此来评估课程质量。再如，可以统计学员答题的正确率，从而帮助老师完善教学。再如，可统计学员的听课时长，并以此来评估课程好坏，让老师找到掉队学员。在更高层次上，产品经理必须懂得教学方法，如懂得加涅教学九步法①，来引导学员好好学，并参与到课程设计中。比如，为了激发学员的学习行为，产品经理可建立小组机制来增强团队荣誉感。

虽然产品经理能提升教学效果，但课程内容好坏仍然是决定性的，产品经理可发挥的作用有限。这个时候，产品经理可把重点放在提升教育企业内部的效率和对外的服务上。

4.3.3 企服行业的价值点

企业服务软件的购买方是企业，如餐厅、银行、教育公司等。该软件应对购买方有价值。另外，企业服务软件的使用方是员工，该软件对员工也要有价值。下面我们分别表述。

1. 对企服购买方的价值

企服是指帮助企业做系统，来支撑其业务。比如，银行的存取款和贷款系统、餐厅的餐饮系统都是企业服务软件。另外，企服的定义对电商网站和在线教育网站的后

---

① 加涅教学九步法是一套引导学生学习的教学方法，该方法将教学过程分为：引起注意→阐述学习目标→刺激回忆→呈现刺激材料→提供学习指导→诱发学习行为→提供反馈→评定表现→促进知识保持与迁移，并针对这九步给出了行动方案。

台也是适用的，这些后台也要支撑公司的业务。常见的价值点有五个，分别是提升人效、降低成本、改善服务、减少差错、提升业绩，下面我们分别介绍。

1）提升人效

能提升员工的工作效率的产品就是一款好产品。如果员工的工作效率提升了，企业就可以用更少的人，做同样的事，从而降低人力成本。这个成本可以用全年节省多少资金来计算。

比如，一项业务每个月能节省一个员工5小时，则每年一个员工可节省60小时。如果员工每天工作8小时，则每年节省近7天的工资。如果一个员工的月薪为1万元，则7天的工资大致是2500元。如果这项业务可提升100个员工的效率，则每年给公司总计节省成本25万元。关于效率提升的价值，乔布斯也做了生动的描述。

《乔布斯传》记录了乔布斯要求缩短Mac开机时间的理由，他说："如果有500万人使用Mac，而每天开机都要多用10秒钟，那么加起来每年就要浪费大约3亿分钟，而3亿分钟相当于至少100个人的终身寿命。"

2）降低成本

在将业务进行线上化之后，除了降低人员成本，还可以降低其他的成本。比如，在办公自动化后，可以实现无纸化办公，这样就节省了纸张费用。再如，大型国企要开会，如果支持内网视频会议，则可节省全国员工线下开会的差旅和住宿成本。

然而对于成本，一方面要看购买的成本，另一方面还应看在购买后产生的其他成本，这两类成本加起来就是总体拥有成本（Total Cost of Ownership，TCO）。比如，公司购买一台电脑，不仅付出了购买成本，还有安装成本、维修成本、服务成本、软件升级成本等。

关于总体拥有成本，没有普遍接受的计算方法。但要记住，对于一款产品，我们不仅仅要考虑购买的成本，还应考虑其他的隐性成本，这是常常被忽略的。用总体拥有成本进行评估，就可更全面地考察产品是否能降低成本。

3）改善服务

通过产品能提升人效，但不能因此而降低服务标准，反而应尽可能提升服务水平。比如，银行的ATM机就能改善服务。因为用户用ATM机取钱，不用在柜台排队办理，减少了等待时间，这就是一种服务改善。再如，一个餐饮系统可以合理安排后厨的做菜时间，可以保障先上凉菜再上热菜，这也是服务的改善。

4）减少差错

这个价值点是指系统能帮员工减少差错。比如，用户进行贷款，银行总会因为一些信息没看到，从而把钱贷给不该贷的人，如何减少差错就成为一个问题。减少差错从本质上讲也是服务质量的提升，但是因为其独特性，我们单独列出。

5）提升业绩

一款产品如果能提升人效、改善服务，就是好产品。更进一步来说，如果产品还能提升业绩，就更好了。提升业绩是指促进销售额增加、提升客户量和提升订单量等。具体是什么业绩，要以使用方的目标为参考。

上面我们列出了企服产品对购买方的五个价值点，这些价值点也适用于电商网站的后台和在线教育网站的后台，总之，只要是企业员工用的产品，目标就是提升人效、减少差错等。产品经理应给企业创造以上价值，无论哪个价值有大幅提升，对企业都是很有益处的。

2. 对使用方的价值

从购买方的需求看，价值点是以上五点。但使用方的需求也要满足，常见的是降低劳动强度。很多职业的工作强度是很大的。比如，餐厅服务员需要一刻不停地端茶、送水和清洁。再如，教师要长时间站立、不停地思考和大声说话。这些都是很消耗体力的。所以，如果产品能降低劳动强度，则也是一款有用的产品。

4.4 步骤四：构建高价值方案

在厘清了三个行业的价值点之后，下面我们就要基于这些价值点，构建高价值的解决方案。在构建解决方案之前，我们先要知道什么是解决方案。

4.4.1 什么是解决方案

1. 解决方案的定义

解决方案（Solution）是针对用户的问题和需求，所提出的一整套的方案，该方案可含有产品、服务等内容。只要解决了用户的问题和需求，就能给用户创造价值。如前所述，这个价值可以是降低消费者的交易成本，或者是提升学员的成绩，也可以是提升企业效率等。

比如，对于一家银行，解决方案可以是 ATM 机。解决的问题是能更好地利用银行空间，能在较少空间内让更多用户存取款，并减少用户的取款等待时间。银行在使用 ATM 机后，就可以实现以上目标，并且用户在晚上也可取款，从而提升了用户体验。当然，银行也降低了人力成本，减少了营业厅的面积。

但有的人说："这不就是产品吗？为什么要用解决方案这个词？"原因有以下两点。

1）解决方案是产品、服务等内容的合集

解决方案包含了产品、服务等内容。比如，企业卖给银行的不仅仅是 ATM 机，还有配套的维修服务、升级服务等。再如，餐饮软件开发企业卖的也不仅仅是设备和软件，还有配套的服务，设备出了问题要维修，餐厅营销要有指导。

当然，在一些情况下，解决方案等于产品。比如，铅笔这个产品就等于解决方案，该产品解决用户记录信息的问题，并不需要配套的服务。但在企服行业中，单纯卖产品的企业越来越少。因此，产品经理要从解决方案的角度思考除了产品，还有什么要提供。

2）解决方案从问题出发，而不是从功能出发

解决方案是从问题出发的，要能给用户解决问题，从而创造价值。产品经理常犯的错是从产品的功能出发，然而用户要的不是功能，而是要解决问题。

比如，用户的问题是存取款等待时间长，银行的问题是空间有限，并期望降低成本。因此解决方案是 ATM 机。我们经过更深入的分析发现，用户存取款的目的之一是要支付，而为了解决支付问题，就需要制作网银和银行卡。因此从问题出发，更容易挖掘用户的需求。在工作中，我们也建议多谈解决方案，少谈产品的功能。

2. 解决方案的范畴

解决方案这个词的涵盖面比较广。即使前台一个小的改动，也能解决用户的问题，如增加了一个筛选条件，便于用户快速找到有优惠的餐厅。在本书中，解决方案特指以下两种情况。

情况一，完整的产品和服务。我们将银行的一整套存款、贷款和理财系统称为解决方案。解决方案涵盖产品、维护、服务等一整套内容。

情况二，产品的模块方案。比如，餐厅的顾客有预订的需求，预订就是一个模块，我们给餐厅提供的方案有三种，分别是打餐厅电话预订、通过餐厅小程序预订，或通过第三方外卖平台预订。在这个场景下，这几种方案也称为解决方案。

产品战略和解决方案所解决的问题是不同的。产品战略在定义产品的边界、公司的内外部资源。解决方案在产品边界确定后，明确了该产品下的模块值不值得做。

4.4.2 构建高价值的解决方案

我们在前面讲了电商行业、教育行业和企服行业的价值点，其中，电商产品要对消费者有价值，教育产品要对学员的学习有价值，企服产品要对企业的效率、服务等有价值。只有知道价值是什么，才能基于价值来构建解决方案。

一些业务实现线上化必然有用。比如，银行贷款审批业务实现线上化，可提升工作效率。再如，用点餐系统比手写点餐票的效率高、差错少。这些业务实现线上化的价值是显而易见的。我们应评估其实现线上化的价值有多大。另外，不是所有业务在实现线上化之后都容易创造价值。为此，我们以电子菜谱为例，来讲解如何找到高价值的解决方案，以及如何评估解决方案的价值，步骤如下所示。

- 步骤一：梳理所有解决方案
- 步骤二：全面的价值点分析
- 步骤三：明确双方价值高低

1. 步骤一：梳理所有解决方案

比如，高档餐厅的顾客以前要点餐，可拿着纸质菜单看，并由服务员操作下单。我们就要想可用什么方案代替纸质菜单。我们要尽可能地想到所有方案，先不要评估方案的价值。比如，我们可想到两个方案。方案一，在餐桌上贴一个点菜二维码，顾客扫码就可看到菜品，然后自助点餐。方案二，给顾客一个电子菜单，顾客可看着电子菜单点餐。

有人会立刻否定掉这两个方案，原因是：方案一，作为高档餐厅，扫码点餐不上档次，并且也缺少服务，而纸质菜单有档次。方案二，用电子菜单成本太高，纸质菜单成本低，而且纸质菜单也不怕摔。但这个分析过于片面，下面我们就要进行全面的价值点分析。

2. 步骤二：全面的价值点分析

一款产品既要对用户有价值，也要对企业有价值。对用户的价值可以是体验好、交易成本低等。对企业的价值就是之前提到的五大价值点：提升人效、降低成本、改善服务、提升业绩和减少差错。

方案一的扫码点餐，从用户角度分析，并不适合高档餐厅。因为用户体验不够好，我们不再分析。我们重点分析方案二的电子菜单点餐。

1）用户体验

电子菜单很“高大上”，并且色彩丰富，甚至可加入动态展示，因此适合高档餐厅的氛围，比纸质菜单的用户体验好。

2）提升业绩

从餐厅角度看，提升用户体验不是目的，目的是要促进销售。而电子菜单的色彩丰富，更容易引起食欲。所以，我们预估用户可能会点更多的菜。在进一步调研后我们发现，在用户点餐的时候，服务员会推销菜品。比如，推荐利润高的菜，或者要走量的菜。再如，用户只点了热菜，服务员会提醒用户点凉菜。

电子菜单也可实现这些推荐，并且会做得更好。首先，设备可以做到推荐利润高或者走量的菜；其次，如果用户没点凉菜，设备也可以提醒用户点凉菜，并且如果用户点了龙虾，设备就会推荐红酒。更进一步，如果用户是会员，在其登录后电子菜单还可进行个性化推荐。随着系统的发展，这种推荐迟早会超越服务员的推荐。

通过分析，我们发现电子菜单应比纸质菜单更能提升业绩。当然，这是定性的分析，还需进一步验证。

3）降低成本

纸质菜单的成本是多方面的，如设计、印刷和更换的成本等。这些成本就是前面提到的 TCO（总体拥有成本），拆解如下。首先，纸质菜单要有外观设计成本。其次，还有印刷成本。而印刷还有最低起印量，如果印刷得少，那么成本也不低。如果文字错了就要重新印刷，因此纸质菜单也要花时间仔细校对。再次，如果餐厅经常换菜品，则还要重新进行印刷。如果要改原价和促销价，就比较麻烦。

电子菜单的成本主要是购买成本，其他成本就少很多。首先，电子菜单的设计成本低，因为只需设计菜的图片即可，而菜单的外观可以用系统模板。其次，虽然电子菜单也可能有错字、错图，但可随时改。最后，改原价和促销价也很容易。如果是连锁餐厅，那么所做的修改所有门店都适用。

总之，我们发现电子菜单虽然购买成本高，但其他的成本低，也就是说总体拥有成本不算很高。当然，这些只是定性分析，还要仔细计算其成本。

3．步骤三：明确双方价值高低

我们已经分析出电子菜单能提升业绩，并且成本也不算高。还要分析电子菜单对餐厅和开发方的价值大小。只有对双方价值都大，该业务才能成立。

从餐厅角度：测试证明，餐厅在使用电子菜单后，订单额有较大提升。有的餐厅能提升 10%，显然这不是小数目。

从开发方角度：虽然电子菜单对餐厅有价值，但开发方也要有利可图，才能挣到钱。这就要考虑投入产出比（Input Output Ratio，ROI），也就是做一件事情，投入的资源（包括金钱和人力等）赚取的利润的比值，这个比值越小越好，也就是说要花小钱办大事。

如果用电子菜单的餐厅少，那么该业务就不值得做。因为开发软件和生产硬件都有成本。如果购买的餐厅少，那么为了分担研发费用，开发方就要制定较高的价格，而餐厅未必能接受较高的价格。但对大型企业而言，可能还是有利可图的。因为企业的现有客户多，非常有利于拓展新业务，并且，菜品推荐逻辑和硬件设备可能是现成的，因此研发和生产的成本并不高。

通过这三个步骤，我们就可以找到高价值的解决方案。简单总结一下就是，如果开发企业规模小就不做，如果开发企业规模大就可以做。当然，以上都是定性分析，还要仔细计算各项成本、利润等。

4.5 步骤五：确定需求的排期

在确定高价值的解决方案之后，我们就要确定需求的排期，即当同时有几个需求时，就要决定先解决哪个需求，后解决哪个需求，内容如下。

- 评估需求的价值
- 需求排期的模型
- 常见的需求排期
- 需求排期的误区

在以上内容中，我们说的是需求而不是方案。本章讲的是解决方案，本应继续讲解决方案的排期。其实解决方案的排期就是需求的排期。解决方案是站在用户的角度说的"我要做什么"，需求是站在研发人员的角度说的"期望做什么"。我们用"需求"这个词，是因为这种提法更接近日常沟通。其中，在评估需求的价值时，我们建议用打分机制来评估需求的价值。当讲解需求排期的模型时，我们将给出需求排期的模板，便于产品经理使用。

4.5.1 评估需求的价值

在前面电子菜单的案例中，在餐厅端，要计算电子菜单给餐厅带来多少销售额，节省了多少成本；在开发方端，要计算投入产出比。在价值的评估过程中，能用数据说话，就用数据说话。如果无法用数据说话，那么还可用计分的方式做定性评估。我们知道企服行业的价值点有五个，我们可给这五个价值点打分，并计算综合分，从而评估其价值，如表 4-5 所示。

表 4-5 产品价值计分表

需　求	提升人效	降低成本	改善服务	提升业绩	减少差错	综合评分
需求 A						
需求 B						

每项的分值在 0～5 分（包含 0 分、5 分），0 分表示该价值点没有任何改善，5 分表示有非常大的改善，将五个价值点的得分加在一起算平均分，即可评估项目的价值。这是一种定性评估，能大致评估方案的价值，可用于评估那个方案更好。该评估是主观的，因此会有偏差。这五个维度的评估也适合大多数面向 B 端的产品。读者可依据实际情况，对内容进行增加和删除。

4.5.2 需求排期的模型

我们评估了哪个方案的价值大，但是即使某方案的价值大也未必先做。我们要从三个维度对需求排期做规划，这三个维度分别是期望程度、投入成本和迭代因素，下面我们分别表述。

1. 期望程度

常见的需求优先级评估，都把需求分成高、中、低三个优先级。但是这种分法的界限很模糊。假设电子菜单方案是中等优先级，这是希望餐厅做，还是不希望餐厅做呢？所以，这种分法的界限模糊，并不直接。

其实，我们可以直接说该需求做不做，这样我们就可把需求分为必须做（M，Mandatory）、强烈建议做（HD，Highly Desirable）、最好做（D，Desirable），以及待决定（TBD，To Be Discussed）。该分法在一些公司中得到运用，下面我们讲解其含义。

必须做（M）：必须要做的需求，这种需求对项目是不可或缺的。

强烈建议做（HD）：非常建议做的需求，除非成本太高或对进度造成大的影响。

最好做（D）：建议做的需求，该需求最好做，但不实现也没有大的影响。

待决定（TBD）：还没有决定是否做、非常值得讨论的需求。

通过对这四个级别的需求的定义，产品经理就可以清晰地向研发人员传递需求是做还是不做的信息。

2. 投入成本

虽然产品经理说明了做需求的强烈程度，但并不意味着要去做。此时，还要考虑这个需求的投入成本。通常的投入成本就是研发成本，也就是研发需要投入的时间和资金。

比如，强烈建议做的需求虽然很重要，但是如果研发人员要用 3 个月才能做出来，则可以考虑先不做。再如，最好做的需求虽然没那么重要，其价值也有限，但是研发人员可以顺手就做了，花不了多少时间，则仍然可以先做。所以，我们通过需求的期望度和投入成本，就可以确认需求是做还是不做。

更进一步，在投入成本中，研发成本是主要的成本，还需考虑其他成本。比如，交付前产品经理和 UI 的设计成本、交付后的运营成本和维护成本等。如果是硬件产品，还要考虑生产成本，一款硬件产品只有生产的量大了，生产成本才能降下来。如果生产的量很小，生产成本很高，也就无利可图了。以上各种成本共同构成了一个需求的投入成本。

3. 迭代因素

有的需求虽然强烈建议做且成本也不高，但仍然可先不做，留待以后再做。

比如，一项业务需要有日志功能，用于记录员工的操作，便于在员工出了问题后进行追责。这个功能是必须做的，但是可考虑第二期再实现。因为即使没有这个功能，也不影响主流程的通畅。而该业务早上线一天，就有一天的效益。虽然员工的错误操作也会产生损失，并且无法追责，但如果该业务早上线的收益更大，那么产品经理就要先做核心功能，再做日志功能。

4. 三维度总结

上面我们列举了对需求排期做规划的三个维度，分别是期望程度、投入成本和迭代因素。针对这三个维度，我们就可以做一个表格，来对需求进行排期，具体如表 4-6 所示。

表 4-6　需求排期表一

需　求　点	需 求 描 述	优先级	人/天	阶段
需求 B		HD		

对表 4-6 的说明如下。① 优先级可简写为：M（必须做）、HD（强烈建议做）、D（最好做）和 TBD（待决定）。② 如果成本主要是人的成本，则可以简化为人/天的形式。③ 阶段可以写为 P1、P2、P3，P 的意思是阶段（Phase），或者写成 V 2.1、V 2.2 等版本号，或者写成开始时间和结束时间。

如果将阶段写成开始时间和结束时间，则如表 4-7 所示。

表 4-7　需求排期表二

需　求　点	需 求 描 述	优先级	人/天	开始时间	结束时间
需求 A		HD			

现在，很多公司都用在线的需求管理系统，其内容和表 4-6、表 4-7 的内容并不同。但产品经理应理解表中的内容，从而在进行需求排期的时候，考虑以上三个维度。

4.5.3 常见的需求排期

对一款产品来说，只有尽快被用起来，才能产生价值，因此即使有些功能必须做，也可以考虑以后再做，先把业务跑起来是根本。基于这个原则，我们罗列出常见的要延后的需求，便于读者理解排期的优先级。

1．逆向流程功能和非主干流程功能

对于一个开始业务量不大的系统，我们建议逆向流程功能和非主干流程功能可以先不做。

什么是逆向流程功能？比如，一个电商网站刚刚建立，其用户的退货功能、换手机号等功能，都属于逆向流程功能。虽然这些需求都是必须做的，但是毕竟用户量小，遇到该情况比较少，即使不做，影响的用户数量也有限。万一有用户要退货，也可人工处理。这样的功能可留待下一期的迭代再做。

什么是非主干流程功能？比如，餐厅服务员的交接班功能就属于非主干流程功能。虽然餐厅要通过交接班功能来明确谁在干活，但如果没有该功能，也不影响核心的功能，这项功能就可以以后再做。

总之，原则是应先保证主干流程功能，再说其他功能。但是，如果一个银行系统的业务量很大，那么在一开始就要实现逆向流程功能和非主干流程功能。

2．商业决策功能和业绩统计功能

商业决策功能和业绩统计功能等辅助功能并不影响主流程的实现，而且实现起来也不容易，所以这两项功能也可以在以后实现。但是，如果是证明项目业绩的功能，就要优先实现。比如，开发方做了银行的排队系统，为了向银行证明其价值，就要实现相应的统计功能，证明确实节省了人力，提升了用户体验。

4.5.4 需求排期的误区

有一种需求排期的方法可能被使用，但是该方法有问题。该方法是将需求按重要性和紧急程度做划分，这样就将需求分为：重要且紧急、重要且不紧急、不重要但紧急、不重要不紧急。根据这四类需求，再划分出需求优先级，如重要且紧急是最高优

先级，不重要但紧急是高优先级，重要但不急是中优先级，不重要不紧急是低优先级。这种划分是不恰当的，原因如下。

1. 不重要但投入少的需求也要做

做不做一个需求要看投入产出比，而不是单纯看重要性。不能说不重要的就是低优先级，也就是不着急做。比如，后台的小交互改善的确不属于重要需求，但是研发人员顺手就可以做，则仍然是可以先做的。所以，用重要程度评估需求优先级并不恰当。

2. 需求重不重要需要看时间

比如，电商网站用户的退货需求是否重要就要看时间。如果电商网站才建立，没有多少人退货，那么退货需求就不重要。但是过了一段时间，随着退货用户的增多，人工处理的效率低，这样就太浪费资源，此时退货需求就重要了。所以，我们可以把退货需求标注为必须做，但是可下一期做。

3. 体现了需求的紧急程度，但和排期冲突

产品经理在做规划的时候，都要明确该需求要在什么时间实现，这本身就体现了时间要求。该方法也体现了时间要求，即明确了需求的紧急程度，这是没有必要的。产品经理定义清楚每个版本要实现什么，就是在说明需求的紧急程度。所以，按照紧急程度定义需求没有意义。

综上所述，用重要性和紧急程度划分需求并不恰当。

4.6 本章提要

1. 解决方案是针对用户的问题和需求，所提出的一整套的方案，该方案可含有产品、服务等内容。构建解决方案可分为以下五个步骤：梳理所有的涉众、梳理涉众的期望、确定产品的价值、构建高价值方案、确定需求的排期。

2. 要梳理解决方案，就要先厘清产品的涉众和涉众的期望，从而在范围上梳理出业务。其中涉众有两类，分别是购买方和开发方。

3. 解决方案要创造价值，不同行业有不同的价值。

（1）电商行业的价值点有搜寻成本和询价成本、度量成本和决策成本、实施成本和保障成本。

（2）教育行业的价值点有：第一层——反应评估，学员的满意程度；第二层——学习评估，学员学到了什么；第三层——行为评估，学员行为的改变；第四层——结果评估，计算培训的效益。

（3）企服行业的价值点有提升人效、降低成本、改善服务、减少差错、提升业绩。

4. 要构建高价值的解决方案，分为三个步骤，分别是梳理所有解决方案、全面的价值点分析、明确双方价值高低。

5. 方案或需求的排期除可基于价值确定外，还应该考虑三个维度：期望程度、投入成本和迭代因素。

第 3 部分　搭框架：功能框架、非功能框架

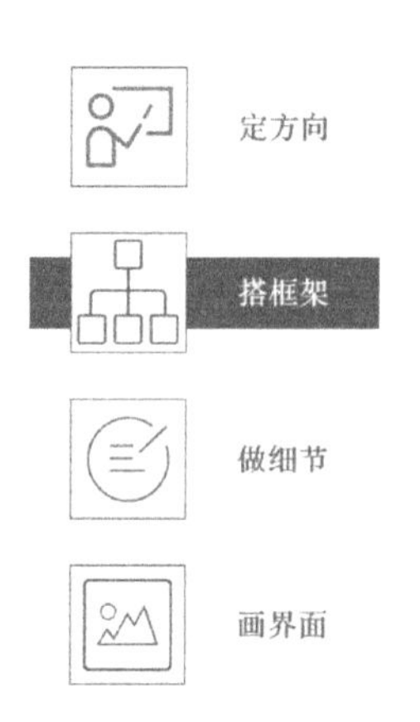

建筑是用结构表达观点的科学之艺术。

——弗兰克·劳埃德·赖特

弗兰克·劳埃德·赖特是美国伟大的建筑师之一，是流水别墅的设计者，他提出建筑要用结构表达观点，也就是在强调结构对建筑的重要性。而对互联网产品来说，其结构就是产品的框架，这个框架包含功能性需求和非功能性需求。这些内容对产品很重要，没有该框架就没有细节。

如果说定方向给产品指明了方向，那么梳理产品框架就是给产品做了大致的描述。只有大致知道产品要做什么，才能将其落实到细节的设计和原型图的绘制中。

对于搭框架，我们分成两章讲。第 5 章介绍搭框架的基础知识——用例技术，通过学习，我们将有步骤地完成功能框架的梳理。第 6 章介绍非功能框架。

第 5 章

功能框架

搭建功能框架的目的是，厘清产品有什么大功能，至于其流程和操作等，则可以以后再说。要搭建功能框架，就要用到用例技术，所以产品经理需要学习用例、系统和用例层级等概念。本章的内容如下。

- 搭框架的概述
- 用例概念解析
- 用例图的表达
- 用例的三层级
- 功能框架实战

通过对以上内容的学习，我们就能理解用例技术，并学会如何有层次地通过用例来搭建功能框架。前面的四部分都是基础学习，最后的功能框架实战将梳理一个银行系统，我们将通过五个步骤来梳理银行系统的框架。

5.1 搭框架的概述

搭建功能框架的目的是厘清业务有什么功能，而不考虑小的功能点。从另一个角度说，搭建功能框架是要厘清业务宽度，而不是业务深度。通过厘清业务宽度，产品经理就可避免功能的遗漏。下面我们先了解一下搭框架的方法。

5.1.1 搭框架的方法

搭建功能框架很难有统一的方法。显然，简单的论坛、银行系统和飞机控制系统，是无法用同一种方法搭建的。这三者在规模上、难度上都不同，因此很难形成统一的方法。这好比设计一个建筑，显然设计摩天大楼和设计小房子的方法和步骤是不同的。

然而，本书讲的是中型互联网项目，如银行系统、餐饮系统或电商系统等。这些系统都有若干项业务要实现，如存取款、贷款、点餐和排队等。这些业务虽然从表面上看差异大，但都很适合用用例技术分析，之后再设计业务流程、业务操作和信息结构等，这是一个通用的搭框架方法。

所谓的用例技术，是一种有层次和有步骤地找到功能的方法。该方法从使用者的角度思考用户要用系统做什么，从而再梳理出功能。该方法是本章内容的重点。读者在理解了以后，也可对其稍加裁剪用在小型项目中。这好比建筑师能设计摩天大楼，但如果要设计小房子，也能驾轻就熟。其他搭框架的方法有流程驱动设计和领域驱动设计，我们将在第 13 章讲授这两种方法。下面我们先讲用例技术。

5.1.2 用例技术的作用

要讲用例技术，就要先明确用例的作用。产品经理要厘清产品的功能，不能一上来就罗列功能，而是要先从用户角度思考，即用户用系统做什么事，然后再说产品有什么功能，这种方法就是用例技术。产品经理运用该方法，就可梳理银行系统、电力系统和餐饮系统等的需求，总之，只要设计业务，就可用用例技术。

比如，在一个银行系统中，我们可划分出存款、贷款等这些用户要做的事情。其中贷款这件事又可以拆分成申请贷款、归还贷款等用户要做的事情。在明确了用户要做的事之后，我们就可用功能来实现用户要做的事。比如，申请贷款就是用户要做的事情，对应的功能就是让用户线上填写表单并提交。采用用例技术可解决如下问题。

1. 经常遗漏功能

如果产品经理经设计的产品不能满足业务需求，或者常常遗漏功能，那么就是因为产品经理没有掌握用例技术。在本质上用例技术是面向用户的，而不是面向功能的。如果采用面向功能的梳理，就必然导致产品无法满足需求。

后台商品管理要实现增、删、改、查等功能，或要实现按照销量筛选等功能，这些都是面向功能的梳理方式，但这种梳理是无意义的，也无法满足需求。实际上商品管理可分为上传新商品、营销商品、补充货物等工作，这些工作都是通过后台的增、删、改、查等功能实现的。显然先梳理工作再梳理功能是更合理的，也不容易遗漏需求。

2. 不会拆解任务

对于一款产品，产品经理要拆解出其要做的事，但往往拆解得并不清晰。比如，对于一个电商平台，我们将订单拆解成购物车、支付订单、修改数量、关联优惠券、设置积分、设置地址、待支付和待评价订单、订单删除、订单发货等功能。显然这种拆解没有层次，也不利于将其转换成工作任务。而采用用例技术的分层思想，就能拆解出要做的任务。

总之，用例技术从用户角度出发，思考用户要做的事，从而做到尽最大可能不遗漏那些关键的、决定开发成败的需求，并且合理划分工作任务。

用例技术很有用，但很多产品经理并没有听说过。虽然他们没有听说过“用例技术”，但可能听说过“用户故事”。其实用户故事就是用例的实践、扩充和改造，即在用例技术的基础上，发展出来的捕获需求的实践方法。无论是用例技术还是用户故事，通俗地讲都是——用讲故事的方法来梳理产品的功能。在本书中，我们会综合使用这两种方法来梳理产品的功能。

5.2 用例概念解析

用例涉及的概念较多，读者需要认真学习。学习的内容包括用例、参与者、系统、用例的层级、用例的关系等知识。如果产品经理只是简单地学习，而不去辨析这些知识，就不能高质量地完成功能挖掘。因为这些概念是绕不过去的，如果不了解这些概念，就无法分层次、有步骤地梳理功能。因此，产品经理应深入理解这些概念。

5.2.1 什么是用例

用例（Use Case）也被称为用况，其定义如下。

用例是对参与者发起的一组动作的描述，系统响应该组动作，并产生可观察到的显著结果。

比如，用户在银行办理贷款，这其中，用例就是办理贷款，参与者就是用户，系统就是银行系统，而显著结果是办理贷款成功或失败。该用例是由用户发起的，且该用户在系统上做了一系列动作，这一系列动作概括出来就是办理贷款。

再如，用户登录电商平台也是一个用例。这个用例的参与者是用户，参与者发起、执行了系列动作，系统响应用户的动作，显著结果就是登录成功。

通过上面两个例子，我们发现很多事情都可以归为用例，如用户申请贷款、用户进行登录，以及用户注册、用户浏览商品等。总之，用户发起动作，系统响应动作并且有结果，就是一个用例。关于用例的概念，我们需要注意以下几点。

1. 是用户在系统上做的事

用例的概念虽然不容易理解，但是其实就在表述一件事，这件事是"用户在系统上做了什么"。

1）事情是任务或动作

事情可以是人的一项任务。比如，用户申请贷款，银行员工审核贷款，这些都是任务。这些任务也是完整的工作。比如，产品经理问："你去银行干什么？"，用户回答："我去银行申请贷款。"产品经理问："你在柜台做什么事情？"银行员工回答："我来审核用户的贷款资料。"这些都是用例。

事情也可以是人的动作。比如，用户登录、用户输入密码等，这些也是用例。

2）表述为"动词+宾语"

做了什么事情，就是要有所行动。我们可以用"动词+宾语"描述，这里的"动词"强调做了什么事，如登录系统、审核贷款、查看账单、申请贷款等都含有动词。

总之，动词强调的是人做出来的动作。比如，登录系统、审核贷款等都是有人的动作的，都是用例。查看账单也暗含着人的动作，因为用户要登录并找到账单页，才能看到账单内容。申请贷款也是动作，但是是一系列动作，如先口头申请、再填写信息、再提供资料，这一系列的动作概括一下就是"申请贷款"。最后，总结一下"动词"的含义。

动词表达了人做了什么动作，动作可以是一个或几个。

此外，宾语很好理解，如在登录系统、审核贷款、查看账单、申请贷款等用例中，系统、贷款、账单等都是宾语。

2．用例的两种表达方式

用例可以用用例图表达，图 5-1 所示就是申请贷款和登录的用例图。

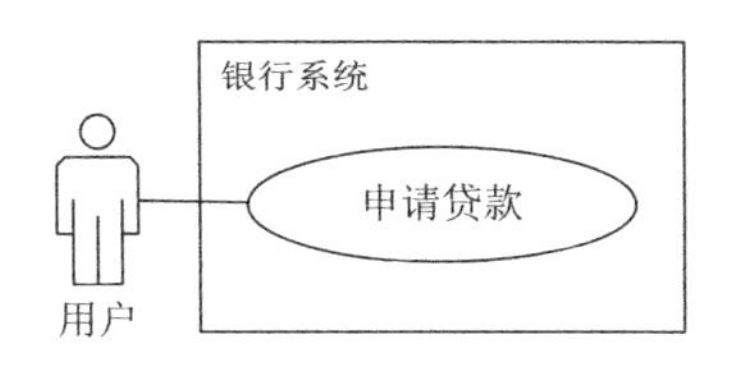

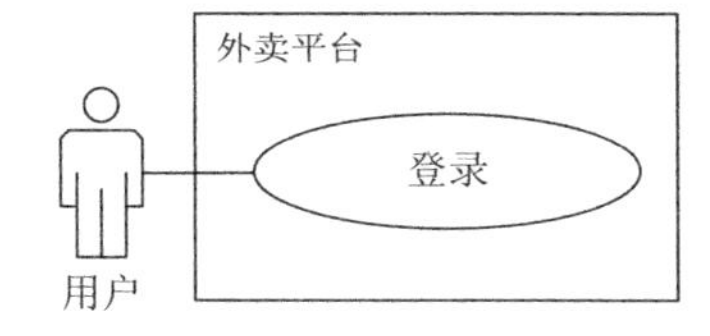

图 5-1　申请贷款和登录的用例图

关于用例图的绘制，我们会在 5.3 节中讲。即使读者没有学过用例图，也不难理解图 5-1 中的两个图的意思。其中，申请贷款的用例图表达的是用户在银行系统申请贷款，登录的用例图表达的是用户在外卖平台登录。用例和用例图常常一同被提及，原因是发明人提出了用例概念，并用用例图表达这个概念。因此，我们所说的用例通常也包含用例图。

用例除了可以用用例图表达，还可以用用户故事表达。如表 5-1 所示，该表分别列出了用例图和用户故事的表达内容。

表 5-1　用例图和用户故事的表达内容

用例名称	用例图	用户故事
申请贷款	银行系统 申请贷款 用户	用户在银行系统申请贷款
登录	外卖平台 登录 用户	用户在外卖平台登录

通过该表，我们非常容易发现，用例图和用户故事是等价的，只是一个是图形的表达，一个是文字的表达，其差异被业界显著扩大了。其实用户故事是在用例的基础上发展出来的，是对用例的拓展。

两者的区别是，用例图需要画图，图形更有层次和结构，并且因为用例图还可表达用例间的各种关系，所以还可用在研发设计软件中。用户故事用文字表达，因为文字的灵活和易懂，所以产品经理稍加变化，就能将其用于挖掘用户的需求上。鉴于用例图的基础作用和优点，我们将以用例图为主，以用户故事为辅。

3. 沟通中不提用例概念

"用例"这个概念不容易理解，知道的人也不多。所以在工作中，你可以将"用例"改成"用户故事"来表述。比如，我们在梳理用户申请贷款的用例，或者说我们在梳理用户贷款的用户故事，这两种说法都是一样的。但是，很多人也不知道用户故事，我们可以再换个说法，即我们在梳理用户要做的事。比如，我们梳理一下用户要做的事，先梳理用户申请贷款这件事，这也是没问题的。

所以，无论是用例、用户故事还是用户要做的事，其表述的内容都是一样的，我们只需选择一个便于沟通的说法就可以。但是，本书是给产品经理看的，所以我们还是会用"用例"这个有特定含义并更加准确的概念。

5.2.2 用例的特点

采用用例的方式分析业务，有如下特点。

1. 有宽度地梳理业务

要有宽度地梳理业务，就要有层次地进行梳理，要不断把大的需求有层次地拆解成小的需求。虽然用例的定义中没说用例的层次，但是用例是可以分层的。我们可以把用例分成目标层用例、实现层用例和步骤层用例。比如，申请贷款是目标层用例，用户的目标就是申请贷款。为了实现这个目标，用户可以用线上申请贷款和线下申请贷款两种方法，这两种方法就是两个实现层用例。为了完成线上申请贷款，用户就需要有几个步骤，如申请贷款、填写资质等，这就是几个步骤层用例。

用用例方法是为了拓宽度，不是为了拓深度。所谓的深度是指异常的情况和分支的流程等。比如，在订外卖案例中，取消订单也是一个用例，但是不应该现在引入。这些细节应在原型图和流程图中体现。同时取消订单的情况多种多样，这些细节放在流程图中梳理更合理。

2. 用例是业务梳理的起点

用例描述了用户做的事，只有明确了用户要做的事，才会在宽度上不遗漏功能。

只有明确用户要做的事，才有描述该事的流程图、状态图和原型图等内容，从而再实现在深度上不遗漏细节。

比如，登录是一个用例，我们可用流程图来描述该用例，关于流程图见第 7 章。再如，申请贷款也是一个用例，我们可用状态图来描述该用例，关于状态图见第 8 章。无论是流程图还是状态图，都可用来描述用例的细节，并且 UML 的发明人也将用例放在了核心位置，认为用例是业务梳理的起点。

3. 用例是定义功能的起点

很多时候，用例和功能有一定等价关系。比如，我们说系统有登录功能，或者说用户用该系统登录，这两种说法表达的是一个意思。再如，我们说系统有贷款功能，或者说用户可以通过该系统申请贷款，这两种说法表达的也是一个意思。

但是，从用户角度看，通过用例更容易把业务梳理全。比如，对于电商平台的商品管理，从功能看是增删改查、按销量筛选等功能，但按用例就是上传商品、补充货物等。为完成上传商品，我们可再梳理出发布和审核的流程，并进一步绘制原型图。从这个案例中我们很容易看出用例和功能的不同。

总之，通过用例技术，我们可从宽度上梳理出功能，从而把握需求框架。这就好比一片森林，要先了解森林的全貌，再说具体树木的外观。

5.2.3 参与者概念

通过以上内容，我们对用例有了一定认识。然而要做好用例分析，还需要理解参与者和系统两个概念，下面我们分别讲。

我们在构建解决方案时，用到了涉众分析方法。我们用该方法找到了所有和产品利益相关的人或组织，因为这些涉众会影响软件开发。然而，从软件系统的角度，我们还要找和系统进行交互的人或物，这些人或物也会影响软件开发。

比如，用户操作 ATM 机取钱，这就是人在和系统进行交互。这个交互就是，用户在系统上进行操作，系统会响应用户的操作，用户从而把钱取出来。如果用户要跨行取钱，则 ATM 机要向其他银行的系统发出取钱指令，待其他银行的系统同意后，ATM 机也可以出钱。在这个场景下，ATM 机就会和其他银行的系统产生交互。

总而言之，用户就是和 ATM 机产生交互的人，同时也是涉众中的一员。其他银行的系统就是和 ATM 机产生交互的系统。而用户和其他银行系统都是参与者，参与者和涉众有什么异同？下面，我们先讲“参与者”这个概念，再讲两个概念的异同。

1. 参与者

无论是操作 ATM 机的人，还是另一个银行的系统，都可称为**参与者（Actor）**。参与者也被称为执行者、使用者，参与者的定义如下。

参与者是在系统之外与系统交互的人或物。

按照定义，我们可把参与者分为两类。一类是系统之外的“人”，他会和系统交互，我们称其为“参与人”或“使用者”，这里强调交互对象是人。一类是系统之外的“物”，它也会和系统交互，我们称其为“参与系统”，这里强调交互对象是物。对于银行系统，系统之外的人是用户和银行员工，系统之外的物是另一个银行的系统，也就是说，**参与者=参与人+参与系统。**

该描述中的参与人和参与系统是本书定义的名称，这样区分的原因有两点。原因一，用“参与者中的人”和“参与者中的物”来表述，很严谨，但在日常沟通中又过于绕口。原因二，参与人和参与系统的梳理方法、思考角度会有所不同，所以有必要分开说明。

2. 参与人

1）参与人和涉众的关系

参与人和涉众的概念很类似，但有什么区别呢？

涉众就是对产品“指手画脚”的人。参与人就是和产品“眉来眼去”的人。

其中，“指手画脚”是指“对产品提意见”，“眉来眼去”是指“和产品进行交互”。有时候，一个人可以既是涉众，也是参与人。比如，用户可以对银行系统提出建议，此时用户就是一个涉众，是对产品“指手画脚”的人。但是用户也要使用 ATM 机，用户就是一个参与人，该参与人要使用银行系统，就是要和银行系统“眉来眼去”。

一个人也可以只是涉众，而不是参与人。比如，银行出资人可对产品的付费模式提出需求，此时银行出资人就是涉众。但银行出资人并不使用产品，就不是参与人。再如，国家相关机构可以对软件提出风控的需求，此时国家相关机构就是涉众。但国家相关机构不使用产品，所以就不是参与人。

参与人是涉众的子集。参与人要使用产品，涉众可以不用。参与人是个体，涉众可以是个体，也可以是组织。

图 5-2 展示了涉众和参与人之间的关系。

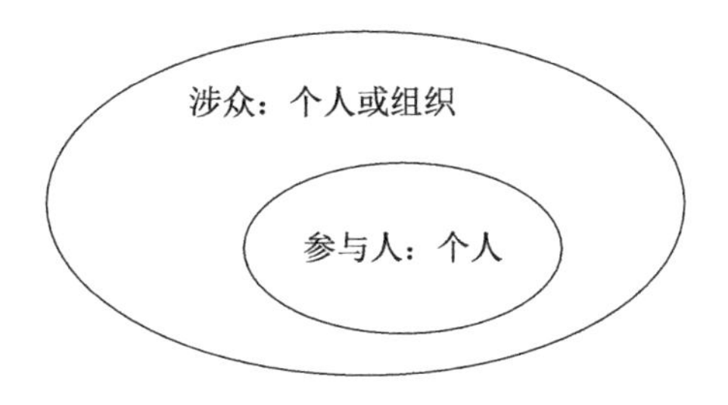

图 5-2　涉众和参与人之间的关系

2）主要参与人和辅助参与人

大家都是参与人，但参与人的地位是不同的。参与人分为主要参与人（Primary Actor）和辅助参与人（Supporting Actor）。主要参与人也被称为启动人，辅助参与人也被称为支持人，两者的区别如下。

主要参与人是产品存在的原因，会主动发起一项业务。辅助参与人是支持产品运转的人员，会被动响应业务请求。

比如，用户可以使用 ATM 机自助完成存钱，此时用户就是主要参与人。因为如果没有用户这个参与人，ATM 机就不会操作。当 ATM 机里面的钱被取完时，就需要银行员工往里面放钞票，此时银行员工就是一个辅助参与人。因为银行员工的作用是让 ATM 机有钱，银行员工是支持这个产品工作的辅助人员。

但要注意，一个人既可以是辅助参与人，也可以是主要参与人。从用户的视角看，如果用户下单了，那么服务用户的客服人员和物流人员都是辅助参与人。但是从物流人员的视角看，物流人员要使用物流软件。在该场景下，物流人员就是主要参与人。

在不同系统中，分清主要参与人和辅助参与人，可有层次地梳理业务。通常，应先梳理主要参与人的需求，再梳理辅助参与人的需求。

3．参与系统

参与系统是什么？比如，用户要跨行取钱，两个银行系统间就要进行交互，并促成用户取钱这个动作。在这个场景下，另一个银行系统就是参与系统。再如，我们在网站上经常用的第三方登录，也需要两个系统进行交互，一个系统是你登录的网站系统，另一个系统是提供第三方信息的系统。参与人是涉众的一部分，但是参与系统不是涉众，原因如下。

参与系统可以和产品"眉来眼去"，但无法对产品"指手画脚"，所以不是涉众。

此外，涉众只能是人或组织，而参与系统只能是软件或硬件，因此参与系统不是涉众。

通常，找到所有参与系统并不难，也很难遗漏。只要我们完善了需求，就能发现参与系统。比如，跨行转账或第三方登录系统，都非常容易找到。所以我们应把重点放在梳理参与人上，而不是参与系统上。

虽然，产品经理不用把重点放在找参与系统上，但需要知道参与系统能提供什么信息或功能。比如，产品经理需要知道，当用户选择 QQ 登录时，QQ 会反馈什么信息。如果 QQ 会反馈用户头像和昵称等信息，这个时候系统就要将信息存储下来，并展示在用户的个人中心。

最后做一下补充，"参与系统"这个概念从严格意义上说并不准确，因为参与物可以是软件系统，也可以是数据库、接口等。总之，参与系统只是参与物中的一种。但用参与系统这个概念更加通俗易懂，其细微差别不用特别在意。

4. 本节小结

以上就是参与者、参与人和参与系统的概念。参与者包括参与人和参与系统，其中参与人是涉众的一个子集。对于产品经理，应把主要精力放在参与人的分析上，要努力找到所有参与人，并明确参与人会做什么。

5.2.4 参与人和角色的关系

我们讲了参与者的概念，也强调参与者分为参与人和参与系统。其中参与人是人，角色也是人，为什么不把参与人称作角色呢？比如，我们用"角色"这个词说"用户这个角色可存钱"，或者我们用"参与人"这个词说"用户这个参与人可存钱"，似乎两者所表达的意思是相同的，但是，参与人比角色的表述更准确，强调的是人的操作而不是角色的操作，并且参与人的概念已被业界普遍接受。

对角色来说，抽象出角色的目的是梳理出相应的权限，如定义谁能查看销售业绩。

但是对用例来说，并不关心哪个角色可以查看业绩，哪个角色不能查看业绩，因此其参与人的写法可以很灵活。

此时，参与人既可以写成一个人的名字，如张三这个参与人可以通过银行系统存钱，也可以写成一个职位，如银行经理查看销售业绩。参与人采用灵活的写法，可以避免一开始就考虑什么角色能做什么事，也就避免了陷入细节之中。同时因为对参与人的表述是灵活的，产品经理还可以带入不同类型的人，来思考如何提供服务。比如，思考如何针对老年人或视力不好的人，设计 ATM 机的存取款业务。

虽然角色和参与人的概念有区别。但是，将角色作为参与人，或者将职位名作为参与人，也都是没有问题的。比如，我们将参与人称为销售经理、理财专员角色，或者称参与人为销售经理张三、理财经理李四。无论哪种说法，都不影响用例的表达。

5.2.5 系统的概念

在上面的分析中，我们知道参与者会和系统进行交互，在用户通过 ATM 机取钱的案例中，系统就是软件或硬件系统。比如，用户使用 ATM 机取钱，这个 ATM 机就有软件和硬件。再如，员工使用内部系统来查询用户信息，这个内部系统就是软件系统。但软件和硬件系统并不是系统的全部，系统的定义如下。

系统是由相互作用、相互依赖的若干部分结合而成的。

这里的若干部分可以是软件或硬件，也可以是人或组织。关于系统的定义，要注意以下两点。

1）系统可由硬件、软件和人组成

银行的线下取款系统，就是由硬件、软件和人共同组成的。比如，用户要到柜台取款，就需按照银行员工的要求来做。这个过程是：用户将本人的银行卡给银行员工，银行员工再拿出密码机硬件，用户要在密码机上输入密码，在密码正确后银行员工就给用户取款，同时打印取款凭证，用户在确认拿到的钱数目正确后，就可以走了。

用户的取钱业务是由一个系统完成的。该系统包含银行员工、软件和硬件，其共同协作完成任务。从用户的角度看，银行员工只是系统的一部分。在本质上，该系统和 ATM 机系统的作用是相同的，只是由银行员工代替了部分软件。而在过去，银行即使没有软件，也可办理取款业务，我们也认为这是一个银行取款系统。

总之，现在的柜台取款、ATM 机取款，过去的人工取款，都是由系统完成的。另外补充一点，银行员工其实就是工人，在 UML 中其被称为业务工人（Business Worker）。

2）一个系统可以包含另一个系统

在银行取款的案例中，从用户的角度看，系统是由硬件、软件和人共同组成的。但是，从银行员工的角度看，该系统就只是银行的软件系统。为帮助用户取钱，银行员工要使用内部软件系统，该内部软件系统显然也是一个系统。

我们发现这里有两个系统：一个是用户角度的取款系统，该系统由硬件、软件和人共同组成；一个是银行员工角度的系统，该系统就是银行的内部软件系统。这两个系统有包含关系，即取款系统包含了银行的内部软件系统，如图 5-3 所示。

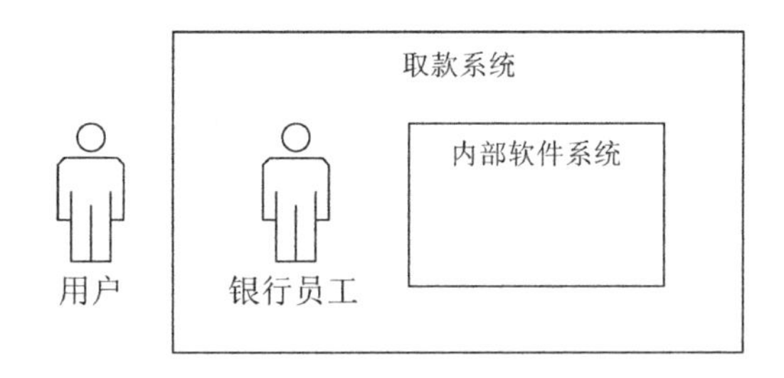

图 5-3 系统的包含关系

以上我们对系统及系统间的包含关系做了讲解，这有利于产品经理由外而内地进行思考，就可以先分析外部大系统有什么用例，再分析内部小系统有什么用例，使梳理更有层次，也不会遗漏需求。

5.3 用例图的表达

在理解了用例、参与者和系统后，我们就要绘制用例图。用例图包含用例、参与者和系统等要素。通过用例图的绘制，产品经理将加深对概念的理解。

5.3.1 基本绘制

用户通过 ATM 机取钱的案例是用例分析的经典案例，我们通过该案例来绘制用例图。在一个 ATM 机上，用户可取钱和存钱，取钱和存钱就是两个用例。这两个用例如图 5-4 所示。

图 5-4　取钱和存钱用例

但这两个用例没有表达是谁做的，也就是参与者是谁；也没有表达在什么地方做的，也就是系统是什么。为此，我们用图 5-5 所示的用例图来表达这些内容。同时，该用例图也表达了银行员工要做什么，以及其他银行系统要做什么。

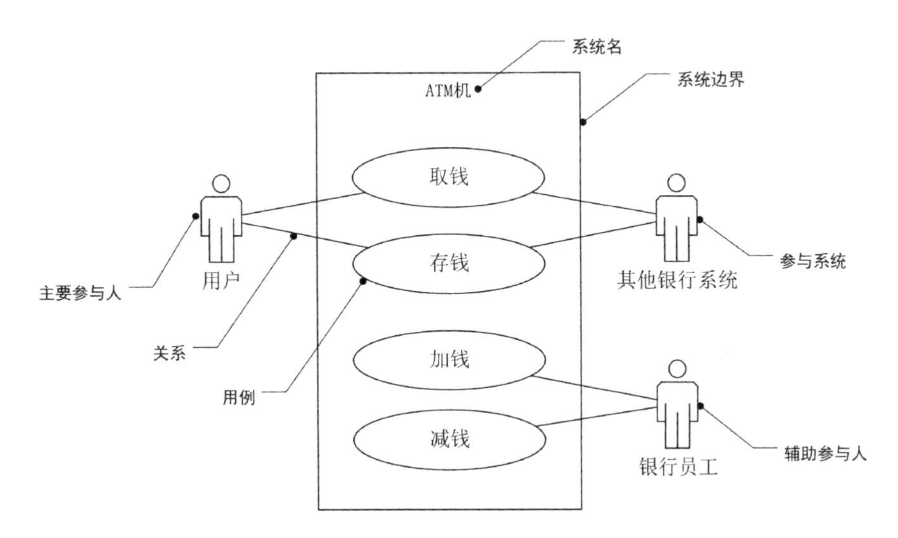

图 5-5　详细的取钱和存钱用例

对于图 5-5 所示的用例图，我们将从内容和画法上进行讲解。

1. 用例图的内容

系统： ATM 机就是系统，该系统由 ATM 机的硬件和软件组成。系统边界表达了在边界内要放用例，在边界外要放参与者。

参与人和用例：（1）用户是主要参与人，用户用 ATM 机取钱和存钱，取钱和存钱是两个用例。（2）银行员工是辅助参与人，负责给 ATM 机加钱和从 ATM 机里减钱。如果 ATM 机里面的钱少了就加钱，如果钱多了就减钱，加钱和减钱也是两个用例。

参与系统和用例：如果 ATM 机支持跨行存取，那么其他银行系统就是参与系统，该系统帮助用户完成跨行存取钱。

2. 用例图的画法

小人代表参与者：参与者包含参与人和参与系统，但无论哪种参与者，都可用小人表示，并在小人下面写上参与者的名称。

椭圆形代表用例：这个案例中的用例是存钱、取钱等，写在椭圆形内。需要注意的是，用例名的写法为“动词+宾语”，如取款、申请贷款等。这个宾语既可以是名词，如“款（现金）”，也可以是动词，如“贷款”。有的时候，宾语也可以省略，如“登录系统”可写为“登录”。

方框代表系统：系统就是 ATM 机，在方框内的上方，写上系统名“ATM 机”。方框有边界，边界内部是系统要实现的用例，边界外部是系统外的参与者。

直线代表关系：画法是“参与者 —— 用例”，表示参与者和用例之间的关系。比如，“用户 —— 取钱”，表示用户和取钱有关系，即用户要取钱。再如，“取钱 —— 其他银行系统”，表示系统会向其他银行系统发起取钱请求。

5.3.2 表达关系

UML 定义了用例之间的多种关系，包括导航关系、依赖关系、包含关系、扩展关系和实现关系等。对于这几种关系，产品经理要了解。原因是如果研发人员用了，产品经理就要知道含义，而且这也有利于理解软件的开发。关于 UML 用例的关系参见第 15 章。

UML 定义用例之间的关系，主要是为了让研发人员搭建软件，而不是为了让产品经理梳理需求，因此产品经理不需要学太多。但是，产品经理仍然要梳理部分用例之间的关系，包括包含关系和实现关系，并以此表达用例的层级。本书修改了 UML 的表达，原因是产品经理应从需求出发，而不是从研发出发。因此，本书的表达虽然在名称上和 UML 相同，但概念略有不同。

1. 包含关系

图 5-6 所示表达了用例间的包含关系。

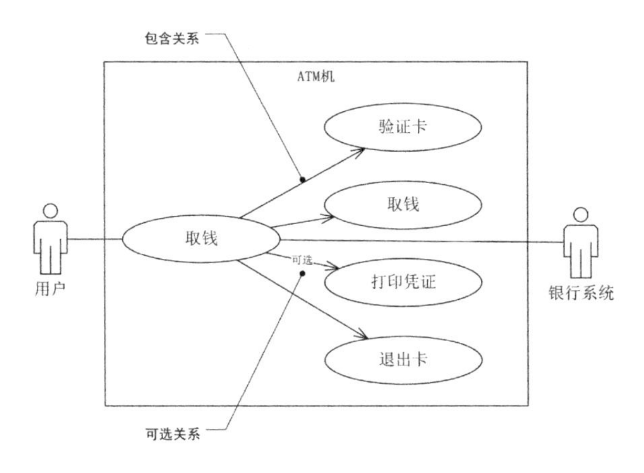

图 5-6　用例间的包含关系

包含关系表明，一个用例可以由多个用例组成。上级用例是下级用例的概括，下级用例是上级用例的细化。表示方法是“用例 A ⟶ 用例 B”，即用例 A 包含了用例 B。

比如，取钱用例包含验证卡、取钱、打印凭证和退出卡四个步骤，也就是四个用例。然而，在用例中出现了“取钱 ⟶ 取钱”，从概念上讲是不严谨的，因为同一个用例间是不能包含的。我们这样写的目的是便于展示用例间的执行顺序。要表达用例之间的执行顺序，只需从上到下写用例即可。

在包含关系中，还可进一步表明可选关系，可选关系的表达是“用例 A —可选→ 用例 B”，表示用例 A 包含用例 B，但如果不执行用例 B，用例 A 也是可以完成的。比如，“取钱 —可选→ 打印凭证”表示即使不打印凭证，也可以完成取钱。

2. 实现关系

用户的目标是取钱，通过 ATM 机取钱只是其中一种实现方案，用户还可以到银行柜台取钱。图 5-7 所示表达了用例间的实现关系。

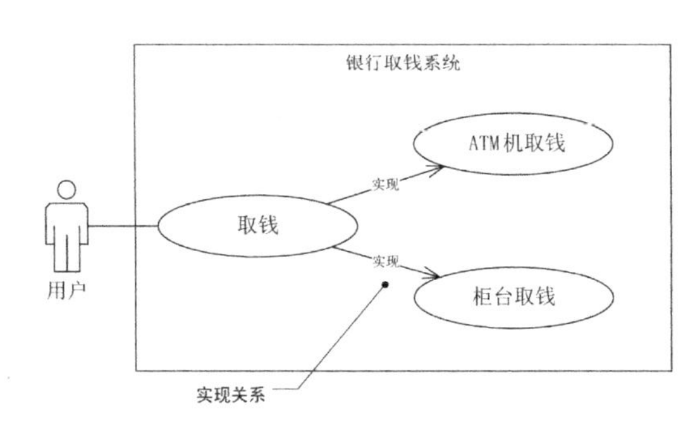

图 5-7　用例间的实现关系

实现关系表明，一个用例可以由多个用例来实现，表示方法是"用例 A —实现→ 用例 B"，即用例 A 由用例 B 实现了。

5.3.3 本节小结

本节介绍了用例图的绘制，包括用例、系统和参与者的表达。同时用例之间有层次关系，也就是一个用例会包含几个用例，上一层用例是下一层用例的概括，下一层用例是上一层用例的细化。用例之间还存在实现关系，表明为达到用户目标，系统有不同的实现方案。

用例图的表达并不难，就是把文字变成了图形。即使没有用例图，我们也能用文字表述。但采取用例图表达，显然更有层次，也更加简洁。考虑到绘图略慢，在实战中，读者也可用文字来表达用例。

5.4 用例的三层级

在用例图的绘制中，我们知道用例是有包含关系的。通过一层层的包含关系，我们可以将用例分层，本节就讲如何给用例分层。

1. 为什么要分层

用例描述了用户做了什么事。用户可以做很多事，比如，我们梳理出用户需要下订单，管理收货地址、进行支付、选择支付方式、使用优惠券等，毫无疑问这些都是用例。然而读者会发现，这些用例没有层次和顺序，将导致遗漏一些需求，也不利于研发人员理解需求。

此时，我们可以凭经验来梳理，比如，将用户订外卖的用例按照操作步骤拆解成浏览首页、浏览商品列表、浏览商品详情、选择商品数量和规格、进行登录和输入密码、输入支付密码、确认支付等。这样就清晰了一些，但内容仍然很多，也缺少层次。所以，我们需要把用例分层。

2. 用例层级概述

用例可以分成三个层级，分别是目标层用例、实现层用例和步骤层用例。我们以用户订外卖为例做说明。用户要订外卖，可以拆解的用例如下。

- 目标层用例：用户订外卖。
- 实现层用例：为完成用户订外卖的目标，我们可以让用户在网上订外卖，或者打电话订外卖。这两种方法就是实现层用例。
- 步骤层用例：如果用户选择在网上订外卖，就要进行操作，其步骤是选择菜品、下订单和支付，这三个步骤就是步骤层用例。

以上就是用例的三个层级。通过这种方式梳理，业务的需求就清晰了。以上三个层级都可称为用例，但用通俗的说法表达，三个层级就是在梳理用户的操作目标、该目标的实现方案、该方案的操作步骤。“用例”这个词是更准确的表述，也是有特定含义和目标的概念。

本书要说明用例层级，选择了读者熟悉的用户订外卖的案例，这样便于讲清楚概念。但是，因为案例简单，产品经理也可不按这三个层级梳理业务，而是直接画流程图和原型图。接下来，我们会用相对陌生的案例再做说明，到时候读者就能体会到分层梳理的好处了。

5.4.1 目标层用例

目标层用例要从目标和用例两方面理解。既然称作目标层用例，那么该事务既是目标也是用例。其中，目标是指用户使用系统的理由或要达到的效果，用例是指用户实际做的一件事。

按照该定义，用户的目标可以是订外卖、退货，或者存款。这些目标就是用户登录网站的原因，也是期望要做的事情，但目标这个词有多重含义。比如，用户说要买榔头，可以有如下对话。

产品经理问：“你要干什么？”用户回答：“购买榔头。”

产品经理再问：“为什么要购买榔头？”用户回答：“目标是钉钉子。”

产品经理再问：“为什么要钉钉子？”用户回答：“目标是挂画。”

产品经理再问："为什么要挂画？"用户回答："目标是让屋子更漂亮和有格调。"

产品经理再问："为什么要让屋子更漂亮和有格调？"用户回答："目标是让女友喜欢。"

产品经理再问："为什么要让女友喜欢？"用户回答："目标是获得爱情。"

购买榔头、钉钉子、挂画、为了让屋子更漂亮和有格调、让女友喜欢和获得爱情，都可以称为目标。这些目标最后都可追溯到心理需求上。其中获得爱情这个目标，就是马斯洛心理需求中的一种。

用户的目标有很多，但对用例分析来说，产品经理更关心的是，用户在网站上做了什么。因此在以上目标中，只有购买榔头这个目标才是需要关注的，而用户的心理需求不是我们关注的内容。同时用户要做的事情——购买榔头也是一个用例，这也符合用例的定义。所以，我们所挖掘的目标特指某个用例。

1. 目标层用例的判定

用户想做的事情很多，但符合目标层用例的事情并不多。目标是指用户登录网站的理由，所以只要不是用户登录网站的理由，就不算目标层用例。在这个定义下，用户购物、注册和退货等，都是目标层用例，这些用例都是用户登录网站的理由。用户支付货款、设置收货地址等，都不是目标层用例，因为用户一般不会为了设置收货地址而登录网站。为了分清目标层用例，我们要注意以下几点。

1）用户在做完一件事后能满意离开

用户在做完一件事后就满意了，不需要做其他事，那么做这件事就是目标层用例。

订外卖：登录外卖平台干什么？登录外卖平台订外卖。购买后满意了吗？满意。

退货物：登录电商平台干什么？登录电商平台退货。退货完成后满意吗？满意。

银行存钱：用ATM机干什么？用ATM机存钱。存完钱后满意吗？满意。

显然，在以上案例中用户都是满意的。如果用户只填收货地址，那么这就不是目标层用例。因为用户在填写收货地址后就走了，用户是无法完成购买的，也是不满意的。如果用户支付完毕后就走了，用户也是不满意的，因为用户不会为了给网站付款而付款，用户的目标是购物。

从另一个角度看，无论是填写收货地址还是支付，都不会独立存在，都是为完成"购物"这个目标而执行的步骤。"购物"这个目标是可以独立存在的。实际上，支付和填写收货地址这两个用例都是步骤层用例。

2）员工工作职责是目标层用例

上面我们列举了用户的目标层用例，这些用户都是消费者。企业内部的员工也有目标层用例。比如，用户要购物，员工就要办理发货，用户要退货，员工就要办理退货，办理发货、办理退货都是目标层用例。再如，员工要补货也是目标层用例。

用户的目标层用例的判定标准是，用户能满意离开的是目标层用例。员工的目标层用例的判定标准是，工作完成了，就是目标达成了。比如，上面的发货、退货和补货等工作完成了，就认为目标达成了。

员工的目标层用例往往就是员工的工作职责。比如，员工的工作职责可以是在用户订购货物后及时发货、在库存缺货后及时补货、当用户存款时高效办理存款等。

3）表达目标，而不是具体实现

能够让用户满意离开的事情是目标层用例，但应注意不应体现具体实现。

产品经理问："你登录电商后台干什么？"企业员工用户回答："去查看商品库存。"产品经理问："看完库存满意了吗？"企业员工用户回答："满意了。"

根据上面的对话，我们认为"查看商品库存"是一个目标，因为企业员工用户可以满意地离开了。但这是错误的，因为目标要表达的是企业员工用户想要做的业务，而不是企业员工用户如何完成这项业务，其真正的目标是补货，查看商品库存是执行补货的一个步骤。

为达到补货的目标，其实现方案可以有：方案一，在商品列表中列出当前商品库存，从而可以查看库存量；方案二，将库存低的告警发送到手机。查看商品库存就是指通过后台查看商品库存，这就涉及具体实现了。比如，系统管理员要查看系统的错误日志，这也是在描述具体的实现，因此也不是目标。而实际的目标是获得足够多的错误信息，并找到纠正错误的方法。因此，该目标层用例概括为"排除系统错误"。

如果目标的判定比较模糊，也可追问一下要做的工作或解决的问题是什么。比如：

库管要获得商品库存量，要做的工作（解决的问题）是可提前进行补货。

管理员要获得系统错误信息，要做的工作（解决的问题）是排除系统错误。

2. 梳理时的注意事项

我们理解了如何判定目标层用例，而在判定目标层用例时，还应注意以下两点。

1）目标层用例可以分层

目标层用例可分层表述，即可拆分成大目标和小目标。比如，用户目标是订外卖，订外卖可以拆分为订外卖和退货两个目标层用例，如图 5-8 所示。

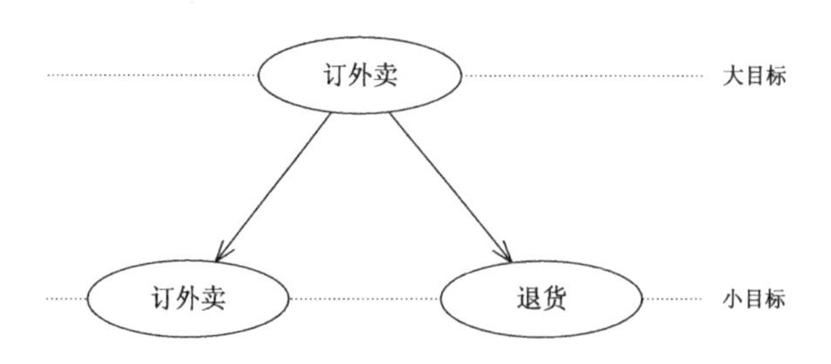

图 5-8　目标层用例的分层

但在实战中，直接列出订外卖和退货两个目标层用例，不分层也是可以的。原因是目标层用例并不多，只要保证能列全就可以了。

2）注册和登录的特殊处理

注册是目标层用例，而登录不是目标层用例，但在实战中不用区别。

用户登录电商平台注册完就走了，或者到银行开通一个账户就走了。因此，注册账号和开通账户都是目标层用例。但是用户不能在登录电商网站后就离开，登录后还需要购物或查询所购商品。

如果产品经理已经能厘清登录和注册功能，那么就不需要通过用例的方式，再来找到注册和登录功能了。

5.4.2　实现层用例

为实现用户的目标层用例，产品经理就要定义产品如何实现，这个实现方法就被称为实现层用例。比如，员工补货是一个目标层用例，为了实现补货，我们可以让员工查看电脑上的库存信息，或给员工推送库存告警短信，这两种方法就是在表达如何实现员工补货的目标，就是实现层用例。

目标层用例和实现层用例常常容易混淆，我们再举几个例子便于读者理解。比如，用户要订外卖，就要登录网站下单，这是一种方法。此外，用户还可以打电话下单，这也是一种方法，如图 5-9 所示。

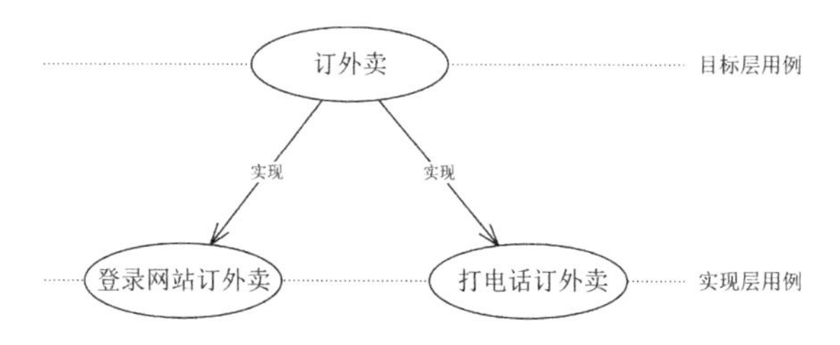

图 5-9　实现层用例

再如，一个餐厅的客人要排队，系统就可以支持客人远程用手机排队、客人在现场自己取号排队、由现场服务员代为取号排队这三种实现方法。用户要在外卖网站注册，注册就是目标层用例，其实现方法有用户用手机注册、用邮箱注册等。

在梳理实现层用例时，我们还应注意以下两点。

1）实现层用例可以跳过

区分目标层用例和实现层用例是一个好习惯，这有助于产品经理思考为满足业务目标有哪些可选方案。但这种区分不是必须要做的，比如，在用户订外卖的用例中，企业只打算实现网站下单，那就没必要列出实现层用例。此时目标层用例也暗含着实现方案。

2）实现层用例是解决方案的子集

一个实现层用例同时也是一个解决方案，但是实现层用例只是解决方案的子集。在上文中，我们对解决方案做了深入说明。我们知道解决方案是一个范围很大的词，我们给用户提供的解决方案可以是一项服务、一个产品或一个产品的功能等。

本节所讲的实现层用例，是为满足用户的业务目标而设计的解决方案，特指针对目标层用例的解决方案，而不会是一项服务或一款完整的产品。

在用例分析中，实现层用例比解决方案有更加准确的表述，这是用例规范所界定的。

5.4.3　步骤层用例

无论实现层用例是什么，都需要系统来实现。用户使用系统的过程，就是一步一步地操作的过程，这就是步骤层用例。同时，通过对这些步骤的拆分和合并，就可划分出产品的设计单元。划分出产品的设计单元就是步骤层用例的目标，也是整个用例分析的最终目标。下面我们分成步骤层用例的拆分和步骤层用例的合并两步，来说明这个过程和目标。

1. 步骤层用例的拆分

用户为完成订外卖这个目标，就要有如下步骤，分别为选择菜品、核对订单、支付订单，这是第一个层级的步骤层用例。而核对订单又可拆分成设置收货地址、修改菜品数量和设置优惠券，这是第二个层级的步骤层用例。其表示如图5-10所示。

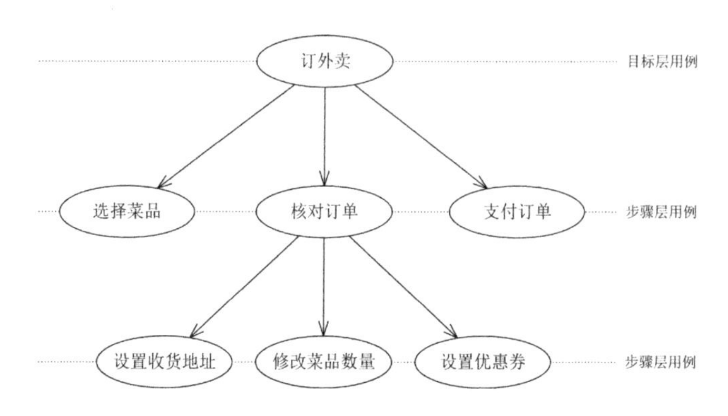

图5-10 步骤层用例的拆分

在拆分步骤层用例的时候，我们应注意以下几点。

1）去掉不必要的步骤

用户在订外卖时，必然要看首页、看商家页和进行登录。但这几个步骤不需要加入步骤层用例的拆分。一方面，因为用例的目标是避免遗漏需求，但产品经理不会遗漏以上功能。另一方面，首页和商家页较为独立，与订外卖的关联度并不强。

2）可按页面梳理步骤

我们将步骤拆分成了两层。第一层包括三个步骤，分别是选择菜品、核对订单和支付订单，这也分别对应着三个页面，每个页面就是一个步骤。而核对订单这个页面又包括三个步骤，即设置收货地址、修改菜品数量和设置优惠券。因此，提炼步骤层用例的技巧是，想象下单时有几个页面，就可以轻松地抽象出步骤了。

3）按层来梳理步骤

每个步骤应在同一个层面表述，不要出现有的步骤拆分过粗，有的步骤又拆分过细的现象。如果无法在一个层面表述，则可以将该步骤拆分成多层。在上面的案例中，选择菜品、核对订单和支付订单就是一个层面的问题。但其中"核对订单"的步骤较多，于是我们又拆分出一层，包括设置收货地址、修改菜品数量、设置优惠券。

2. 步骤层用例的合并

我们进行步骤层用例的拆分，是为了梳理出用户的操作步骤，这样就可以避免需求遗漏。但是，我们还应通过用例的合并，来划分出设计单元，这样产品经理就可分单元地去设计产品。

合并的原则是，如果该步骤层用例较小，就要合并该步骤层用例。比如，在“核对订单”步骤下，修改菜品数量是一个简单交互，设置优惠券也是简单的交互，就是一个选择而已。因此，这两个步骤都不能成为独立的设计单元，应合并到核对订单中。

合并后的用例图如图 5-11 所示。其中，加下画线的用例就是独立的设计单元。

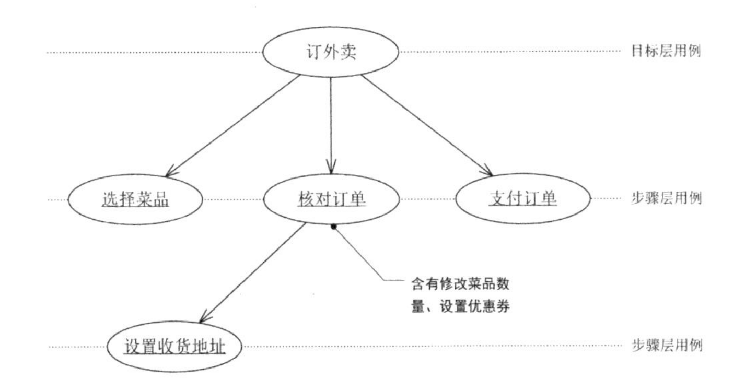

图 5-11　合并后的用例图

通过以上两个步骤，我们就提炼出了四个设计单元，也就是四个步骤层用例。读者也可理解成要绘制四个原型图，并且在原型图的左侧导航中，有四个页面标签，分别是选择菜品、核对订单、设置收货地址、支付订单。

3. 步骤层用例的认定

和目标层用例和实现层用例不同，步骤层用例没有严格的定义和划分，其提炼也极为灵活。虽然提炼很灵活，但是步骤层用例也有认定原则，其认定原则如下。

1）大小适中

有的资料会把用例拆得很细，这是不恰当的。用例的目的是划分设计单元，而不是厘清业务细节。比如，设置收货地址用例就是大小适中的设计单元。但是，如果将该用例再拆成填写姓名、填写手机号和填写送货地址等步骤，就不合适了。

从另一种角度看，一个用例就是设计细化的起点，这之后才有该用例的流程图、状态图、页面流程图和原型图，其关系如图 5-12 所示。

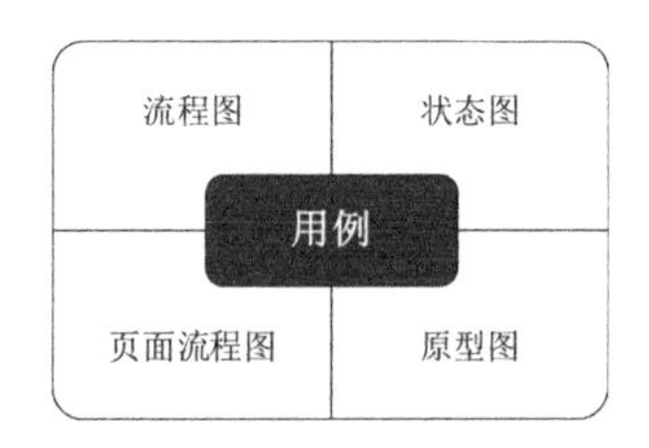

图 5-12　用例驱动设计

比如，设置收货地址用例可先画页面流程图，表达新建、列表等几个页面，然后再细化成原型图。再如，支付订单用例可先画流程图，表达支付成功、支付失败等流程，然后再绘制原型图。再如，核对订单用例可直接画原型图，就是两三个页面的交互。

2）高内聚、低耦合

每个步骤都是相对独立的，但步骤之间也有联系。用专业的说法就是高内聚和低耦合。意思是说，用例内的多个功能是紧密结合的，这就是高内聚。同时，用例之间也有联系，但并不紧密，这就是低耦合。

为此，我们将核对订单用例中的修改菜品数量、设置优惠券进行了合并，两者之间是高内聚的关系。当然，将选择菜品也合并进来，也是可以的，这也是简单的菜品选择页面。这好比几个打碎的鸡蛋混在一起，蛋黄是蛋黄，蛋清是蛋清。每个蛋黄都是独立的，但蛋清混在一起。一个蛋黄就是一个步骤，而步骤之间的联系就是蛋清。

4. 步骤层用例和子功能层用例

阿利斯泰尔·科伯恩在其所著的《编写有效用例》一书中，提到了子功能层用例，这基本等同于本书的步骤层用例。本书用“步骤层用例”是为了表明这是用户（准确地说是参与者）的操作步骤，这样描述更准确。因为用例描述的就是用户做了什么，而不是系统有什么子功能。站在用户角度说用户做了什么，这也是用例分析的精髓。

5.4.4　层级注意点

通过对三个层次的介绍，我们就可以梳理出业务功能。概括地说，就是用分层的方式，梳理出用户的业务目标、实现方案和操作步骤，进而再提炼功能模块。提炼出的模块包括产品的设计单元、研发的开发单元。在提炼的时候，我们需要注意以下几点。

1．思考结构化，但不应过度结构化

我们划分了目标层用例、实现层用例和步骤层用例，目的是要让读者的思考结构化。但读者在实战中不应过度区分层次，更应该关注的是如何控制用例的大小和数量，不要过度细化，也不要过粗。在划分时要注意以下两点。

1）用例的划分并不绝对

关于订单的用例划分，业界没有统一的结论。原因在于目标、实现和步骤都是范围很大的词，这三个词的含义很广，因此我们也无法据此提炼出放之四海皆准的内容。所以在实战中可以灵活掌握，只要划分层次合理，数量和大小合适，不遗漏需求即可。

2）层次和数量控制要适合

很难说一个系统能提炼多少用例是适合的，但为了便于让读者把握一个度，我们给出了建议值。通常，一个中型软件系统的目标层用例的数量为 1 层，每层 10 个用例以内。每个目标层用例下的实现层用例的数量为 1 层，每层 1～3 个用例，并且可以忽略。每个实现层用例下的步骤层用例为 1～2 层，每层用例的数量在 5 个以内。如果我们将用例的层次和数量控制在这样的范围内，就不至于将层次弄混乱，也不至于因为用例过多而造成不必要的复杂现象。

2．先梳理用例，再提炼设计单元

用例是在梳理用户的目标、实现的方案和执行的步骤，而执行的步骤就是设计单元。但用例不等于功能，两者一个是抽象过程，一个是转化过程。

比如，在用户订外卖案例中，首先产品经理要以用户视角观察用户的使用目标是什么，这个目标的实现方案有什么，以及针对某个实现方案的操作步骤是什么，然后将操作步骤转化为设计单元。其流程如图 5-13 所示。

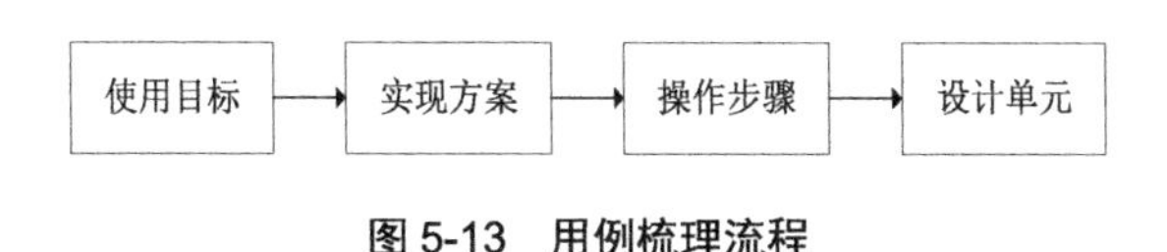

图 5-13　用例梳理流程

这样做的原因是，我们以前在做规划的时候，都是直接列出要开发的功能，但产生的问题是会遗漏需求。所以需要转换角度，先从用户角度思考要做什么，再来提炼功能。

3. 不适合梳理信息和熟悉的功能

用例的方法更适合梳理流程类业务，且这些业务步骤较多。这类业务通常并不多。以电商网站的下单为例，从用户角度看，有购物、退货等业务适合采用用例分析。从平台员工的角度看，有发送货物、补充货物等业务适合采用用例分析。

用例分析不适合梳理信息类内容，如个人中心、首页和详情页，这些页面以信息展现为主，并没有太复杂的流程，可直接画原型图。用例分析也不适合梳理熟悉的功能。比如，登录和注册的功能虽然多，但是这些功能很固定，产品经理也很熟悉，不会遗漏这些功能，因此就不需要用用例分析了。

梳理用例是为了不遗漏需求和功能，而不是为了表达自己懂用例。

5.4.5 本节小结

本节我们介绍了用例的层级，分别是目标层用例、实现层用例和步骤层用例。其中，目标层用例表达了用户做事的目标，实现层用例表达了如何实现用户目标，步骤层用例表达了做事的步骤。同时，这些用例也是从上到下分层的，其中实现层用例是可选的。我们拆分步骤层用例有两个目的，一是厘清业务有什么，二是划分设计单元。

补充两点。第一点，我们可将步骤层用例再拆分出实现层用例。比如，用户支付是步骤层用例，但是支付有多种实现方案，如现金支付、信用卡支付、微信支付等。

第二点，了解用户故事地图的读者，可能发现本书中用例的分层和用户故事地图是类似的。的确两者很类似，都是在对故事（用例）分层。但是，用户故事地图的目的是组织故事，本书的内容不但能组织故事，还划分了设计单元，给出了层级的判断标准。

5.5 功能框架实战

在讲了用例和用例的层级等概念后，我们还要在实战中使用它们。本节就讲实战，实战案例是银行系统。用银行系统做案例，原因是该系统对读者来说较陌生，更能让读者体会到用例的作用。我们梳理的是银行的基金业务，但也会涉及存取款、申请贷款等业务。因为银行系统庞大，所以，本节主要强调思路，而不是要全面梳理。同时，为了便于理解，我们也对银行业务做了简化和改写。在实战中，我们可通过以下步骤来梳理功能框架。

- 步骤一：找到所有参与者
- 步骤二：定义出内外系统
- 步骤三：找到目标层用例
- 步骤四：思考实现层用例
- 步骤五：找到步骤层用例

这几个步骤的目标是，从广度上而不是从深度上梳理功能，“看清楚整个森林”。本节侧重于讲解在实战中如何做，其间也会讲一些新的用例知识。

5.5.1 步骤一：找到所有参与者

要梳理银行的功能框架，首先就要明确参与者，而参与者又分为参与人和参与系统。只有明确参与人是谁，才能明确产品功能。

1. 找到参与人

要找到银行系统的参与人，就要先找出银行的涉众。因为参与人是从涉众中产生的。所以只要找到涉众，参与人也就好找了。在第 4 章中，我们已经梳理了银行的涉众，并总结在表 4-1 中。

我们对银行的涉众稍做修改，就可写出银行的参与人，如表 5-2 所示。

表 5-2 银行的参与人

项　目	参　与　人
银行的客户	个人客户（普通客户+VIP 客户）、公司财务人员
银行使用人	大堂经理、柜员、核准柜员、副主任、个贷经理、基金专员
银行其他人	财务人员、运维人员

对表 5-2 的解释如下。

1）不使用系统的涉众要去掉

因为参与人是要使用系统的，所以不使用系统的涉众都要去掉。去掉的涉众包括 CEO、副总经理和监管部门等。当然一切应以业务为准，如果副总经理也使用系统，则应将其列出。

2）将涉众中的组织改成参与人

银行的客户包括公司，公司就是一个涉众。但是公司是一个组织，组织是无法对系统进行操作的，需要公司的财务人员来进行操作。因此，我们要将公司这个涉众换成公司财务人员这个参与人。

3）将涉众进行细化

在讲涉众分析的时候，我们提到个人客户是一个涉众，个人客户还可分成 VIP 客户和普通客户。但在梳理涉众的期望时，可不区分。因为两者对业务的期望没有太大不同。在分析参与人的时候，需要将个人客户分成普通客户和 VIP 客户。原因是这两类客户的业务流程可能不同。比如，VIP 客户如果要贷款，其贷款审核流程就会和普通客户的贷款审核流程不同。

总体来说，参与人还是很容易找的，只要涉众梳理清楚了，将其稍加转化就能找到参与人。

2. 找到参与系统

参与系统可在梳理业务时再明确。我们可从两个角度梳理参与系统，这两个角度分别是系统交互的角度和业务流程的角度。从这两个角度梳理参与系统和找出涉众的方法一样。

1）系统交互的角度

这个角度以系统为参照物，思考有谁会和系统交互。我们以 ATM 机为例。

（1）谁会从该系统获取信息？如果将其他银行的银行卡插入 ATM 机，那么其他银行就要获取该卡的信息和用户的密码。

（2）谁会提供信息给该系统？如果要查看其他银行的银行卡的余额，就需要其他银行系统提供信息。或者如果要查询用户的征信记录，ATM 机就要连接总行的征信系统。

（3）该系统会用哪些硬件？这里的硬件特指第三方公司的设备。比如，餐饮系统需要将客户的订单进行打印，用于告知厨师要做什么菜，该打印机常常是第三方公司的，因此打印机也是一个参与系统。虽然 ATM 机也有打印小票的设备，但该设备是集成在 ATM 机中的，所以不是参与系统。

2）业务流程的角度

该角度通过梳理业务流程，发现其他的参与系统。我们可以问自己两个问题。

（1）业务的主要流程是什么？

（2）有哪些系统参与该流程？

根据这两个问题梳理参与系统很容易执行，只需要按照银行的业务流程走一遍，就非常容易梳理出来。从这个角度看，用户要在 ATM 机上跨行取钱，自然要和其他银行系统进行交互，用户要办理金融理财业务，也要和其他金融机构对接，从而获得金融机构的理财产品。那么，其他银行系统和金融机构系统就都是参与系统。

上面我们从两个角度梳理了 ATM 机的参与系统，柜台存取款、申购基金、申请贷款等业务的参与系统也可从这两个角度去找。

3）银行的参与系统总结

找到参与系统还是很容易的，常见的参与系统主要有业务协同类、安全保障类、身份信息类。按照这三种类型归类，我们总结出银行的参与系统，如表 5-3 所示。

表 5-3　银行的参与系统

类　型	参与系统
业务协同类	基金公司、资质审核系统、其他银行系统等
安全保障类	支付系统、人脸识别等
身份信息类	第三方登录、身份信息核验等

5.5.2　步骤二：定义出内外系统

定义出内外系统，是为了由外而内地对用例进行梳理，这种梳理方法更有层次感。我们以申购基金为例，说明如何定义内外系统。一个系统可以由软件组成，也可以由软件和人组成，其组成部分是很灵活的。所以，如果我们把申购基金的软件定义成系统，如图 5-14 所示，那么围绕着该系统的参与者就是个人客户、理财专员、银行主管、其他银行等。

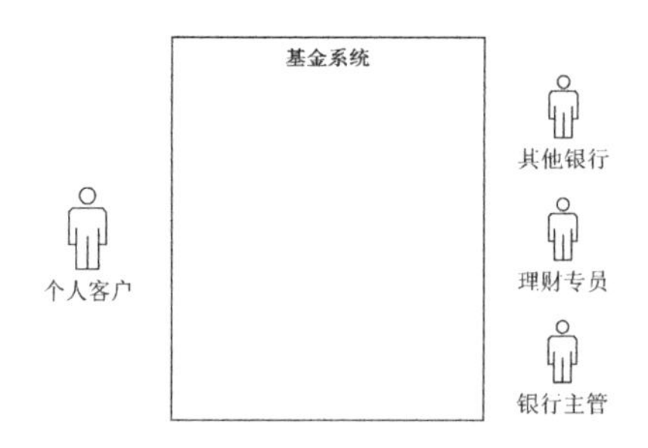

图 5-14　申购基金的软件系统

这种划分在规则上虽然允许，但不合理。因为用例是要有层次地进行梳理，这样才能有序和合理地拆分业务。显然图 5-14 所示的用例图的逻辑和层次不清晰。在该用例图中再加入用例，新的用例图如图 5-15 所示。

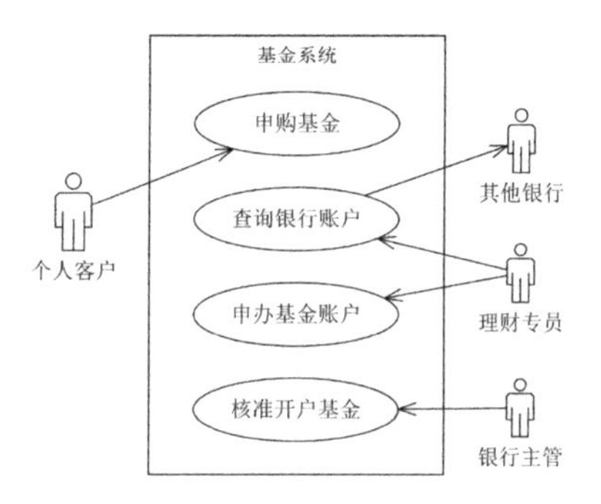

图 5-15　加入用例后的申购基金的软件系统

我们需要用由外而内的方法梳理，即先定义一个外部的大系统，该系统内有软件和员工，再定义一个内部的小系统，该系统只有软件，分别说明如下。

1）系统是基金软件和银行员工，个人客户作为参与者

如图 5-16 所示，从个人客户角度看，基金软件和银行员工是一个系统，该系统仿佛是一个黑盒子。个人客户既不关心也不了解银行员工在系统内部做了什么。我们可以从个人客户角度梳理出申购基金、赎回基金等用例。

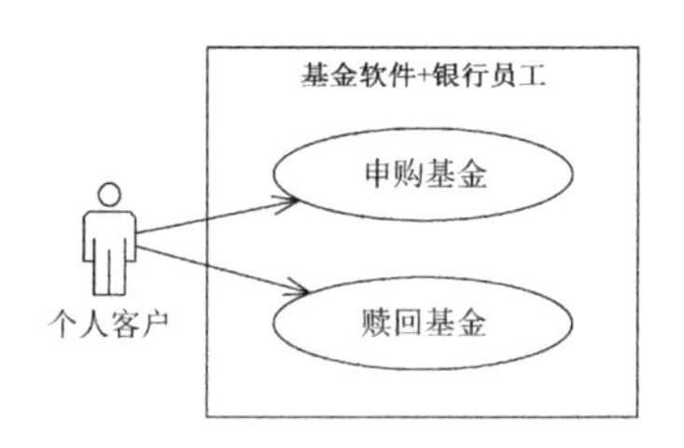

图 5-16　基金软件和银行员工作为系统

2）系统是基金软件，银行员工作为参与者

通过上面的拆解，我们明确了个人客户的用例。当客户要申购基金时，理财专员、银行主管显然也要做一些事。这时，我们就要把基金软件作为系统，把银行员工看作参与者。在该场景下，理财专员代替个人客户向银行主管申办基金账户，银行主管要核准基金账户等，其用例图如图 5-17 所示。

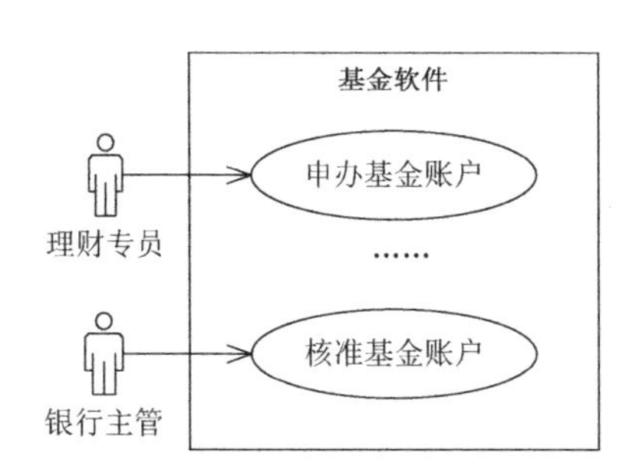

图 5-17　基金软件作为系统

通过以上两步的操作，我们就能由外而内地梳理用例。用该方法梳理用例更有层次，也更有利于拆解问题。

在订外卖案例中，我们提炼了客户选择菜品、核对订单等用例，没有提炼餐厅制作、骑手取餐等用例。原因也和本节一样，即我们要由外而内地梳理，站在客户角度，他既不关心也不了解餐厅是如何运作的。而要抽象这两个用例，也应按照本节的方法做，即把餐饮软件抽象成系统，把餐厅厨师和外卖骑手抽象成参与者，然后就可梳理出这两个用例。

5.5.3　步骤三：找到目标层用例

上面我们划分出了两个系统，分别是从个人客户角度看到的系统和从银行员工角度看到的系统。接下来我们先从个人客户角度梳理用例，再从银行员工角度梳理用例，并且我们要依次梳理目标层用例、实现层用例和步骤层用例。目标层用例是个人客户的业务目标。但银行系统比较复杂，我们要把目标层用例分为大目标层用例和小目标层用例。

1. 大目标层用例

大目标层用例很容易梳理，包括存取款、申请贷款、申购基金等。这些既是银行的业务，也是客户来银行的原因。用用例图表示如图 5-18 所示。

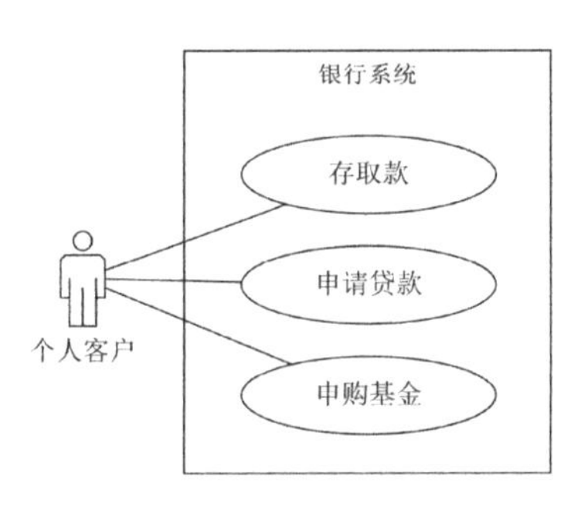

图 5-18　银行的大目标层用例

用例图的目标是梳理业务，并不是画得全面。因此在图 5-18 中，我们没有加入参与系统，也就是其他银行系统。另外，这一步是要知道个人客户要做什么，而不是要知道外部系统有哪些。大目标层用例虽然简单，却是业务的起点。

用例图不是必须要画的，因为用例图虽然表达准确，但画起来比较慢。读者还可以用思维导图和用例简述来表达用例，下面分别介绍。

1）用思维导图表达用例

图 5-19 所示就是用思维导图表达用例，该图是用思维导图工具 XMind 绘制的。和上面的用例图不同，思维导图无法表达系统。另外，思维导图也不好表达多个参与者，以及用例的方向，但思维导图画起来很快，所以适合整理思路，进行内部沟通。

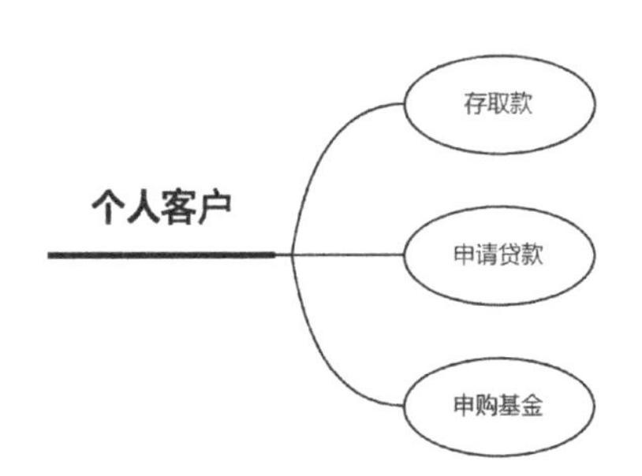

图 5-19　用思维导图表达用例

2）用用例简述表达用例

表 5-4 所示内容是银行的用例简述。该表中的用例名称和用例图中的用例名称一致，该表中的用例简述是对用例的解释说明，是为了让人理解该用例。用例简述的编写是灵活的，常见的用例简述包括参与人、系统和用例，并加入关键的解释信息。比如，“客户可通过银行网点办理存款和取款业务，客户包含个人客户和公司客户”，就含有这三种信息，并解释客户包含个人客户和公司客户。

表 5-4　银行的用例简述

用 例 名 称	用 例 简 述
存取款	客户可通过银行办理存款和取款业务，客户包含个人客户和公司客户
申请贷款	客户可通过银行申请贷款，如房屋抵押贷款
申购基金	客户可通过银行办理基金申购业务，如股票型基金、货币型基金等

无论是用例图、思维导图，还是用例简述，都可用来描述用例。产品经理应在严谨、速度和易懂之间找平衡。如果团队对业务熟悉，可用思维导图，这种方式画起来很快；如果团队对业务不熟悉，则可用用例简述，用例简述对用例有描述，便于说清楚业务；用用例图，表达有层次，也更简洁，还能表达系统、参与系统等内容，但画起来麻烦。在工作中，根据需要选择其中一种方式表达用例即可。

2. 小目标层用例

在梳理完银行业务的大目标层用例后，我们就要梳理大目标层用例下面的小目标层用例。限于篇幅，我们只拆分申购基金这个大目标层用例下面的小目标层用例。

在梳理之前，我们要先了解一下什么是基金。我们所指的基金，特指理财基金。理财基金的运作方式是基金公司把投资者的资金汇集起来，通过投资股票和债券等实现收益。其中，开放式基金是理财基金的主要形式。投资者可以随时申购该基金，在申请通过后就可以进行投资。投资者可以选择一次性投资，也可按月进行投资。经过一段时间后，投资者就可申请赎回基金，从而获得收益。

理解了什么是基金，接下来我们梳理申购基金的小目标层用例。

1）申购基金的小目标层用例

基金业务涉及面较广，我们应先明确系统是什么。银行、基金公司和银行员工应被当作系统，个人客户应被当作参与者。从客户角度看，大目标层用例是申购基金，小目标层用例是询问基金信息、申购基金、询问投资收益和赎回基金。其用例图如图 5-20 所示。

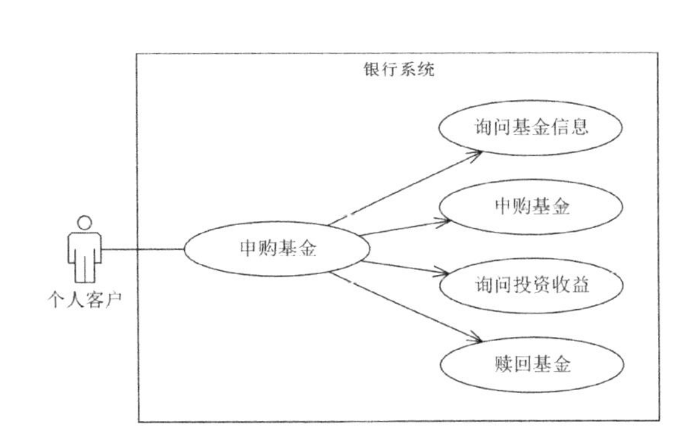

图 5-20　申购基金用例图

如何找到这些用例？我们可从三个角度梳理。第一个角度，可问银行员工，即问从进门到离开，个人客户办理了什么基金业务。第二个角度，要一份银行员工的操作手册，该手册描述了业务范围和员工职责，从中也能将用例提取出来。第三个角度，从个人客户角度思考整个业务的闭环流程。

第一个角度和第二个角度的梳理方法，可参见第 12 章的业务调研部分。本章我们以第三个角度为例，说明如何梳理用例。个人客户在进入银行后，先要了解各种基金信息，再申购基金并打款，然后询问本人的基金收益，最后赎回基金。这样整个基金业务就算完成了。客户在做完这些事情后，就可以满意地离开了，是符合目标层用例的定义的。同时，我们在梳理时需注意以下两点。

第一点，大目标层用例和小目标层用例之间没有明确的界限。产品经理不应过度强调区别，只需注意每层的用例不要太多，如果多了就要分层。

第二点，对于目标层用例的梳理，不应奢望一次到位。要梳理出目标层用例，既要有思路，也要有行业经验，产品经理必须理解行业。即使产品经理理解行业，也很难一次把用例都想全，但至少要做到不遗漏重要的目标。

2）小目标层用例的其他表达

小目标层用例仍然可用思维导图和用例简述来表达。用思维导图表达申购基金的小目标层用例如图 5-21 所示。

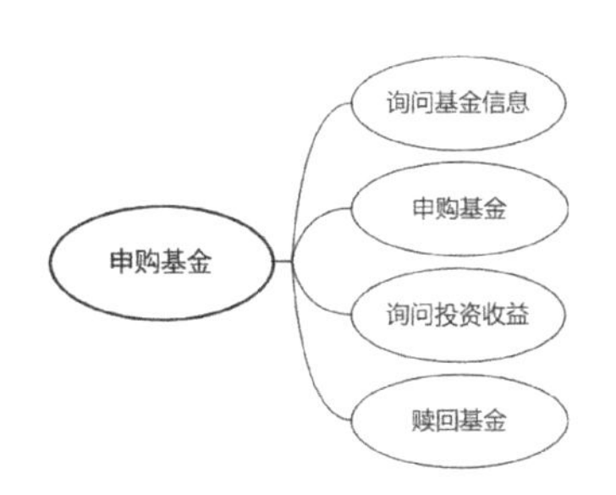

图 5-21　用思维导图表达申购基金的小目标层用例

用用例简述表达申购基金的小目标层用例如表 5-5 所示。

表 5-5　申购基金的小目标层用例的用例简述

用 例 名 称	用 例 简 述
询问基金信息	个人客户向银行询问基金的基本信息
申购基金	个人客户向银行申购单笔或定期定额基金
询问投资收益	个人客户向银行询问名下基金现在的回报情况
赎回基金	个人客户向银行赎回所有基金

5.5.4 步骤四：思考实现层用例

在梳理出申购基金的四个小目标层用例后，产品经理还要思考其实现方案，即思考实现层用例。比如，以申购基金用例，其实现方案有银行网点申购、网上申购、代理公司代办。用思维导图表达申购基金的实现层用例如图 5-22 所示。

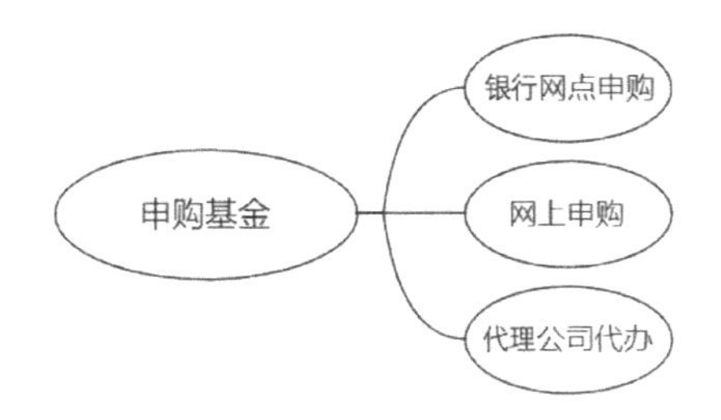

图 5-22 申购基金的实现层用例

限于篇幅，本书只讲解在银行网点申购基金。

5.5.5 步骤五：找到步骤层用例

针对四个小目标层用例，我们还要梳理步骤层用例。其中，“询问基金信息”和“询问投资收益”都不复杂，可不梳理步骤，直接画原型图。其原型图都是一些列表信息，设计方法可参考第 11 章的信息设计。而“申购基金”和“赎回基金”则有必要梳理出步骤层用例。下面我们以申购基金为例，来梳理步骤层用例。此时，我们仍应由外而内地梳理，即先从个人客户角度思考，再从银行员工角度思考。

1. 从个人客户角度思考

个人按照上一章的内容，找到步骤层用例分为拆分和合并两个步骤。

1）第一步，将用例拆分成步骤

个人客户要购买基金，就必须要有银行账户，并且要开通账户的基金交易功能，在决定购买哪种基金后，就要开通对应基金公司的基金账户，然后就可以进行投资了。因此，申购基金的步骤分别为开通银行账户、开通基金交易功能、开通基金账户、进行基金交易。步骤层用例不同于流程图，流程图会有判断条件，如开通基金账户的条件是要有银行账户。而步骤层用例是要梳理出设计单元，所以应把这些关键的设计单元列出来。

开通基金账户又可分为申请购买基金、提供申办证件、填写风险容忍表三个小步骤，这三个小步骤暂时不需要思考是否需要软件实现，只需列出即可。通过拆分用例得到的用例图如图5-23所示。

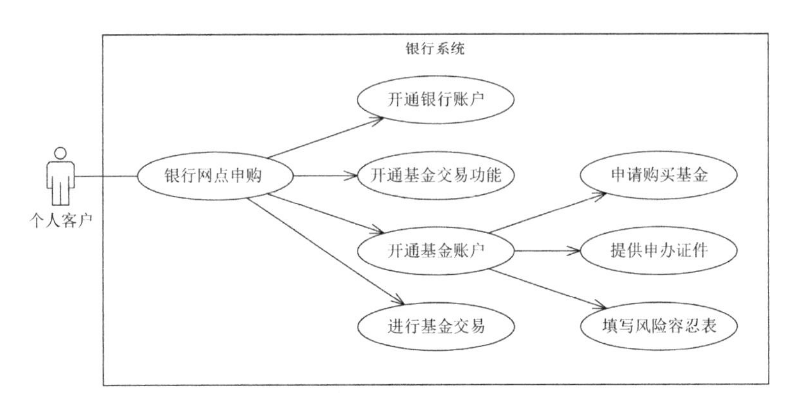

图5-23 基金申购的步骤层用例一

2）第二步，将用例的步骤进行合并

拆分步骤的目的是梳理业务，而合并步骤的目的是划分设计单元。如果我们设计的业务是客户通过口头沟通办理基金，以及只提供复印的申办证件，则这两个用例需要删除，因为它们并不需要软件实现。而填写风险容忍表要在系统里面实现，那么该用例应保留。这样，我们修改后的用例图如图5-24所示。

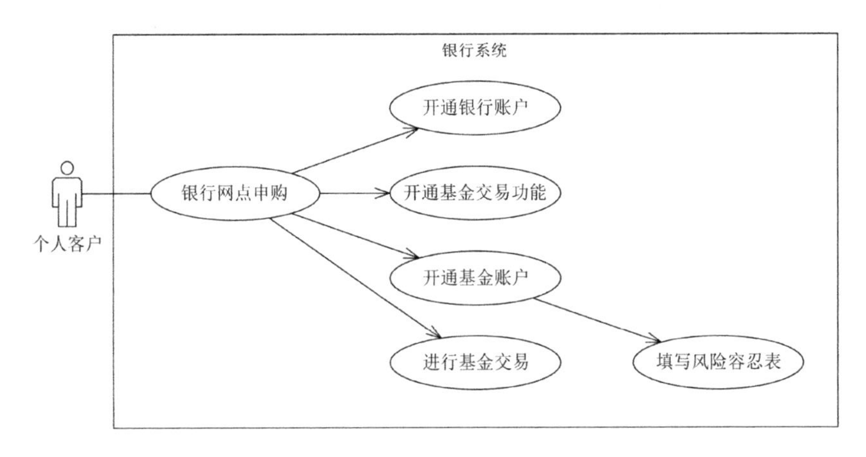

图5-24 申购基金的步骤层用例二

用思维导图表达申购基金的步骤层用例如图5-25所示。其中，没加椭圆框的步骤不是用例，而是线下的操作步骤。

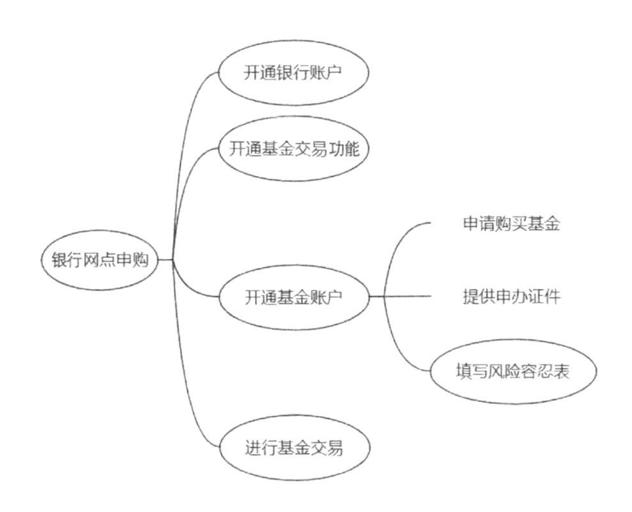

图 5-25　用思维导图表达申购基金的步骤层用例

2. 从银行员工角度思考

为完成个人客户的基金投资，银行内部就要有审批，该审批步骤包括理财专员提交申办基金账户、银行主管核准开户基金，以及打印申购收执单。这几个步骤不需要合并，都是合理的设计单元，其用例图如图 5-26 所示。当然，对于该审批流程，产品经理可先画流程图来了解业务，然后再提炼出用例。尤其对于复杂流程，更应该如此。

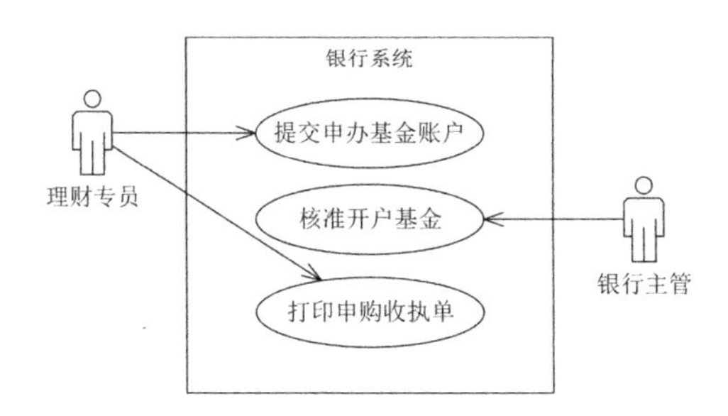

图 5-26　申购基金的审批

通过从个人客户和银行员工的角度思考，我们就能拆分出申购基金的主要用例。

5.6　本章提要

1. 搭框架有三种方法，分别是用例技术、流程驱动设计和领域驱动设计，本章讲解的是用例技术。用例技术能解决两个问题：经常遗漏功能和不会拆解任务。

2. 用例是对参与者发起的一组动作的描述，系统响应该组动作，并产生可观察到的显著结果。简单地说，用例表达了人做了什么事情，可以用用例图表示，如果用文字表示用例，则等同于用户故事的描述。

3. 用例概念中有参与者，参与者是在系统之外与系统交互的人或物。参与者分为参与人和参与系统。参与人是涉众的子集，参与人和角色的概念不同。参与人比角色在表述上更灵活，可以是经理、张三、老年人等。

4. 用例的概念中有系统，系统是由相互作用、相互依赖的若干部分结合而成的。系统可以由硬件、软件和人共同组成。一个系统可包含另一个系统。

5. 用例可用用例图表达。用例图中要有参与者、系统和用例，并用直线连接参与者和用例。用例的关系有包含关系、实现关系，本书中这些关系的表达和 UML 的标准有所不同。

6. 用例可以分成三个层级，分别是目标层用例、实现层用例和步骤层用例。这三个层级的通俗表达就是用户的操作目标、该目标的实现方案、该方案的操作步骤。

7. 梳理用例层级时要注意：（1）思考结构化，但不应过度结构化。层级的划分并不绝对，只要合理控制层次和数量即可。（2）先梳理用例，再提炼设计单元。梳理出步骤层用例，也就等于提炼出了设计单元，每个设计单元就是要实现的功能。（3）不适合梳理信息和熟悉的功能。

8. 在实战中梳理功能框架，可分以下五步：找到所有参与者、定义出内外系统、找到目标层用例、思考实现层用例、找到步骤层用例。在操作这五个步骤时，要注意：（1）定义出内外系统，可合理拆分出用户需求和员工需求。（2）用例可用用例图、思维导图、用例简述来表达。其中，用思维导图是推荐的做法。

第 6 章

非功能框架

用户在使用产品时就是在使用功能，如搜索功能、下单功能等，这些功能也是功能性需求。但是用户的非功能性需求也要满足，如安全性、易用性、可靠性等。这些非功能性需求对功能性需求起支撑作用，是功能性需求的根基。很多非功能性需求要在早期确认，因为这些需求决定了软硬件的架构，而架构的调整并不容易。所以为了避免返工，产品经理应在早期仔细确认。

对功能性需求的梳理，是产品经理的主要工作。对非功能性需求的梳理，可由研发人员和产品经理共同完成，常常由研发人员主导。然而，无论产品经理是否要完成这些需求，都应了解其概念。只有这样，产品经理才不至于在合作中因不懂常识而出现沟通问题。

非功能性需求虽然很多，但是内容相对固定，也比较容易梳理。本章梳理了所有的非功能性需求，并进一步明确什么是功能性需求，包括的内容如下所示。

- 需求的定义
- 产品需求概述
- 主要需求介绍
- 其他需求介绍
- 模型间的差异

其中，6.1 节讲解的是需求的定义，将明确什么是需求，澄清用户需求和产品需求的差异。6.2 节讲解的是产品需求概述，对各类需求做概括性介绍。之后的 6.3 节和 6.4 节将逐一讲解各类需求，以及产品经理如何与研发人员配合。6.5 节讲解模型间的差异，本书所讲的 PURPS+需求模型源自 FURPS+模型，我们将介绍两个模型的差异。

6.1 需求的定义

要了解什么是非功能性需求，就要先了解什么是需求。在日常工作中，虽然大家都在说需求，但含义大相径庭。比如，产品经理说用户提了一个需求，销售人员反馈昨天客户有一个需求，开发人员说这个需求很难实现。三个人都提到了需求，但需求的意思是不同的。再如，用户需求、产品需求、心理需求，这三个需求的意思也是完全不一样的。

我们只有明确需求是什么，才能理解功能性需求和非功能性需求是什么。下面我们通过一个例子来讲解什么是需求。

6.1.1 一个需求的例子

对产品经理而言，福特造车的故事是尽人皆知的。福特汽车创始人曾经说："在汽车出现以前，如果我去问人们需要什么，他们肯定会说需要一匹更快的马。"但福特造了一辆汽车。因为福特知道，用户的需求不是一匹马，而是快速到达目的地。通过这个例子我们发现，用户需求和产品需求本身就是两件事。接下来我们还以造车为例来深入探讨这些需求的差异。

用户说："我的需求是一辆马车。"但产品经理告诉研发人员："我们要给用户造一辆汽车，用户的需求是尽快到达目的地。"

用户说："我的需求是把车加长。"产品经理问："你为什么要加长？"用户说："这样显得有气派。"产品经理说："加长后费用增加很多，我给你配上天窗和真皮座椅，这样显得更有档次，而且价格还不高。我把这个需求告诉研发人员，让他们去造高档次车。"

用户说："我的需求是买一辆车。"产品经理问："你为什么要买车？"用户说："我要每天按时把孩子送到幼儿园。"产品经理说："你不用买车了，因为接送的距离不远，并且你的预算有限，我们给你提供两轮的电动车就可以了，其接送的时间比汽车还短，而且价格还便宜，我把这个需求告诉研发人员，去造一辆电动车。"

用户说："我今天临时有事，无法用电动车送孩子去幼儿园，我现在的需求是如何把孩子送到幼儿园。"产品经理说："我们在出行 App 中，提供专送儿童的服务，你只要下一个订单就可以了，我把这个需求告诉研发人员，让他给出行 App 增加这个功能。"

通过上面的案例，我们发现大家都在谈需求，但需求的含义显然是不同的。当一个词被赋予了太多含义时，这个词就容易被用错。因此，我们要用更好的方式来表达不同的“需求”。我们把需求分成两类，一类是产品需求，一类是用户需求，两者的区别如下。

凡是能指导开发的，就是产品需求；凡是不能指导开发的，就是用户需求。

按照这个标准，我们再区分产品需求和用户需求就容易多了。

6.1.2 产品需求和用户需求

1. 产品需求

产品需求在描述产品是什么，这样就能指导研发人员来开发产品。在造车的例子中，属于产品需求的是：造一辆车、造一辆有天窗和真皮座椅的车、造一辆电动车、在出行 App 里提供接送儿童服务。这些需求都属于产品需求，都是从开发角度看到的问题，告诉研发人员要开发什么。

如果把需求写成文档，就是产品需求文档（Product Requirements Document，PRD）。对互联网产品而言，产品需求文档涵盖流程图、原型图和原型逻辑等内容，这些都在说产品是什么。PRD 也被称作“产品描述文档”，该文档要求研发人员按照其内容做开发。

显然，产品需求文档要由产品经理要来写，而不是由用户来写。产品经理要写产品需求文档，就应当挖掘用户需求，而不是挖掘产品需求。

2. 用户需求

产品需求在具体描述产品是什么，用户需求在描述用户的需要，这个需要通常是主观的和因人而异的，体现了用户期望达到的状态。很多内容都可归为用户需求。我们常说的马斯洛心理需求，低成本交易需求、用户场景化的需求等，都可归为用户需求，下面我们分别说明。

马斯洛心理需求：用户想要一辆豪华车，背后的需求可以是认同感，也可以是获得尊重，这就是用户的心理诉求，属于马斯洛心理需求的范畴，这些心理需求显然是主观的和因人而异的，也体现了用户期望达到的状态。

低成本交易需求：用户要打车回家，此时的用户需求是用更少的时间和成本打到车，出行软件有时可帮助用户达成目标。在大多数情况下，出行软件比路边拦车能更快速地和更省钱地找到车，而更快和省钱是主观的和因人而异的。

用户场景化需求：如果用户着急赶飞机，那么就愿意付出更多成本打车，这就体现了在该场景下用户的特定需求。同样，该需求也符合用户需求的定义。

通过以上的例子，我们知道用户需求是复杂的，但只要紧紧把握住用户需求是主观的和因人而异的，就很容易分辨出什么是用户需求。

3. 用户需求、用例和产品需求的差异

我们在上一章中强调，用例是在挖掘产品的功能，也就是在挖掘产品的需求。那么，用例、用户需求和产品需求之间的关系是什么呢？用户需求体现了用户期望达到的某种状态，用例（用户故事）体现了用户为达到该状态要做的事，产品需求就是要实现用户需求和用例，也就是对产品形态做定义。总结如下。

用户需求是用户想要的，用例（用户故事）是用户要做的，而产品需求就是帮助用户完成所想，完成所做。

比如，公司同事们要聚餐，背后的需求是促进友谊、进行社交活动，这属于心理需求。为了达成该需求，用户需要在网上预订餐厅，预订餐厅就是一个用例。其具体步骤包括选择餐厅、确认预订等几个步骤，这些也是用例。产品经理在描述完用例后，就要将其转化成产品需求，就要定义功能、流程和界面等。

6.1.3 区分需求的作用

区分产品需求和用户需求，一方面是为接下来要讲的各种类型的产品需求做铺垫，另一方面，将有利于我们更好地挖掘用户需求，下面我们举例说明。

1. 例子 1：用户的账号安全需求

用户说：“我的账号密码输错六次，系统就要把我的账号锁定。”这是产品需求。但是用户的真实诉求是保障用户账号安全。因此，我们可以不局限于用户所说，加入各种其他的安全机制，如换新手机后必须进行人脸识别认证等。

2. 例子 2：用户找餐厅的需求

用户说：“我要在餐厅列表里增加按照就餐人数筛选的功能。”这属于产品需求。

但是用户的真实诉求可能是，公司的同事不仅要聚餐，并且要娱乐。因此，我们就应该不但支持按照就餐人数筛选，而且支持按照口碑和特色筛选，还能告诉用户餐厅周边有什么娱乐场所。

3. 例子 3：餐厅员工的需求

当餐厅的顾客比较多的时候，顾客要排队。如果餐厅经理说："我要实现语音叫号"，这就是一个产品需求。但是真实的需求可能是服务好排队的顾客，避免顾客流失，并降低员工人工叫号的工作强度。我们根据此需求，可以开发排队模块。此时排队模块可以支持现场排队、远程排队等业务，如果顾客可以入场了，排队模块则进行现场语音播报和远程的手机提醒。

通过以上案例，我们就能理解产品需求和用户需求的差异，以及区分这两种需求的作用了。

6.2 产品需求概述

1. 需求的类型

产品需求可分成功能性需求和非功能性需求。其中，功能性需求是产品经理工作的重点，如搜索、下单等，都是功能性需求。但是，还有非功能性需求也要了解，如对易用性、安全性等的需求。

我们可以把功能性需求和非功能性需求做汇总，汇总后的模型为"PURPS+模型"。"PURPS+模型"是指主要需求（Primary）、可用性需求（Usability）、可靠性需求（Reliability）、性能需求（Performance）、可支持性需求（Supportability）的集合，其中"+"是其他次要需求，这六个大项下的子项分别如下。

主要需求（Primary）：包括功能、内容、安全性。

可用性需求（Usability）：包括用户体验、帮助和培训文档等。

可靠性需求（Reliability）：包括故障率、维修时间等。

性能需求（Performance）：包括响应时间、并发数、吞吐量等。

可支持性需求（Supportability）：包括可维护性需求、可移植性需求等。

其他次要需求（+）：包括数据分析需求、许可需求、接口需求、包装需求等。

以上需求的内容比较多，我们举个电商的例子便于大家理解。

1）主要需求的功能、内容和安全性

主要需求是一个产品必须具有的需求，比如，用户在网站购物，网站自然要有琳琅满目的商品，这些商品就是内容，也就是内容性需求。为了买商品，用户就要使用商品搜索、商品筛选和商品下单等功能，这些需求毫无疑问就是功能性需求。同时，用户也希望保护自身的信息和财产安全，这些需求就是安全性需求。以上三类需求是任何产品都要具备的。

2）可用性需求、可靠性需求、性能需求和可支持性需求

可用性需求体现了网站好用，可靠性需求体现了网站无故障，性能需求体现了网站速度快，可支持性需求体现了网站容易维护，更进一步的解释如下。

可用性需求是指，网站要足够能用和好用。能用是指能被用起来，不出问题。好用是指用户的主观感受，体现了网站是便捷和舒适的。比如，两款产品虽然都实现了搜索功能，但是一个好用一个不好用，这取决于如何组织搜索功能和信息的展现。可靠性需求是指，该网站不要出现故障，是说该产品的软件和硬件很可靠。性能需求是指，该网站的速度要足够快，这样就减少了用户的等待时间，提升了用户体验。可支持性需求是指研发和维护方面的需求，一款产品应该能让研发人员容易部署、升级和配置，这样就能灵活支持各种产品需求，并且当产品出了问题时，也容易进行维护。

3）其他次要需求

其他次要需求是不好归类的，并且不是所有产品都有该需求，如数据分析需求、接口需求、许可需求和包装需求等。

2．产品经理的工作

对于以上需求，产品经理要做什么？这分三种情况。情况一，有些需求需要产品经理定义，如可用性需求。情况二，有些需求在产品经理提供信息后，再由研发人员确定，如性能需求。此时，产品经理应告诉研发人员产品会同时有多少用户使用等，研发人员再根据该信息，定义并发数和吞吐量等性能指标。情况三，还有些需求以研发人员为主，以产品经理为辅。比如，安全性需求常由研发人员主导，而产品经理主要配合研发人员，完成前后台的原型图绘制。

无论哪种情况，都需要产品经理全面理解。

6.3 主要需求介绍

主要需求是产品经理接触最多的需求，分别是功能、内容和安全性，三者概括起来如下。

功能（Function）是动态的交互，内容（Content）是静态的信息，安全性（Security）是防护的盾牌。

比如，一个电商网站有搜索功能，这个搜索功能就体现了人机的交互，并且是动态的交互。当用户通过搜索看到商品详情时，商品详情中的标题、图片、描述和价格等都是信息，这些信息是静态的。当用户下单购买时，就要输入支付密码，这里有众多的安全机制，这些安全机制就是防护的盾牌。接下来我们就这三点展开说明。

6.3.1 功能

功能是指系统能够执行的一个特定的流程、动作或任务。

在上面电商的案例中，搜索就是一个功能，此时用户输入搜索词，系统就会输出搜索结果，这就是系统执行的一个特定流程。比如，用户要申请贷款，银行就会审核贷款，银行的审核系统就要实现审核这个功能。这里还需要设计系统，比如，内部审核通过了，系统会将结果反馈给用户，这就体现了系统的动作。

功能这个词的英文是 Function，这个英文单词还有函数的意思。而函数也体现了输入一个数据后要反馈一个结果的原则。函数和搜索在本质上是一样的，都有输入和输出。

6.3.2 内容

1. 内容的概念

用户在使用功能后，还要获取内容。比如，用户到一个电商网站使用搜索功能和筛选功能，就是要找到想要的商品，这个商品包含的介绍信息，就是用户要看的内容。

只有看到了内容，用户才能进行购买。

产品经理要设计好内容，就需要明确内容的两方面。一方面是内容包括什么，即信息是什么。比如，商品详情包括的信息有商品图片、商品标题、商品价格、商品销量、是否自营等。另一方面是内容如何展现。比如，价格、销售等的信息如何在页面布局，用什么颜色等。总之，内容需求包括信息是什么和信息如何展现两方面。很多关于用户体验的书，都是围绕着内容设计展开的，但这不是本书重点。

2. 内容和功能的异同

简单地说，能够进行人机交互的是功能，不能进行人机交互的是内容。比如，登录就是功能，是一系列的人机交互。再如，商品列表的筛选也是功能，因为用户可进行各种维度的筛选，这也是一系列的人机交互。但是，商品列表中的商品标题、优惠信息和好评数等，就不是功能，而是内容。

6.3.3 安全性

1. 安全性概述

安全性也是必须要满足的需求。一方面对用户而言，账号被盗、资金被转移是不能接受的。另一方面对系统而言，如果被攻击导致无法使用，或显示错误网页，也是无法接受的。

安全性需求其实也是功能性需求。比如，在用户多次输入错误密码后，系统就显示账号已被冻结，这就是一个功能性需求。但因为安全性需求比较独立，且需要专门的安全知识，所以应单独列出。

2. 安全性需求由谁做

对产品经理而言，对安全性需求的梳理通常是薄弱点。所以在很多公司，常常由研发人员来梳理安全性需求，并给出全套解决方案，包括如何防止黑客对网站的攻击、如何防止黑客盗取用户密码、如何防止黑客获取内部信息等。但对于产品经理，部分安全性需求仍然要做，包括规则性需求和后台的管控界面。

规则性需求。比如，用户支付金额的上限，几次密码输错就冻结账户等。这些业务规则的制定，是要在方便和安全之间找平衡，显然不同平台的要求是不一样的。比如，一个银行系统和一个资讯系统，对账户密码安全的防护策略显然不同。可以说，这类安全性需求是用户体验的一部分，需要由产品经理来做。

后台的管控界面。比如，用户疑似在进行刷单，后台就要列出可疑的用户，并由审核人查看用户信息，然后禁用该账号，或者确定该订单无效。显然，这个流程也需要由产品经理来设计。

3. 安全性需求框架

产品经理除了要明确业务的安全规则，并配合完成后台的操作界面，还要明确一些安全性需求。这些需求常常是企服行业要明确的。比如，一些系统要在公司或行业内部使用，而每个公司或行业的安全要求又不同。因此，要针对每个行业，来梳理其特有的安全性需求。我们给出了企服行业常见的安全性需求，如表 6-1 所示。

表 6-1　企服行业常见的安全性需求

项目	安全性需求
防信息窃取方案	对于一些公司，数据具有高价值，可能发生窃取事件。这种窃取可以发生在企业内部，如研发人员将数据导出并售卖，或者发生在企业外部，如黑客通过手段获取系统权限，从而窃取高价值信息
安全日志的记录	在信息已经被窃取后，应留有窃取人的操作日志，便于追寻源头。该类日志信息内容较多，也涉及许多安全知识，所以可能没有操作界面，并由研发人员负责
信息的安全规范	大型公司有对应的保密制度，会非常详细地记录数据的存取和访问规则，产品经理应确保软件符合其安全需求
操作日志的记录	运营人员会创建、编辑或审核信息，如商品信息、身份证信息等。操作日志应记录谁操作了什么，改了什么内容等。在有这样的记录后，公司就可对错误的或恶意的操作进行追责。和安全日志不同，安全日志的目的是防范外部攻击，操作日志的目的是追究内部工作责任，便于处理业务
历史数据的备份	公司会规定内容的存储要求，这些内容包括文章、视频等。在存储该信息后，如用户有非法行为，便于事后追责。对于备份数据，产品经理要定义存储什么信息，以及存多长时间。对历史数据备份，也能避免系统内部人员因误操作而产生损失

表 6-1 所示的安全性需求是针对企服行业而言的，产品经理应研究各个行业，然后给出相关需求。电商行业虽然也有此需求，但通常不需要产品经理定义，因为研发人员非常清楚，要保障本公司网站的安全，需要做什么和如何做。

6.4 其他需求介绍

主要需求包括功能、内容和安全性，这些是产品经理涉及较多的需求。还有几种需求，包括可用性需求、可靠性需求和可支持性需求，以及不好归类的其他次要需求，接下来我们一一讲解。

6.4.1 可用性需求

可用性需求主要反映了产品能用和产品好用。其中，产品能用是指使用者能正常使用产品且该产品没有故障。产品好用是指，使用者在使用该产品的过程中，感到足够舒适和方便。对于互联网产品，能用是必须的，无须多说。接下来我们对产品的好用展开说明。要让产品好用，有以下几项工作要做。

（1）进行界面和交互设计。通过进行界面和交互设计，来帮助用户更好地使用产品，这是产品经理必备的技能。

（2）提供给用户帮助文档。这就要在相关页面中加入各种提示内容。比如，在用户看商品详情的时候，说明商品的包邮和退换政策。有时，还要提供在线咨询、在线帮助文档、操作手册等内容，解决用户的使用问题。

（3）给企业提供相关培训。培训形式包括现场指导、网上录播和直播等。比如，针对餐饮软件和银行存取款系统，就应提供此类培训。

为提升产品的可用性，我们也要思考用户的操作能力和操作环境，具体内容如表6-2所示。

表6-2 用户使用调查表

用户使用调查表	
操作能力	面向消费者的产品，使用者的能力差异较大，且使用者不容易被培训。面向企业员工的产品，使用者的能力较为平均，使用者有行业知识，且可被培训。产品经理需要依据使用者的实际操作能力，来考虑产品设计
操作环境	使用的地方需要考虑。比如，在路上也要使用，则产品应支持手机端。再如，要在中控的大屏幕上展示，则需要开发大屏幕的展示界面。再如，要在工作场合使用，如在餐厅的厨房里使用，则产品需要用大字，且文字和背景的颜色对比明显

6.4.2 可靠性需求

1. 可靠性指标

可靠性需求反映了系统在一定条件下无故障地运行的能力。计算公式是“可靠性=总有效运行时间/总运行时间”。可靠性可分为硬件可靠性和软件可靠性。

1）硬件可靠性

硬件可能会出现故障。出现故障的原因是，设备的元器件都是有使用寿命的，时间长了元器件就可能坏掉。整机的故障率受所有元器件的故障率的影响。为降低整机的故障率，我们就要选用更优质的元器件。

硬件可靠性可以通过三个指标来评估。包括：（1）所有设备平均多长时间发生一次故障，这个指标被称为**平均无故障时间（Mean Time Between Failure，MTBF）**。（2）如果设备出现故障，就需要维修，维修人员应尽快到达现场。在企服产品中，如果对方承诺提供 7×24 小时维修服务，并且 1 小时到达现场，那么该公司的维修能力很强，这个指标被称为**维护响应时间**。（3）维修人员在到达现场后，就要尽快修好产品。在设计硬件的时候，就要考虑如何尽快修好。比如，设备电源支持热插拔，如果电源坏了，不用关机也能更换电源，这样维修时间就很短。要多长时间才能修完，这个指标被称为**平均维护时间（Mean Time To Repair，MTTR）**。平均维护时间是指修复一次故障所需要的总时间，该时间包含维护响应时间、修好所用的时间等。

综上所述，硬件可靠性是平均无故障时间、平均维护时间的综合反映。如果一款硬件产品的可靠性强，那么该产品用的时间长（体现可靠性），并且坏的次数少（体现平均无故障时间），坏了以后维修快（体现平均维护时间）。硬件可靠性的提升体现在两方面。一方面，硬件要能稳定运行，无故障。另一方面，设备要支持冗余备份，如系统支持双电源，当一个电源坏了时，另一个仍然可用。

硬件可靠性还会受环境的影响。硬件对环境的温度和湿度都有要求，不适宜的温度和湿度将造成硬件故障。其要求又分为硬件工作时的温度和湿度要求、硬件存放时的温度和湿度要求。

2）软件可靠性

软件可靠性和硬件可靠性是类似的，也有平均无故障时间、平均维护时间等指标，这很容易理解。但要注意以下三个方面。

首先，软件可靠性是建立在硬件可靠性之上的。如果没有硬件的正常工作，软件的正常工作就无从谈起。为了避免硬件故障导致软件不可用，我们可将软件安装在多台设备上。此时，如果一台设备坏掉，就不会影响软件的使用。

其次，在设计软件时应设计一些功能，来提升其可靠性。常见的是设计一些便于排错、便于恢复系统的功能，如定期进行数据的备份，这样软件就可以快速从错误中恢复，也避免人为因素造成系统损坏。这些内容属于可支持性需求，我们将在后面的章节中再说明。

最后，软件可靠性也包括系统的完整性。如果不出现数据丢失，就说明数据完整性较好。但是系统不同，对完整性的要求也不同。比如，视频直播对数据完整性的要求比较低，偶尔丢掉几个数据，并不影响视频的观看。

2. 产品经理的工作

产品经理应与研发人员协商，共同定义可靠性需求。我们将产品经理分为软件产品经理和硬件产品经理，分别说明其要做的工作。

软件产品经理的工作。比如，定义备份功能，如餐饮软件要支持数据备份。这样数据在设备坏掉后就可快速恢复，并且该恢复功能要有图形界面。再如，定义数据完整性的要求，如说明该业务对数据完整性要求不高。

硬件产品经理的工作。比如，定义硬件规格，如硬件要支持冗余电源、支持双路供电等。再如，定义告警机制。当硬件出现某些故障时，可以通过短信、界面和指示灯等方式告知用户。

3. 可靠性指标汇总

可靠性方面的指标较多，表 6-3 列出了相关指标，并对其做了准确解释。

表 6-3 可靠性指标汇总

可靠性需求	
平均无故障时间（MTBF）	平均无故障时间是指产品出现故障的时间的平均值，如电脑的 MTBF 为 15 年，就是说有的电脑第 1 年出故障，有的电脑第 30 年出故障，平均算起来 15 年出故障
平均维护时间（MTTR）	平均维护时间是指在产品出现故障后平均完成维修的时间，包括在途时间和到达现场的维修时间，如平均维护时间为 0.5 小时
维护响应时间	维护响应时间是指从发现故障到开始维修所需要的时间，比如，要求公司支持 7×24 小时随时响应，且 1 小时内开始维修，这就是对维护响应时间的要求

续表

可靠性需求	
可靠性（Reliability）	可靠性的计算公式为“可靠性=总有效运行时间/总运行时间”。如果一项业务的可靠性为 99.999%，则在 1 年时间里，该业务会中断 5.26 分钟
硬件环境需求	
温度要求	温度要求分为工作时和不工作时的温度要求，如工作温度为-10℃～40℃
湿度要求	过高的湿度也会造成硬件故障，如湿度要求是 0%～95%

4. 可靠性和可用性的异同

可靠性和可用性的概念很类似。其区别是，可靠性是从系统角度讲产品有没有问题，可用性是从用户角度讲产品有没有问题。两者含义类似但视角不相同，产品不可靠并不一定意味着产品不可用。

比如，服务器硬件如果频繁出故障，则说明硬件可靠性不好。但可靠性不好，不能说系统不可用。因为一个设备坏了，其他设备仍可用，所以产品还是可用的。再如，服务器支持双电源冗余备份，如果其中一个电源经常坏，我们可以说系统的可靠性不好。但另外一个电源仍能让系统工作，并不影响系统的可用性。

现在大多数大型软件系统或物联网系统，都是在硬件不可靠的前提下，提升用户的可用性的。比如，即使某些网络设备坏了，现在的互联网体系也能正常上网，因为数据还可以通过其他设备传输。再如，现在的各种云平台也能在任意服务器损坏的情况下，做到不丢失数据和不停止服务，因为一台服务器坏了，其他服务器还照常工作。在现实生活中，我们用的网盘没出现过数据丢失，也是因为在服务器端做了数据备份。

6.4.3 性能需求

1. 性能指标

性能也是一种用户体验。对用户来说，现在可选择的网站有很多，一个网站如果运行很慢，就很难留住用户。性能指标包括响应时间、并发数、吞吐量等，接下来我们分别解释。

响应时间反映了访问网站的快慢，是由多个因素共同决定的。比如，用户访问某个网站。服务器在获得了用户的请求后，就会将网页内容发出，发出网页内容是有延迟的。网页内容在发出后还要经过网络传输，网络传输受到网络设备和线路影响，也会有延迟。当传输的内容到达用户的电脑上时，电脑处理也会有延迟。因此，服务器、网络和用户终端这三者都会产生延迟，加在一起就是用户实际感受到的延迟，延迟就体现了响应时间。

延迟越长，用户的体验越不好。对大型网站来说，会有专门的部门来优化响应时间，采用的手段有将服务器进行全网部署、优化本公司的传输线路和设备等。同时还采取各种手段来监控全网的延迟，从而不断优化响应时间。

有的系统虽然延迟较短，但如果大量用户同时访问，则系统也会变慢。因此除了考察系统的响应时间，还要考察并发数，即在同一时间支持多少用户访问该网站。更进一步，我们还应考虑新建数，这个指标是指系统在同一时间能新建多少个连接。不同应用的并发数可以相同，但是对系统的吞吐量要求并不同。比如，看视频和浏览网页可支持同样的并发数，但是看视频需要传输更多的数据，这个数据指标被称作吞吐量。

比如，要设计一个线下商城，此时就要考虑这个商城能同时容纳多少顾客，这个就是**最大并发数**。为提升并发数，就要有更多的空间。但是还要考虑在同一时间会有多少顾客涌进来，这就是**新建数**。为提升新建数，就要把门设计得多些和大些。如果来的都是大人而不是小孩子，为容纳较多的大人商城加大了空间，这就是说商城的**吞吐量**较大。当顾客买东西的时候，服务员介绍商品都很快，这就是说**响应时间（或延迟）**比较短。

2．产品经理的工作

通常，产品经理不用定义响应时间、并发数、新建数、吞吐量等指标，但应理解相关概念。因为只有理解了这些概念，产品经理才能理解为什么要确定用户的访问情况，以及确定用户的什么访问情况。

比如，给银行开发存取款系统，产品经理就应告诉研发人员每天用户访问的具体情况，如每天最大的访问量是多少，发生在什么时候，同时访问系统能容纳多少人，以及要访问的是什么业务。研发人员会依据这些内容来定义响应时间、并发数、新建数和吞吐量等指标，从而保证即使有较多用户同时访问网站，用户的使用也不受影响。

3. 性能指标汇总

表 6-4 对相关性能指标做了汇总，并且对其进行了严格的定义。

表 6-4 性能指标汇总

性 能 需 求	
响应时间	该指标反映了网站响应用户请求的快慢，该时间包括系统延迟时间、网络延迟时间和用户端的延迟时间，通常可优化系统延迟时间和网络延迟时间
新建数	当访问系统的特定资源时，系统能同时建立的新的请求的数量。比如，100 个连接/秒是指 1 秒钟可以新建 100 个页面访问。如果用户访问普通网站和视频，我们则认为普通网站和视频是不同资源，应分别计算其新建数
并发数	当访问系统的特定资源时，系统能同时维持的连接数量。比如，系统新建数是 100 个连接/秒，并且每个连接建立需要 3 秒时间，则该系统当前的并发数是 100×3=300 个连接
吞吐量	吞吐量是设备在单位时间内传送数据的数量，以字节为测量单位，如最大吞吐量为 20Gbps，也就是 1 秒钟可以传输 20GB 的数据。有的应用需要高吞吐量，如观看视频，有的应用不需要高吞吐量，如浏览网页
用户访问情况	用户访问情况包括峰值访问量和平均访问量，以及访问的是什么资源。其中，峰值访问量应考虑特定时间段内的最大访问量，如当访问量达到峰值时每分钟有多少人访问

6.4.4 可支持性需求

1. 可支持性指标

可支持性需求下有两个指标，分别是可维护性需求和可移植性需求。可维护性需求是指系统在使用前需要有安装和配置等功能。系统在使用过程中，应有告警等功能，便于排错和修改系统，这些都体现了一个系统是好维护的。系统好维护是静态的，但系统还要不断修改，这体现了可移植性。可移植性需求是指，如果网站要修改，那么系统要很方便地扩容。网站修改可以是增加功能、提升性能等。

2. 产品经理的工作

在以上工作中，和产品经理相关的工作如下所示。

1）规划相关的告警、维护和部署功能

如果系统是自用系统，那么通常产品经理不需要规划这些功能。如果系统会被卖给其他公司，那么产品经理就要规划这些功能。比如，系统要有告警功能，可通过短信、界面提示等方式，向维护人员告警。或者系统在出了问题后，要有图形化的界面，进行初步的排错等。如果要更换硬件、重装软件，也要考虑其便捷性。

比如，餐饮系统要被卖给餐厅，其日常维护者就是餐厅的普通员工，所以一个图形化的维护界面是需要的，要确保即使其日常维护者没有太多的专业知识，也能简单处理系统的问题，并且如果设备坏掉了，其日常维护者也能很方便地进行硬件更换。

2）预估用户量增长速度和数据量增长速度

产品经理需要告知研发人员用户量和数据量大致的增长速度，研发人员就可以以此评估技术方案。对于拥有超大用户量的系统，在 5G 时代每天要产生大量的数据。因为数据量大，所以研发人员就要开发一些便于清理数据的工具，来更好地维护系统。

3. 可支持性指标汇总

可支持性指标汇总如表 6-5 所示。

表 6-5 可支持性指标汇总

可维护性需求	
系统的安装	明确系统的安装和重装由谁做，从而评估该功能如何开发。如果需要用户进行安装和重装，就要考虑开发一些图形化界面
系统的维护	设计简单的日常维护系统。有的系统的维护人员并不专业，这就要开发一些图形化的界面，同时开发一些监控功能，以便发现潜在的问题
系统的告警	在系统出现软件问题后，产品应及时告警，并提供软件工具便于发现问题
可移植性需求	
用户量的增长	在使用的用户量急剧上升后，需要确保系统能够灵活进行扩展
数据量的增长	在业务的数据量急剧增长后，要考虑数据的清理、存储和备份等需求，并为此开发一些工具

6.4.5 其他次要需求

其他次要需求相对比较杂，但是产品经理在进入某个公司后，因为公司有所积累，所以也不容易出现遗漏。这些需求如下所示。

1）数据分析需求

数据分析需求应特别关注。无论是 C 端产品还是 B 端产品，在产品上线后，就要评估该产品是否有价值，如是否有效果、是否被使用、性价比如何等。比如，C 端产品设计了新的登录流程，那么就要评估流失率是否降低等。再如，餐饮系统配置了批量上传菜单的功能，就要评估该功能的利用率等。

2）接口需求

接口需求包括两种：本系统使用其他接口和本系统要有接口。

本系统使用其他接口：在本系统和其他系统对接时，产品经理要知道该接口的信息，从而在本系统中展示。比如，用户通过第三方微信登录，就需要产品经理了解微信会提供哪些信息，这些信息最后也要在用户中心展示。本系统要有接口：有的系统要给其他系统提供接口，这就需要产品经理或研发人员来定义接口信息。产品经理或研发人员应谨慎定义这些信息，不要出现字段冗余、字段不全和字段错误等问题。

3）许可需求

企业服务产品要考虑如何收费。常见的是，基础功能免费，增值功能收费，如果用户量大还要进一步收费。比如，公司用的项目管理工具的基础项目管理功能是免费的，增值的功能要收费，并且如果使用项目管理工具的人多，还要进一步收费。还有其他的收费模式，我们在这里就不一一讲了。不同的收费模式，对企业的盈利有重大影响。产品经理应知道公司的收费模式，并配合收费模式执行产品设计。

4）包装需求

如果产品是一款硬件产品，就涉及包装需求。包装需求包括箱体的结构、包装内的物料清单等。对于硬件产品经理，要和包装工程师一起完成此类需求，并最终确认包装内所有物料。

其他次要需求比较零散，本书仅列举了四种，产品经理在工作中注意整理即可。

6.5 模型间的差异

本书中的 PURPS+模型改自 FURPS+模型。FURPS+模型是由惠普公司的罗伯特·格雷迪及卡斯威尔提出的。FURPS+模型由功能（Function）、易用性（Usability）、可靠度（Reliability）、性能（Performance）及可支持性（Supportability）组成，"+"也指代其他次要需求。

PURPS+模型和 FURPS+模型的区别在于第一项。PURPS+模型的"P"是指主要需求，包括功能、内容和安全性。而 FURPS+模型的"F"是指功能性需求，包括特性、功能、安全性。我们用"主要需求"代替了"功能性需求"，原因是功能不是内容，也不是安全性。三者差异巨大，它们之间并不是包含关系，因此我们称功能、内容和安全性为主要需求。同时，我们用"内容"代替了"特性"，原因有两点，分别是互联网产品的内容很重要、特性是一个具有普遍意义的词。

1）互联网产品的内容很重要

用户要先看内容，再做决策。比如，用户会先看商品或新闻的内容。如果商品足够好，用户就会购买；如果新闻足够精彩，用户就愿意阅读。一条小小的消息提示也是内容，也影响用户的决策。内容显然是重要的，因此需要加入。

2）特性是一个具有普遍意义的词

特性是一个具有普遍意义的词，是所有重要和有特点的需求的汇总。常说的特性列表（Feature List），就是指产品经理向研发人员交付的需求列表。这个需求列表里有功能、内容、安全性等需求。如果产品是一款硬件产品，其需求列表就会包含硬件规格需求，如手机的内存、重量等需求。

无论什么样的需求或规格，都可称为特性，是需要研发人员实现的。所以，特性是一个包罗万象的词。正因为它包罗万象，所以不适合在 PURPS+模型中出现。

6.6 本章提要

1. 凡是能指导开发的，就是产品需求；凡是不能指导开发的，就是用户需求。其中，产品需求在描述产品是什么，这样就能指导产品开发。而用户需求在描述用户的需要，通常是主观的和因人而异的，体现了用户期望的状态。

2. 需求可按照 PURPS+模型梳理。这些需求分为六项。

主要需求（Primary）：包括功能、内容、安全性。

可用性需求（Usability）：包括用户体验、帮助和培训文档等。

可靠性需求（Reliability）：包括故障率、维修时间等。

性能需求（Performance）：包括响应时间、并发数、吞吐量等。

可支持性需求（Supportability）：包括可维护性需求、可移植性需求等。

其他次要需求（+）：包括数据分析需求、许可需求、接口需求、包装需求等。

3. 主要需求包括功能、内容、安全性。功能是动态的交互，内容是静态的信息，安全性是防护的盾牌。

4. 可用性需求主要反映了产品能用和产品好用。其中，产品能用是指使用者能使用该产品，且该产品没有故障。产品好用是指使用者在使用该产品的过程中感到足够舒适和方便。

5. 可靠性需求反映了系统在一定条件下无故障地运行的能力。可靠性分为硬件可靠性和软件可靠性。可靠性的计算公式为“可靠性=总有效运行时间/总运行时间”。评估可靠性的指标有平均无故障时间（MTBF）、平均维护时间（MTTR）、维护响应时间。

6. 性能需求是由多种指标构成的，包括响应时间、新建数、并发数、吞吐量等指标。

7. 可支持性需求下有两个指标，分别是可维护性需求和可移植性需求。可维护性需求是指系统的安装、系统的维护和系统的告警等需求。可移植性需求是指当用户、数据增加时，系统可以很方便地进行扩容。

第 4 部分　做细节：业务流程、业务操作、信息结构

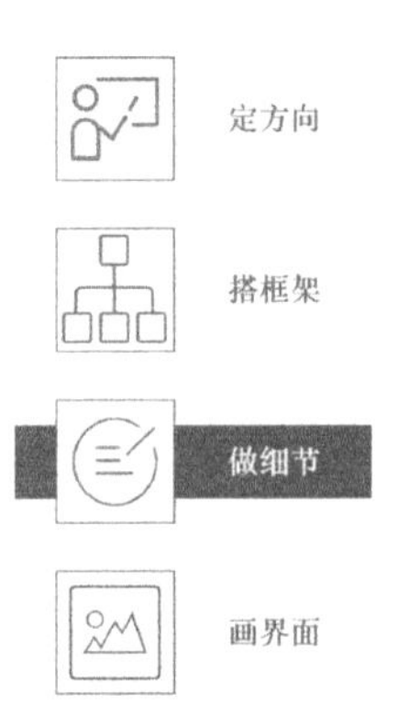

无视细节的企业，它的发展必定在粗糙的砾石中停滞。

——松下电器创始人松下幸之助

业务设计的整体框架的第二层是搭框架，第三层是做细节。框架是重要的，细节也是重要的。细节上的失误也将导致灾难性的结果。1986年，美国“挑战者”号航天飞机在空中解体，就是因为圆形的密封圈失效，并导致一连串的反应。而一款产品如果细节设计不当，则可能导致研发人员推倒重来。

一款产品的细节包括业务流程、业务操作和信息结构，产品经理通过完善细节，最终写出没有漏洞、思考完善的产品需求文档。我们会分三章讲做细节，分别是业务流程、业务操作和信息结构。

第 7 章

业务流程

在做细节的三大要素中，第一要素就是梳理业务流程。在梳理业务流程时要用到流程图。

流程图的应用很广泛，也很重要。首先，用流程图可以梳理业务，如订单送货流程、订单退货流程等。当产品经理在梳理这些流程时，就是在定义员工的工作内容，这显然对公司很重要。其次，用流程图还可以梳理页面交互，如登录注册流程、实名认证流程等。这些模块很常见，要考虑各种交互逻辑、分支流程和异常流程。只有将这些都考虑清楚了，才能完成高质量的需求文档。所以，流程图的应用广泛且重要，本章就讲解用流程图梳理业务，具体内容如下。

- 流程图的作用
- 流程图的表达
- 流程图的三个层次
- 用流程图梳理业务
- 用流程图梳理异常
- 知识扩展

通过学习，我们将掌握流程图的绘制，并能分层思考业务流程，无遗漏地厘清业务的主流程、分支流程和异常流程。

7.1 流程图的作用

流程图的作用是梳理业务，包括业务的主流程、分支流程和异常流程等。虽然流程图很基础，但很容易出错，图 7-1 所示的订单流程图就有问题。

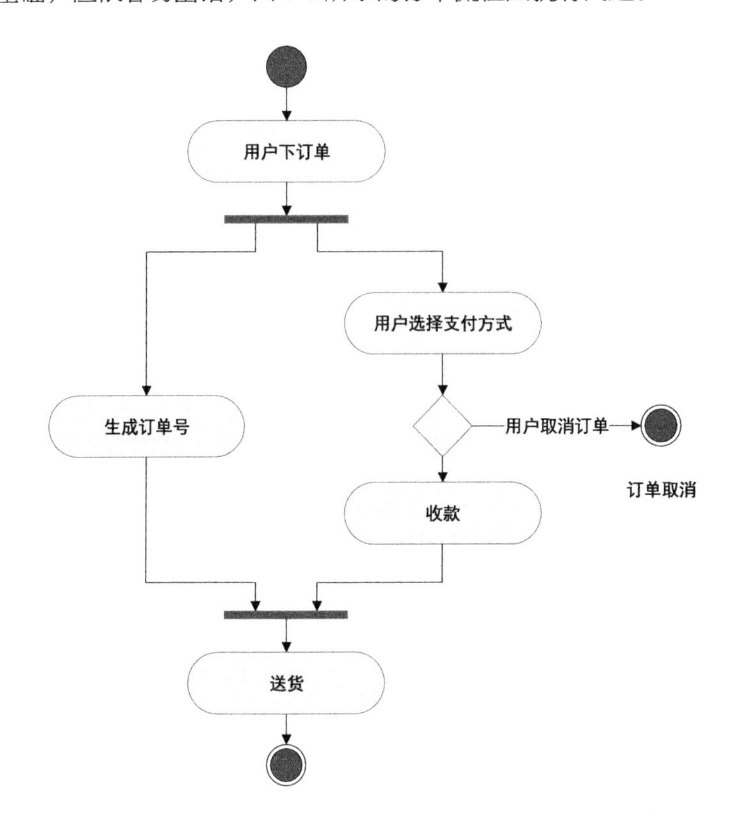

图 7-1　错误的订单流程图

绘制流程图的目的是，告诉研发人员和业务人员订单的流程是什么。图 7-1 所示的订单流程图的问题如下。

没有考虑阅读人的需求：该流程图中的"生成订单号"不应加入。产品经理是在表达如何做业务，而不是在表达如何做软件开发。因此，没有必要告诉研发人员什么时候要生成订单号。另外，运营人员也不关心什么时候生成订单号，只关心自己要做什么。

流程的层次混乱：该流程图显示了"用户选择支付方式"，但没有加入同样级别的"用户确认订单内容"。

绘制标准不统一：用户的操作都用椭圆方框框住，如"用户下订单"和"用户选择支付方式"等。但同样是用户的操作，"用户取消订单"就没有被方框框住。

总之，该流程图无论在绘制目的、绘制层次上，还是在绘制标准上都有问题。在这种情况下，推出的产品需求文档也往往有问题。我们的目标就是避免此类问题产生。

7.2 流程图的表达

要讲解流程图如何表达，先要理解流程图的概念。

7.2.1 什么是流程图

在 UML 标准中，流程图被称为活动图。流程图和活动图之间没有本质上的不同。UML 的发明人在《UML 用户指南》中对此做了说明：

一个活动图在本质上是一个流程图，展现从活动到活动的控制流。与传统的流程图不同的是，活动图能够展示并行和控制分支。

换个说法，两者作用相同但画法不同，并且活动图表达更为丰富。首先，两者的作用相同但画法不同，这好比，有人说英语，有人说汉语，语言不同，但可以表达同样的意思。再如，我们可以说“画一个用户下单的流程图”，或者说“画一个用户下单的活动图”，两者意思是相同的。其次，活动图的表达更丰富，如支持并行的表达。

1. 为什么要学习活动图

接下来我们要学画活动图，而不是流程图，原因有以下两个。

第一个原因：网上的流程图各有各的画法，各有各的理解，但大多数画法并不标准。不标准将导致表达错误和不简洁，这不利于梳理流程。但活动图是有标准的，且被大厂认可和使用。同时，UML 活动图的使用更广泛，我们也容易找到标准的流程图①。

---

① UML 的活动图不是唯一的流程图标准，比如，BPMN（Business Process Modeling Notation，业务流程建模和标注）也用于画流程图。而最初定义 BPMN 的组织后来并入 OMG（对象管理组），并推出了 BPMN 2.0 标准。OMG 也定义了 UML 的标准。

第二个原因：有些内容用传统流程图无法表达。正如 UML 的发明人所说，“和流程图不同，活动图能展示并行等活动”。什么是并行？比如，餐厅可同时做凉菜和热菜，这就是并行活动。

综上所述，我们要学习活动图的绘制。但为了和我们的日常用语保持一致，我们仍然称其为流程图。另外，产品经理在对外沟通的时候，也建议用“流程图”这个词。原因是很多人不知道什么是活动图，如果用该词沟通就增加了沟通成本。

2. 什么是活动图（流程图）

在明确了活动图和流程图的关系之后，我们还要明确活动图（流程图）的定义。

活动图（流程图）是为了完成某一特定任务而描述的相关活动，以及这些活动的执行顺序的图形化表示。

关于这个概念，我们需要理解“活动”和“执行顺序”的含义。

1）什么是活动

活动是一个涵盖很广的词，其概念如下。

活动是对一组动作的描述，这组动作既可以是人做的，也可以是系统做的。

按照活动的概念，只要有动作就是活动。比如，用户单击了支付按钮，这就是一个“操作”或“动作”，动作就是“单击支付按钮”。再如，用户单击了支付按钮、输入了密码，又单击了确认支付等是一系列的“动作”，最终就是“进行支付”。所以，无论用户单击一次，还是单击几次，都是一个一个的动作。总之，只要有动作，就是活动。

然而，不仅仅是人，系统也可产生活动。比如，用户输入完密码，并单击确认按钮，此时系统弹出一个登录成功的提示。系统的这个提示也是一个活动。

2）执行顺序

执行顺序强调几个活动之间要有明确的顺序。比如，用户下单的执行顺序是先将商品加入购物车，然后确认收货地址，最后进行支付，这就体现了活动的顺序。

总之，流程图就是在描述一系列的活动。

7.2.2 流程图的表达方式

我们要先学习流程图的标准，而不是如何梳理流程。这就好比下象棋，我们要先理解象棋规则，再学习如何取胜。如果反过来，先学如何取胜，却不了解规则，那么就无法学好。另外，错误的绘制标准往往占了流程图问题的大多数，并将导致梳理不清业务，研发人员看不明白。

流程图一共有十种表达方式，包括活动和转移，开始和结束，判断、选择和合并，并行和汇合，泳道。下面我们以订单为例，来说明其中九种表达方式（将泳道放在后面讲）。这九种表达方式在不同的书中有不同描述。本书是基于 UML 发明人所说的标准来描述的。同时，本书对这些内容做了少量简化、改写和增加，目的是便于沟通。

1. 活动和转移

订单的流程如图 7-2 所示。该流程是用户支付订单→商家确认发货→物流人员递送货物→用户单击确认收货。这四步就是四个“活动”。

“活动”的画法是带圆角的矩形框，并在框里写上活动的名称。几个活动之间用带箭头的直线连接在一起，这个连接线称为“转移”，表示做完了一个活动，就可以转移到下一个活动。比如，在物流人员送货到家后，用户才会确认收货，否则就无法进入下一个活动。

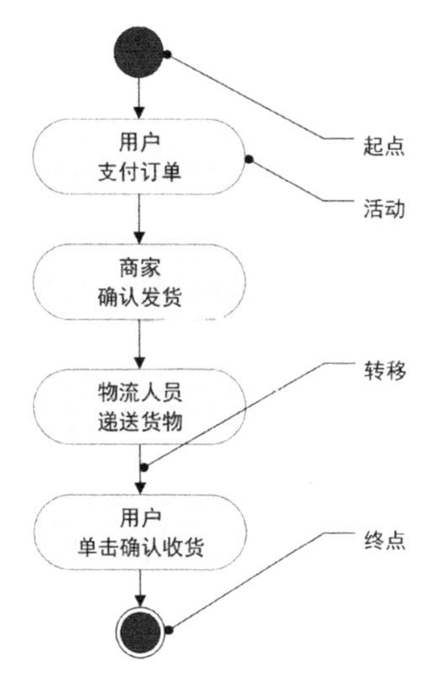

图 7-2 订单的流程

活动名称的写法为“主语+动词+宾语”，简写就是“（主）动宾”，也就是人做了什么事。

比如，在图 7-2 的最后一步“用户单击确认收货”中，“用户”是主语，“单击”是动词，“确认收货”是宾语。一个活动表达了一个人做了什么事，“用户单击确认收货”就体现了一个人做了什么事。

1）主语是一个人

主语是一个人，是说这个人是一个角色。这个角色可以是用户、物流人员，也可以是系统。比如，在“物流人员递送货物”中，这个角色就是物流人员。在“用户单击确认收货”中，这个角色就是用户。而一个系统也可被称为角色，也能有活动。比如，在用户没有确认收货的情况下，系统也可以在时间到了以后，自动帮助用户确认收货，这个活动就是“系统自动确认收货”。

需要注意的是，在 UML 的标准里，没要求活动必须加入主语，但我们建议加入主语。加入主语后，可让读者始终想着是谁做了这件事情，便于理顺思路。当然，随着能力的提升，不加入主语也是可以的。

每个步骤除了表达“活动”，也可以表达“动作”。我们知道，一个活动是由若干动作组成的。比如，我们要组织春游“活动”，该“活动”也是由走路等“动作”构成的。一个动作也可以在流程图中表示，如用户单击“确定”按钮就是一个动作，就可在流程图中表达出来。所以从严格意义上说，流程图中括起来的内容既可以是动作，也可以是活动。但为了简化表述，我们将图中括起来的内容称为“活动”，而不再强调还可以是“动作”。

2）做了什么事情

做了什么事情表达的就是要有所行动。“（主）动宾”里的动词强调做了什么事，如单击、查看、支出等动词强调人做了单击、查看、支出等动作。但是，一个人的想法就不是一个动作，如希望就不是动作，并且人的动作要有结果。比如，处理虽然也是动作，但是这个动作的结果不明确。

动词表达了人做了什么，不能表达人想了什么，还要有明确的结果。

规则虽然简单，但我们可通过规则发现流程图存在的错误。比如，在图 7-3 所示的需求管理流程图中，我们按照“（主）动宾”的写法，就能发现问题。

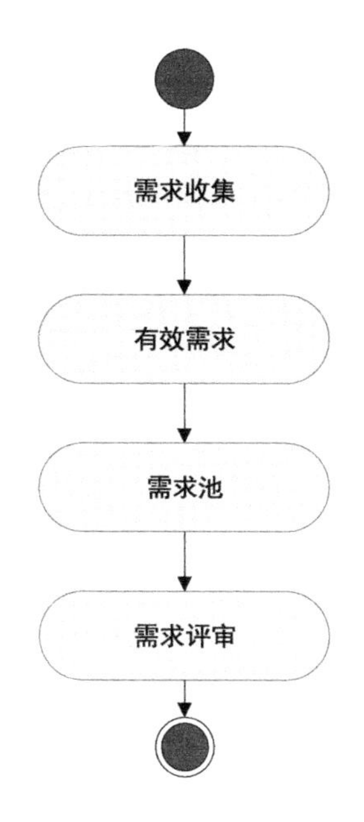

图 7-3　需求管理流程图

在该流程图中，“有效需求”和“需求池”都不是活动，原因是无法拆分出“(主)动宾”，既然拆分不出“(主)动宾”，那么就不是活动，因为不是活动，也就不能画到流程图里。其实“有效需要”和“需求池”只是信息而已，其表达可以是：在系统里面有一个需求池，需求池里有有效需求和无效需求这两类需求。

图中的“需求收集”和“需求评审”虽然都是活动，但表达不清晰，可以用“(主)动宾”的方式改写。“需求收集”和“需求评审”可改写为“产品经理收集需求”和“研发人员评审需求”，在加入主语后，我们就知道是谁做了这件事，表述也清晰了。

2. 开始和结束

开始和结束的画法如图 7-2 所示。“开始”的画法是一个实心圆，表明一个流程从这里开始，第一个活动是“用户支付订单”。“结束”的画法是在一个空心圆里面，再画一个实心圆，表明一个流程到这里就结束了，最后一个活动是“用户单击确认收货”。

需要注意的是，开始和结束不代表任何活动，仅为了提示读者这个流程从哪里开始，到哪里结束。也就是说，即使不画开始和结束，读者也能看明白流程图。对于一个流程图，“开始”要有，通常只有一个，“结束”也要有，可以有一个或多个。但有的流程图的“结束”过多，并且显而易见，画上就显得累赘，也可以不画。

至此，我们理解了活动、转移、开始和结束的概念和画法。我们发现 UML 标准下流程图的画法和常见的流程图的画法不一样，但表达的内容是一样的，两者画法的区别如图 7-4 所示。区别是，开始和结束的表达不同，一个用图形，一个用文字；活动表达不同，一个用圆角矩形，一个用直角矩形。在实战中，用哪种画法并不重要，产品经理可以根据公司习惯灵活运用，但必须保证括起来的内容都是“活动”。

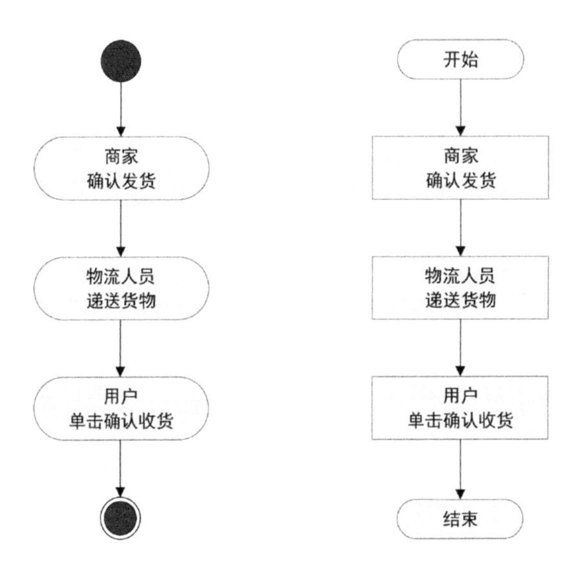

图 7-4　UML 标准下的流程图和其他流程图的区别

3．判断

在上面的订单流程中，用户的付款方式不同，物流人员的送货流程也不同。此时，物流人员需要打开随身设备，查看用户的付款方式。如果用户在下单的时候已经付款，则物流人员直接给用户货物。如果在下单的时候，用户选择的是货到付款，则物流人员在把货物送到后要先让用户付款，然后给用户货物。

在这个过程中，物流人员就要进行“判断”，即判断用户的付款方式。这时，流程图就要用到“判断”标志，在一些翻译中，“判断”也被称作“分支”。判断的画法如图 7-5 所示，其标志是一个菱形，并且是一个进、多个出。在出的线条上，用方括号表明这是判断的条件。在实战中，这个方括号可以忽略不画，本书部分案例也没有画方括号。但我们应清晰地知道，这里表达的是一个判断条件。

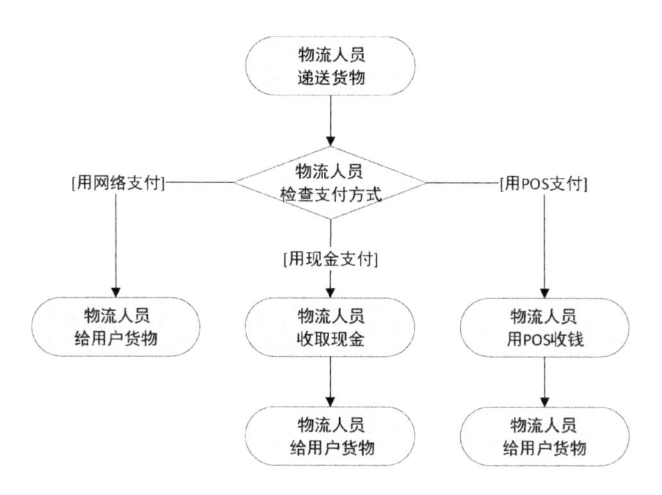

图 7-5　流程图的判断

这个案例的三个判断条件分别如下。

判断条件一："如果用户网上支付"，简称"网上支付"，则下一步是"物流人员给用户货物"。

判断条件二："如果用户用现金支付"，简称"现金支付"，则下一步是"物流人员收取现金"，再"给用户货物"。

判断条件三："如果用户用 POS 支付"，简称"POS 支付"，则下一步是"物流人员用 POS 收钱"，然后"给用户货物"。

关于判断的表达有以下三点需要注意。

1）UML 标准下的流程图不在菱形框中写字，但在实战中建议写

UML 标准下的流程图不允许在菱形框里面写字，如图 7-6 所示，菱形框里面没有写字。虽然不允许写字，但仍然可以表达判断逻辑，此时可以加入"物流人员检查支付方式"的活动，然后画菱形，接下来物流人员根据不同的付款方式，选择相应的操作，或者，在菱形旁边加上"物流人员检查支付方式"。这两种方式均在一些书籍中有阐述。

无论采取以上哪种方式，都和我们通常画流程图的习惯不一致。为了避免沟通中出现问题，我们推荐把"物流人员检查支付方式"放到菱形框里面。

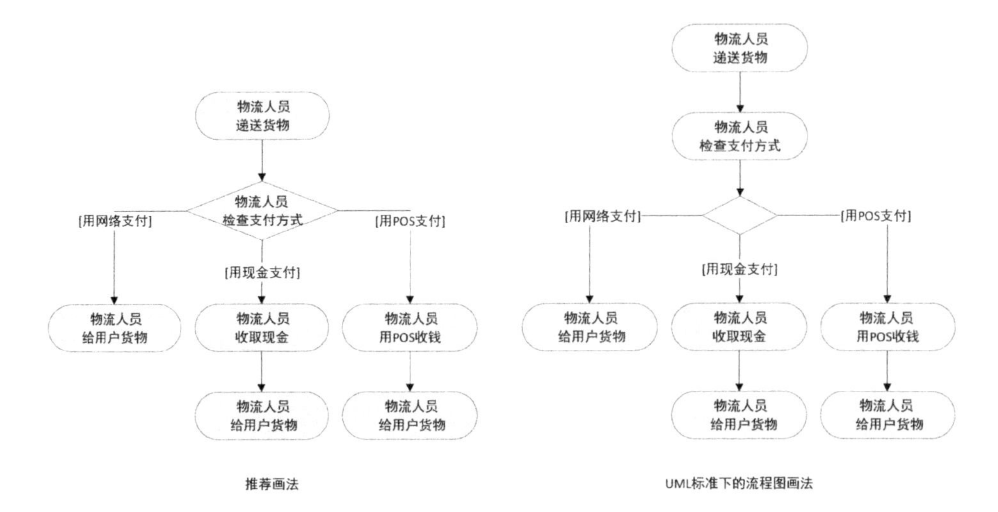

图 7-6　判断的画法

2）条件写在线旁，并用方括号括起，暗含着“如果+条件”

比如，图7-6中“用网络支付”的完整意思就是“如果用户选择网上支付”，在这个条件下，物流人员直接把货物给用户。初学者建议在方括号里面写上“如果”两个字，避免把流程图画错。

在方括号内有更严谨的语法表达，在此不做展开。产品经理仅需要注意，方括号表达的是当某条件成立时，该流程就要走该分支。

3）不加入菱形进行判断可以吗？要看具体情况

不加菱形也是可以的，如图7-7所示。图7-7中的两个流程图表达的意思相同，UML标准也认可这两种画法。但对于本案例，加入菱形这种判断图标会让表述更加清晰。加入的菱形图标表明，物流人员要在这里进行判断。

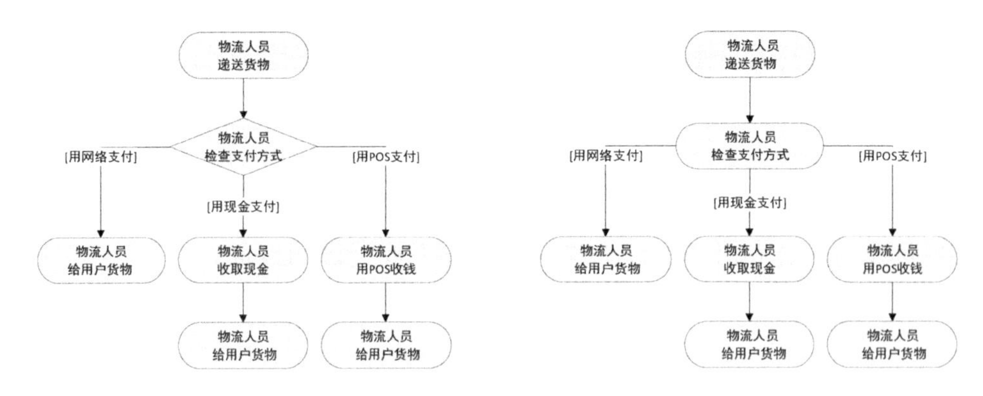

图 7-7　判断不加菱形

4. 选择

在上面的分析中，我们发现针对"判断"，加入菱形图标更合适。但是，有时候某界面只需要用户做选择，并没有判断。比如，图7-8所示的微信初始界面，用户想登录就登录，想注册就注册，这只是用户的选择而已。

图7-8 微信初始界面

"选择"的画法如图7-9中左侧图所示。该图在线上分别写条件，条件分别是用户登录和用户注册。如果用户想登录，则该流程称作"用户登录流程"；如果用户要注册，则该流程称作"用户注册流程"。这种画法符合UML的标准，可简化为图7-9中右侧不带条件的图。

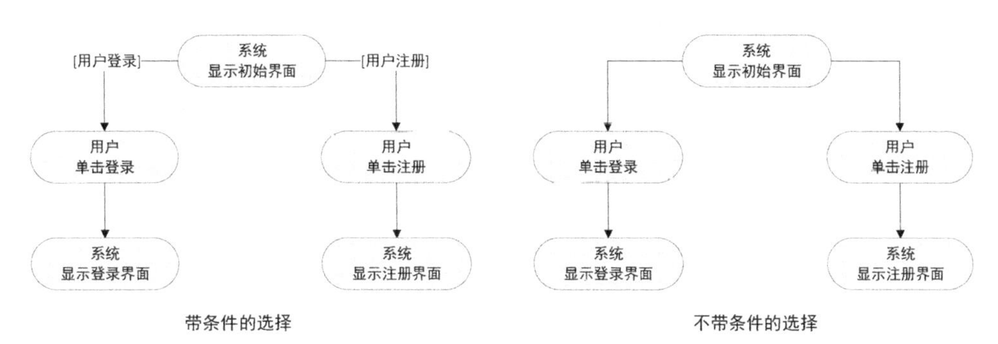

图7-9 选择的画法

在这两种画法中，第一种画法符合 UML 的标准，第二种画法不符合 UML 的标准。也就是说，第二种画法是不清晰的，是错的。

按照 UML 的定义，第二种不带条件的画法是有歧义的。因为 UML 中转移（两个活动间的连线）的确切含义是，在前一个节点（即活动）执行完毕后，系统将自动开始执行后一个节点（即活动）。如果只有连线，没有条件，那么要执行哪个节点呢？这是不明确的，尤其对于研发人员编写的程序，如果要走两个分支流程，就必须指明在什么条件下走哪个分支流程，否则程序是无法执行的。

但现实情况是，第二种不带条件的画法已成为常见画法，并且被认为是一种简化画法，虽然有问题，但可以用。这就如同日常说话一般，有时会简化说法，虽然产生语法错误，但听者能明白什么意思。

比如，第一种画法照着图说就是“系统显示初始界面，如果用户想登录，则单击登录，之后系统显示登录界面。如果用户想注册，则单击注册，之后系统显示注册界面”；第二种画法照着图说就是“系统显示初始界面，用户单击登录，之后系统显示登录界面。用户单击注册，之后系统显示注册界面”。显然，第一种说法更顺畅，但第二种说法也能让人听明白。

5. 合并

无论用户选择的是网上支付还是现金支付，物流人员都要给用户货物。在图 7-5 所示的流程图中，“物流人员给用户货物”这个活动出现了三次。这里就可以做简化，简化为图 7-10 中左图的推荐画法。在推荐画法中，我们可以把三条线直接汇总到“物流人员给用户货物”这里，这就在表达“合并”。“合并”强调到了这里，三条线无论谁先到达，都可以继续往下走。

在 UML 的标准中，合并还有另一种表达方式，如图 7-10 中右图所示。这种画法是画一个菱形，并且是多条线进、一条线出。在这个场景下，菱形图标表达的不是判断，而是几个活动到这里要“合并”。因此，我们也不需要在线旁边加上判断条件。合并和判断只是所用的图标相同，但含义不同。

以上两种画法的效果相同，但我们推荐第一种画法，也就是没有菱形的画法。原因是，看流程图的人可能是非专业人员，加入菱形容易让人误解为表达的是判断。但对于加菱形的画法，产品经理需要知道，这不是错误的画法，而是正确的符合 UML 标准的画法。

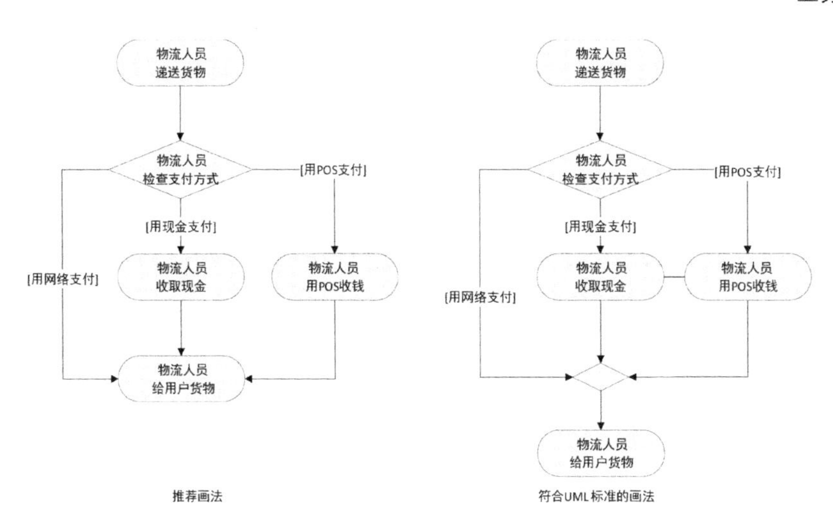

图 7-10　合并的两种画法

6. 并行

在过去，送货流程完成后，如果用户要发票，电商平台都会给用户开纸质发票，现在电商平台都会给用户开电子发票。为了说明我们要讲到的概念，我们假设还要给用户开纸质发票，并且发票和货物不在同一个地方寄出。因此，一方面，物流人员要出库并递送货物，另一方面，财务人员要开具发票，并由另一个物流人员递送发票。这两件事情是可以同时处理的。电商平台可以同时寄送货物和发票，无所谓先后，此时就要用到“并行”的表达，如图 7-11 所示。并行的画法是先画一条粗横线，再加上一条进入的线条和多条出的线条。其中，这条粗横线既可以横着画，也可以竖着画，都是符合标准的。

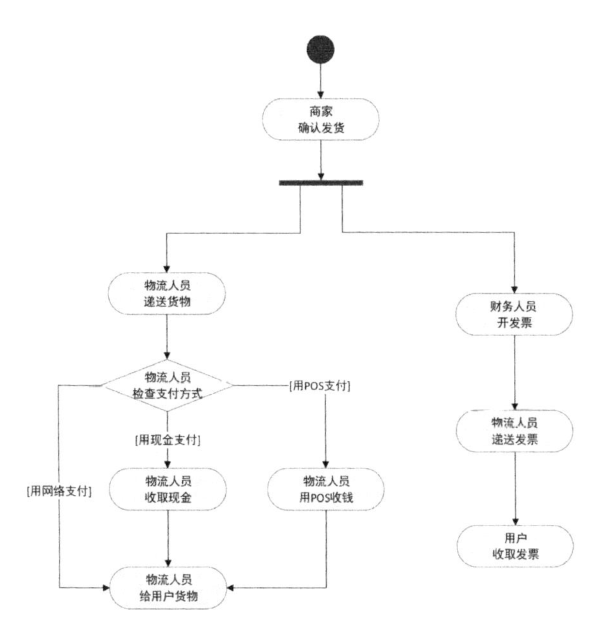

图 7-11　并行的画法

在图 7-11 中，两个分支流程是寄送货物和寄送发票。两个分支流程并不在意谁先做、谁后做。这个并行的表达就是活动图和流程图的最大区别，传统的流程图是没有办法表达并行这个概念的。

7. 汇合

在货物和发票都分别寄送给用户之后，用户必须等到货物和发票都收到了，才会单击确认收货，任何一个没有收到，用户都不会单击确认收货。这个时候就要用到"汇合"的表达，如图 7-12 所示。汇合的画法是一条粗横线，再加上多条进入的线条和一条出的线条。汇合强调必须几件事情都完成后再继续下面的流程，缺一不可。通常汇合和并行会成对出现。

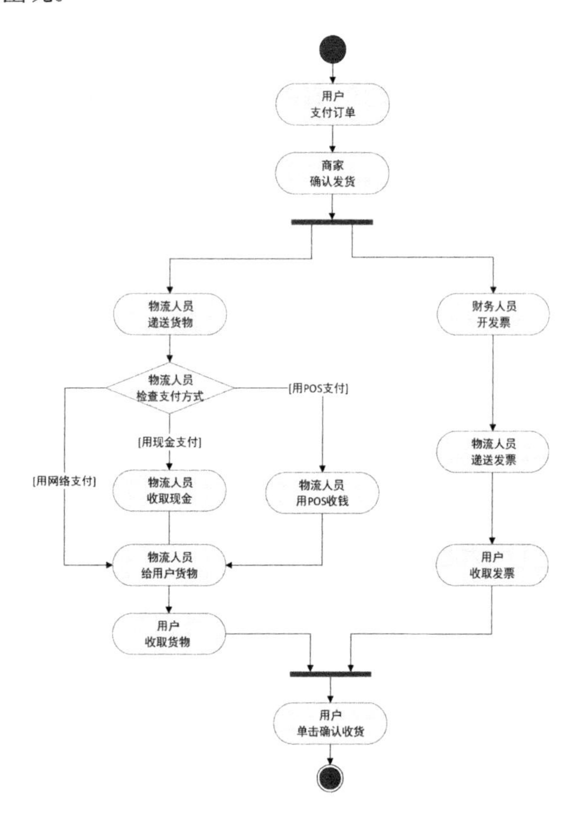

图 7-12　汇合的画法

注意，这里的"汇合"和前面讲的"合并"不同。"合并"强调只要有任何一件事情完成了，就可以继续下面的流程。此时物流人员无论是让用户刷卡，还是向用户收取现金，只要有一个做了，就可以给用户货物。而"汇合"强调必须几件事情都做完了，才可以继续下面的流程，用户必须等到货物和发票都收到了，才会单击确认收货。

“汇合”强调两路大军必须汇合到一起，才能发起进攻。而“合并”不强调汇合，谁先到了就可以继续走下去。

7.2.3 标准的总结

流程图的表达方式包括活动和转移，开始和结束，判断、选择和合并，并行和汇合，如表 7-1 所示。还有一种表达方式是泳道，我们将在后面讲。

表 7-1 流程图的表达方式

画法	名称	说明
	活动	表示一个活动，建议写法为“（主）动宾”
	转移	表示每个活动的先后次序
	开始	标记流程的起点，开始不表示任何活动。一个流程图只有一个开始
	结束	标记流程的终点，终点不表示任何活动。一个流程图可以有一个或多个终点
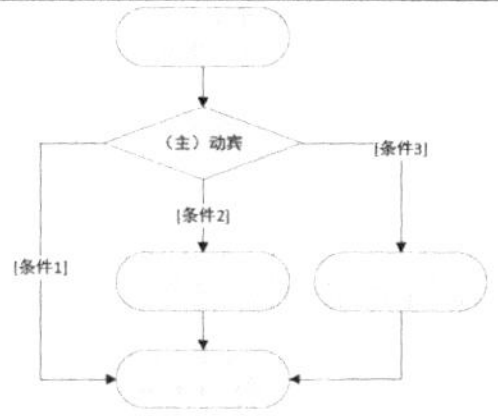 （主）动宾 [条件1] [条件2] [条件3] 建议画法	判断	根据条件进行决策，从而走不同的分支流程。菱形图标中可写字，表明进行的判断，线条上也要写判断条件
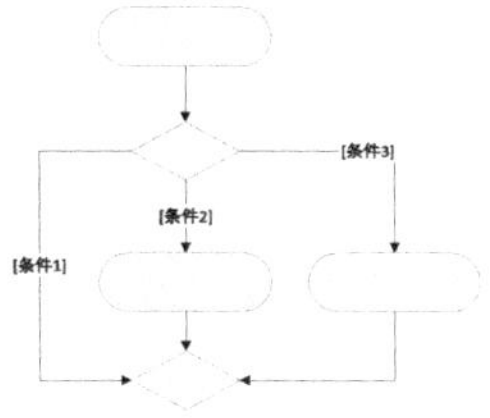 [条件1] [条件2] [条件3] 标准画法	合并	多个活动只要有一个活动完成，即可进入下一步的活动
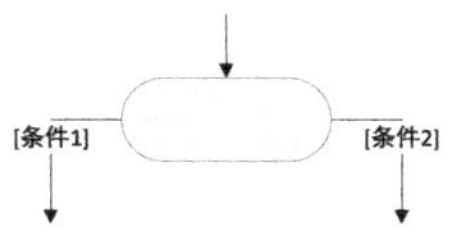 [条件1] [条件2]	选择	用户的一个选择，不是判断

续表

画　　法	名　　称	说　　明
	并行	几个活动同时进行，无所谓先后次序
	汇合	只有几个活动都完成了，才能进入下一步的活动

最后，再论流程图和活动图的区别。在本章开头，我们说了流程图和活动图的区别，主要是画法不同，其实表达的内容是相同的。为什么按照 UML 的标准应称其为活动图？原因是该图是一种表达活动的图，是由一系列活动或动作组成的。从这个角度看，称其为活动图而不是流程图，恰恰是一种严谨的表达。

7.2.4 标准的作用

在 7.2.3 节中，我们讲解了流程图的表达方式，强调了很多概念，并且讲了很多细节。有的人可能会问以下问题。

1. 绘制标准是否重要

绘制标准的确不是最重要的问题，深入理解流程图的思想和逻辑才是根本。但 UML 的标准已经有了，也是 ISO 所认可的，因此我们还是要按照标准的画法讲，没必要再造一套，并且，符合标准的画法也能让口头表达更优秀。

比如，按照图 7-5 所示的流程图的内容，你可以这样表达："此时，物流人员检查支付方式。如果用户选择的是网络支付，则物流人员直接给用户货物；如果用户选择的是现金支付，则物流人员收取现金，然后给用户货物；如果用户选择的是用 POS 支付，则物流人员用 POS 收钱，然后给用户货物。"

2. 哪些标准要遵守

在实战中，我们没有必要完全遵循 UML 的标准。原因是，读者可能不是研发人员或产品经理，因此不理解你的表达。比如，不理解开始和结束的表达，也不理解菱形框中为什么不写字。所以，本书给出了推荐的表达方式，我们可以根据情况修改。另外，如果公司有自己的标准或习惯，就按照公司的要求做。

但有些建议还是要遵守，如用“(主)动宾”写活动。只有这样才能画出正确的流程图。比如，在图 7-3 所示的需求管理流程图中，我们只要按照“(主)动宾”的写法把活动名称写规范，就可避免错误。

7.2.5 流程图的样式设计

一个流程图除了内容正确，易于阅读也需要注意，这就涉及流程图的样式设计了。根据大家常犯的设计错误，本书总结了一些原则。

原则一：主流程从上到下，次要流程列两边：这样做的好处是，能让人清晰地看到一条主线，进而理解核心内容。次要流程可以列在两边，但建议放在主流程的右侧，如果右侧已经被占满，就列在左边。

原则二：线条和文字的颜色统一：所有线条和文字的颜色统一，我们建议用蓝色或灰色。颜色统一的好处是便于快速维护文档。

原则三：主语单独列一行，也就是“主语”一行，“动词+宾语”一行。这样做的好处是，便于让读者看清是谁进行的活动，以及做的什么活动。但如果空间有限，也可以将“主语+动词”列在一行，将“宾语”列在一行。

本书中的流程图就是根据以上三个原则绘制的。

7.3 流程图的三个层次

虽然流程图的表达方式只有十种，但流程图的运用非常灵活。好比数学中的计算符号，你可以用加、减、乘、除几个简单的符号，建立起一个庞大的数学王国，并解决方方面面的计算问题。流程图也是如此，产品经理运用流程图的十种表达方式，既可以进行业务分析，也可以理顺页面交互，还可以进行沟通表达。对于研发人员，可以运用流程图来梳理软件实现方案。

但流程图也因为应用广泛而导致出现很多问题。比如，有的产品经理画的流程图既表达业务是什么，还告诉研发人员如何开发。图 7-1 所示的订单流程图就存在这个问题。产品经理不需要告诉研发人员什么时候生成订单号，这是研发人员要做的事情。

所以对于产品经理，要清楚地知道流程图应该画什么和不应该画什么。为此，产品经理就要理解流程图的层次。这好比一个建筑师设计楼房，如果他向施工方描述，房间里有马桶，有卫生间，然后又说这个楼房有 18 层共 180 户，房间装修是毛坯，外立面是灰色。显然，这种表达是有问题的，原因是没有分层表达。正确的表达是，先说这个楼房有 18 层，每层 10 户，再说有什么户型，每户有什么设施，这种表达就是有层次的。

同样，对于产品经理，也要按层次梳理流程图。流程图的三个层次分别是面向业务的流程图、面向页面交互的流程图和面向研发实现的流程图。"面向"的意思是，该流程图要表达的内容是什么。以上三个层次的流程图也可简称为业务流程图、交互流程图和实现流程图。这三个层次是一个从整体到细节、从设计到实现的过程。接下来我们就讲解这三个层次的流程图。

7.3.1 业务流程图

1. 业务流程图的定义

本书是讲业务的，我们在 7.2 节中所画的订单流程图就是业务流程图。业务流程图在本书中的定义为：**业务流程图表达的是人和人之间的交互，目标是厘清和设计业务。**

比如，订单配送就是在表达人和人之间的交互。再如，在财务人员开具发票后，物流人员才能给用户配送发票，之后用户才能收发票等。一方面，通过绘制业务流程图，我们可以有效地梳理业务，其中主要梳理业务的主流程、分支流程和异常流程。另一方面，业务是为完成一个商业活动而设定的。在 UML 的标准中，business 就是业务。而在日常用语中，business 也被译为商业。该翻译也体现了业务是为完成商业活动而设定的。

2. 业务流程图绘制原则

在知道了什么是业务流程图之后，我们来学习业务流程图的绘制，这里需要明确流程图要画得很详细。

我们来看流程图可以详细到什么程度。比如，物流人员将货物给用户是一个活动，我们把这个活动进行拆分，可以有如下步骤：拿出随身设备，打开系统界面，输入系统密码，查看用户的支付方式，当用户使用的是网络支付时，则直接递送货物给用户，之后再标记货物已签收。显然，这种表述过于详细了。有什么原则能保证业务流程图不过于详细呢？这里有三个原则。

1）原则一：手递手的人人交互

手递手的人人交互原则强调在绘制流程图的时候，在一个人的一个活动后，必须紧跟另一个人的一个活动，而不是在一个人的多个活动后，再跟着另一个人的一个活动。这就像我们手递手传递物品一样。在图 7-12 中，“用户支付订单，商家确认发货”，体现了在一个人做一步后，另一个人才能做下一步。

但也有例外，比如，在“客服人员确认订单，之后物流人员收货，再之后物流人员送货”这个流程中，物流人员有两个连续的活动，分别是收货和送货。这两个活动对物流人员来说，是目的不同的活动，是两项独立的工作。再如，财务人员寄送发票的流程分为财务人员打印发票、财务人员叫物流人员上门，这也是两个连续的活动。这两个活动是目的不同的活动，是两项独立的工作。

2）原则二：去掉页面交互

既然流程中有人与人的交互，那么就有人机的交互。比如，用户在下单的时候，需要填写地址、设置商品数量、关联优惠券等，这些都是人机交互，或者说是页面交互。通常在绘制流程图的时候，不应加入页面交互。这样，才能保证整个流程图是分层表述的。

但也有例外，如果页面交互这个操作不做，业务就进行不下去，那么就必须加入页面交互。比如，“用户单击确认收货”这个操作打开了界面，但如果没有加入这个操作，订单就不算完成，因此要加入。再如，“物流人员检查支付方式”这个操作也必须加入，否则业务就无法进行。

3）原则三：去掉系统实现

业务流程图不应该体现系统做了什么，如“系统创建订单”就不应该体现。如果业务流程图包括该活动，就是在告诉研发人员要在什么时候创建订单。我们在绘制业务流程图的时候，只表达业务是什么，而不关心研发实现。常见的类似问题是，有的产品经理会在业务流程图中表达什么时候要调用另一个系统接口，这也是没有必要的。

但有的时候，系统会代替人做一些工作，这类工作要在业务流程图中体现。比如，在用户实际收到货物而没有在系统中确认收货的情况下，系统可以在几天以后自动确认收货。在这里，系统确认收货这个步骤并不是在表达软件实现方式，而是在表达业务如何运转，自然要在业务流程图中体现。

综上所述，业务流程图的目标是厘清业务，而为了厘清业务，产品经理绘制业务流程图要遵循三个原则，分别是手递手的人人交互、去掉页面交互、去掉系统实现。绘制业务流程图就是要用最少的步骤，表现出业务的全貌。

7.3.2 交互流程图

1. 交互流程图的定义

在 7.3.1 节中我们强调，业务流程图不需要考虑页面交互，页面交互应该用交互流程图来体现。

交互流程图表达的是人和机器间的交互，目标是指导原型图的绘制。

人和机器间的交互可以理解为用户输入信息，系统反馈信息。比如，用户登录网站，物流人员使用物流系统，这些都体现了用户输入信息和系统反馈信息，是基于页面的交互。

2. 交互流程图适用的场景

通常，当页面交互比较复杂时，就需要画交互流程图。比如，用户进行登录注册，或者用户通过 ATM 机取钱，其交互比较复杂，就可以画交互流程图。所谓复杂，是指用户会和系统频繁地交互，系统要频繁地根据用户输入的信息做决策。

比如，当用户登录时，账户被锁定了怎么办，密码输错 3 次怎么办，密码输错 6 次怎么办。再如，当用户通过 ATM 机取钱时，如果钱不够了怎么办，每日限额是否已到，跨行取钱是否有钱，等等。这些业务比较复杂，如果不画交互流程图，就容易导致产品经理在原型图旁描述逻辑时出现问题。

需要画交互流程图的场景非常有限，常见的就是登录注册、通过 ATM 机取钱、上传审核信息等。不需要画交互流程图的场景是简单的页面跳转，没有太多分支要处理。比如，用户浏览页面的流程是打开首页、列表和详情页，没有必要画交互流程图。再如，用户购买商品的流程是“用户单击加入购物车，系统显示确认订单页，之后用户单击确认下单按钮”。在这个流程里，只有两个页面，分别是商品详情页和订单确认页，直接画原型图就可以了。

3．交互流程图的绘制

在明确了交互流程图的适用场景之后，接下来我们进行交互流程图的绘制。和画面向业务的流程图一样，我们仍然要明确交互流程图的详细程度。

我们以登录流程为例。图 7-13 所示的登录流程就是过于详细的登录流程。一方面，绘制交互流程图的目的是避免原型图的逻辑说明出现问题。显然，手机号格式的判断逻辑是简单的，只需要在原型图旁边备注即可。

另一方面，任何一个输入框都需要考虑各种格式问题，如果将这些问题都在交互流程图中表达，将导致内容太多。比如，当用户输入手机号时，系统就要判断用户输入的是否是数字，输入的手机号是否超过了 11 位，甚至还要判断是否是手机号，而不是任意 11 位数字等。这些细节内容很多，都不适合在交互流程图中表现，只要在原型图中作为备注即可。

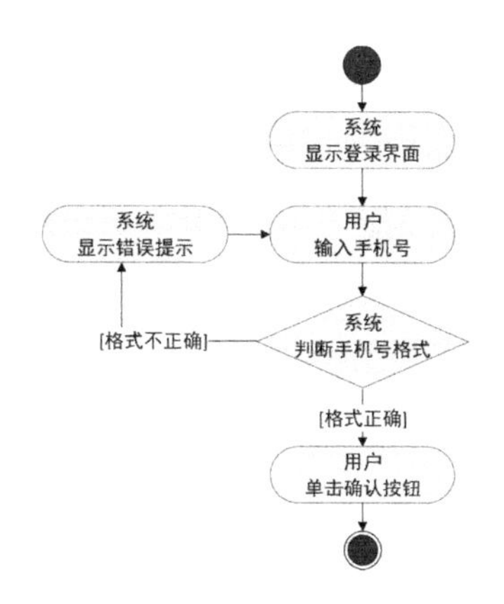

图 7-13　过于详细的登录流程

那么，哪些内容可以在交互流程图中表达呢？我们可以参考软件设计的思想。软件设计提倡界面、规则和数据的分离。以“用户输入手机号和密码”这个界面为例进行说明。

界面层：在界面层，前端研发人员负责完成界面外观，并加入简单的逻辑判断。比如，判断输入的手机号是否是数字且是 11 位等。这些逻辑很简单，由前端研发人员来实现。

规则层和数据层：有些逻辑是前端研发人员做不了的，如手机号是否注册、用户是否被禁用等。后端开发人员就能实现这些逻辑。过程是先查询后台数据，再根据设定的规则，告诉前端研发人员页面如何展现。比如，系统查询完数据库，发现用户已经被禁用，则引导用户去解禁。规则也可以改变后台数据。比如，如果用户连续输错6次密码，那么规则可以设定该账号将被锁定，在锁定期间不允许用户再次登录。

总结一下，界面层只负责处理简单逻辑，规则层用来设定规则，设定规则需要查询数据库，或者按照设定的规则，修改数据库信息。对产品经理来说，可基于该思想，确定交互流程图的详细程度。即对于处在规则层的交互流程图，只加入规则层的逻辑，不应加入界面层的逻辑，否则就过于详细了。

4. 交互流程图的绘制原则

综上所述，我们总结出交互流程图的绘制原则。

原则一：涉及规则的步骤要画出来

按照这个原则，我们绘制的登录流程图如图 7-14 所示。该流程图的步骤是系统显示登录界面→用户输入手机号和密码→系统判断是否注册（需要查询数据库）→如果没注册，则系统显示未注册→如果已注册，则系统判断密码是否正确→如果密码不正确，则系统显示密码错误→如果密码正确，则系统显示登录成功页。

涉及规则层面的步骤是系统判断是否注册和系统判断密码是否正确。这些步骤都需要查询数据库，才能知道如何处理，因此都要体现在交互流程图中。再如，用户是否被禁用、账户是否被锁定、是否是新设备等也要写出来。然而，手机号格式是否正确不属于规则层面的内容，就不用体现。

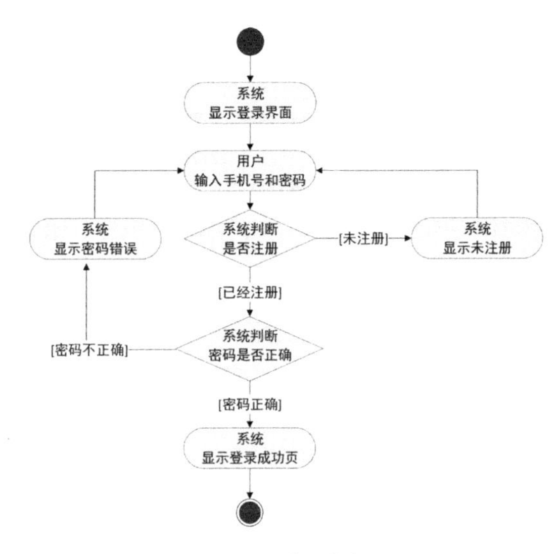

图 7-14　登录流程图

原则二：手递手的人机交互

我们在讲解业务流程图时，讲过手递手的人人交互原则，即强调一个人做了一个活动，后面紧跟着另一个人的活动。对于交互流程图，手递手的人机交互原则是一样的，即强调在用户做了一个活动后，系统必须紧跟一个反馈。这个反馈可以是系统的判断，也可以是系统显示的界面。比如，在图 7-14 中，“用户输入手机号和密码”这个活动后面紧跟着“系统判断是否注册”的反馈。有时候系统显示的界面可以省略，如“用户单击登录→系统显示登录界面→用户输入用户名和密码”可省略成“用户单击登录→用户输入用户名和密码”。如果大家对业务很熟悉，则可以简化，并且这种简化并不影响大家的理解。

7.3.3 实现流程图

至此，我们讲完了业务流程图和交互流程图，这两个流程图都是产品经理要画的。但是，产品经理常常在流程图中体现研发人员的实现方案，这个就没有必要了。如何实现是研发人员的工作，不是产品经理的工作。

因此，我们需要了解研发人员要画的流程图，这样就能避免画错。比如，图 7-15 所示就是面向研发实现的流程图。

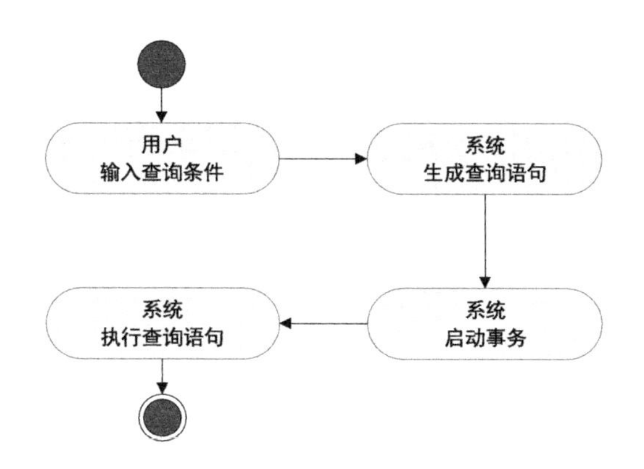

图 7-15 面向研发实现的流程图

在图 7-15 所示的流程里，系统生成查询语句→系统启动事务→系统执行查询语句，都在说一个系统是如何实现的。这些实现要么表达了用户不可见的系统行为，如系统生成查询语句、系统执行查询语句；要么表达了一个系统让另一个系统干什么，如系统启动事务就表达了一个系统让另一个系统启动事务。

总之，这些内容都是用户不可感知的，也就没必要让产品经理来做，应该让研发人员来做。

实现流程图表达了机器在做什么，且表达的内容不可被用户感知，目标是设计软件。

在图 7-1 所示的错误的订单流程图中，生成订单号就是不可被用户感知的步骤。如果要被用户感知，就应写成系统向用户显示订单号，显然在该场景下是不需要说的。

关于面向研发实现的流程图，在这里不做深入讨论。在 UML 的一些资料中，实现流程图又被称为对象流程图，在这里不对该概念做解释。只需要注意，研发人员如何实现系统，不需要产品经理来指导。

7.3.4 本节小结

本节我们学习了流程图的三个层次，分别是业务流程图、交互流程图和实现流程图。

业务流程图表达的是人和人之间的交互，目标是厘清和设计业务。

交互流程图表达的是人和机器之间的交互，目标是指导原型图的绘制。

实现流程图表达的是机器在做什么，且不可被用户感知，目标是设计软件。

业务流程图和交互流程图的绘制原则如下。

业务流程图的绘制原则：手递手的人人交互、去掉界面交互、去掉系统实现。

交互流程图的绘制原则：涉及规则的步骤要画出来、手递手的人机交互。

7.4 用流程图梳理业务

画流程图的目的是梳理业务。梳理业务要有正确的思考步骤，以便厘清主流程和异常流程。接下来我们分别讲解用流程图构建业务和用流程图思考异常。我们所举的案例还是订单流程和登录流程。但不同于前文，前文是在讲概念，本节更多地强调如何有条理地梳理业务。

在用流程图梳理业务的时候，我们可按照下面的三个步骤进行。

步骤一：画主流程，先粗后细，加入分支。

步骤二：完善细节，加入异常，拆出流程。

步骤三：加入泳道。

7.4.1　步骤一：画主流程

画主流程包含两步：先粗后细、加入分支。

1）先粗后细

画主流程是指考虑主要业务的流程，不考虑分支流程和异常流程，并且这个主流程可以梳理得粗略一点儿，以后再完成细节。图 7-12 所示的订单配送流程就是按照这个原则梳理的。

2）加入分支

在画完主流程后，我们就要思考各种分支情况。对订单流程来说，分支流程有两个，分别是：（1）物流人员除了给用户送货，还要给用户送发票；（2）物流人员除了直接给货，还要依据用户的付款方式，先收钱再给货。

7.4.2　步骤二：完善细节

完善细节包含两步：加入异常，拆出流程。

在梳理清楚业务主流程，以及相应的分支流程后，接下来需要完善细节。对于完善细节，我们要考虑加入异常情况，也要考虑拆出独立的流程。

1）加入异常

分支流程是用户的选择。比如，物流人员是直接给货，还是先收钱再给货，这些都是用户的选择。

异常流程不是用户期望发生的，产生异常的原因可能是用户做错了，或者用户在执行中遇到了问题。在图 7-12 所示的订单配送流程中，我们就有很多异常情况要考虑。比如，用户在付款后要求退款怎么办？付款后商家不发货怎么办？在物流人员送货上门后，用户拒收怎么办？

异常流程的设计往往比主流程和分支流程的设计要复杂，涉及的内容也较多，我们将在7.5节中再讲解对各种异常情况的处理。

2）拆出流程

绘制流程图的目的是梳理业务，便于大家理解业务。所以，流程图通常不应画得过于复杂，这样将不利于理解业务，但也不应画得过于简单，从而让画流程图失去意义。流程图有多少个步骤算合适呢？这并没有标准。根据笔者的经验，一个流程图所包含的活动一般不要超过20个，最好保持在10个左右，如果超出，就要拆出来单独画。

比如，如果订单流程图中还包括退货和支付流程，就会导致活动过多，我们就应该将这两个流程拆出来，使之成为独立的流程图。其中，退货流程包括用户发起退货请求→商家同意退货→用户寄送货物→商家退款等环节，这些内容很多，需要单独拆出。支付流程包括支付成功和失败等情况，也需要单独拆出来绘制。从另一个角度看，按照用例划分的原则，退货和支付也是两个独立的用例，也应分别绘制流程图。

7.4.3 步骤三：加入泳道

完善细节后，就进入步骤三的加入泳道。图7-16所示就是带泳道的订单送货流程图，泳道也是活动图的一种画法。

从图 7-16 中我们发现，加入泳道后的订单送货流程图可以清晰地表明每个角色要做的事。这仿佛是游泳池里的泳道，保证了一个泳道一个人。这样每个人就可以各做各的事，谁也不干涉谁。比如，财务人员在看到该图后，就知道自己要开发票、要寄送发票等。产品经理使用泳道，也有助于梳理清楚业务涉及哪些角色，并从各个角色的角度来思考其活动。

泳道的画法非常简单，就是用竖线进行分割，然后在顶部写上角色名，每个角色所做的活动都要画在自己的泳道里，并且，为了使表述更加简洁，我们可以把所有活动中的主语去掉。角色梳理也很容易，我们在前文中强调了，活动的写法是“（主）动宾”。在画带泳道的流程图时，只需要把主语提炼成角色，然后基于角色，画出泳道即可。比如，在画订单流程图时，我们在按照“（主）动宾”的写法完成流程图后，就可以抽象出用户、财务人员、商家和物流人员等角色。

任何流程图都可以加入泳道，但是是否所有流程图都需要加泳道呢？这个要看流程图的阅读对象是否需要。如果阅读对象不能清晰地从流程图中看出他的工作，就建议加入泳道，否则可以不加。比如，订单流程图是可以不加泳道的。原因是步骤不多，商家、财务人员等阅读对象可以看出自己要做什么。在实战中，对于大多数业务，我们不推荐加泳道。原因在于，带泳道的流程图的绘制花费的时间较多，好处较少，仅能实现向业务人员更清晰地展示流程。

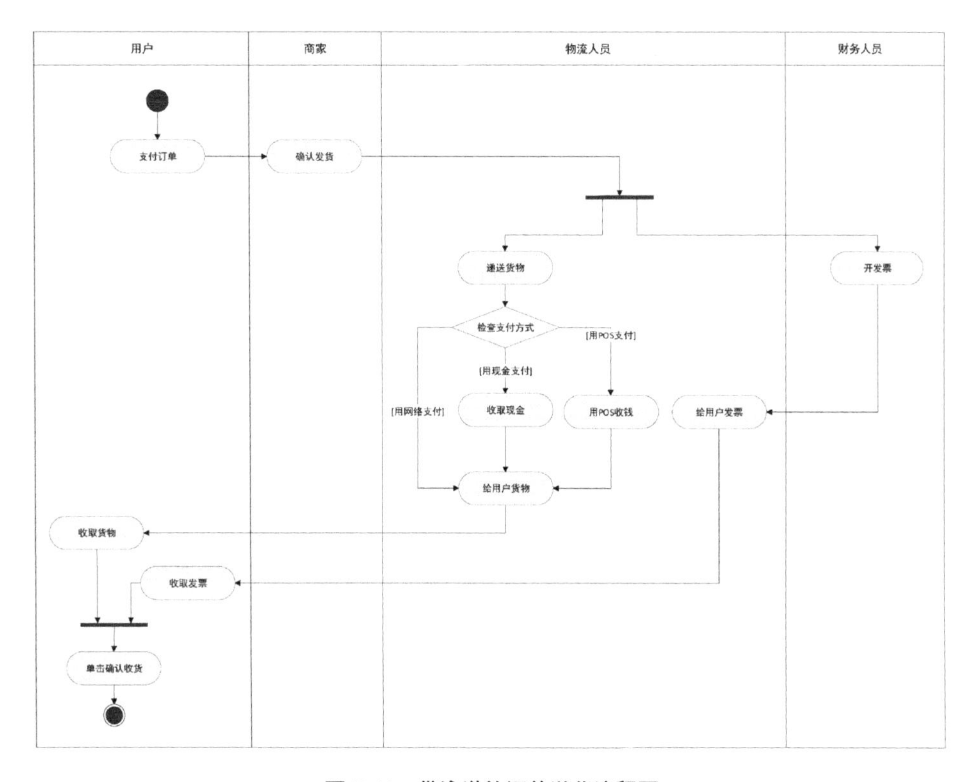

图 7-16　带泳道的订单送货流程图

7.4.4　本节小结

运用流程图梳理业务有以下三个步骤。

步骤一：画主流程，先粗后细、加入分支。

步骤二：完善细节，加入异常、拆出流程。

步骤三：加入泳道。

其中，泳道不是必须要加的，产品经理可根据阅读对象是否需要来考虑加还是不加。

7.5 用流程图梳理异常

7.4 节介绍了用流程图梳理业务，这就保证主流程是完备的，但是异常流程也要关注。如果不考虑异常流程，一旦出现问题，系统就无法良好运转。比如，在一个订单流程中，商家因为缺货而无法发货，如果商家不能取消订单，整个业务就不能很好地运转。所以产品经理就要梳理出各种异常。

对于基于业务和基于交互的流程，我们都要考虑异常。虽然这两类流程表达的内容不同，但是产生的异常是类似的，主要的异常有四种：规则限制、就不操作、错误操作和做完反悔。

我们以登录和注册为例，说明这四种异常的含义。其中，规则限制是指基于业务的规则限制用户的行为。比如，用户用新设备登录，为保证安全，系统就必须进行人脸识别，这就是一个业务规则。就不操作、错误操作和做完反悔是指事前不操作、事中操作错、事后要反悔。比如，在登录过程中，事前获得了验证码，但是过了限制时间才输入怎么办？或者事中输入验证码，总是输错怎么办？或者在注册完后，要修改手机号怎么办？

无论是哪种异常，表现出来其实就是一些异常检查点。产品经理通过逐一查看这些异常检查点，就能把异常找全。本书会尽可能地列出更多的异常检查点。这种一个点一个点地找异常的方式虽然有时候比较烦琐，但能挖掘出各种异常，保证不出现遗漏。下面先以登录流程和注册流程为例，说明如何找基于页面交互的异常。然后以订单流程为例，说明如何找基于业务的异常。

7.5.1 交互流程的异常

登录流程和注册流程都可以画出交互流程图，我们以登录流程为例画出图 7-17 所示的登录主流程。而无论是登录流程还是注册流程，其主流程都是非常简单的，复杂点都在异常流程上。

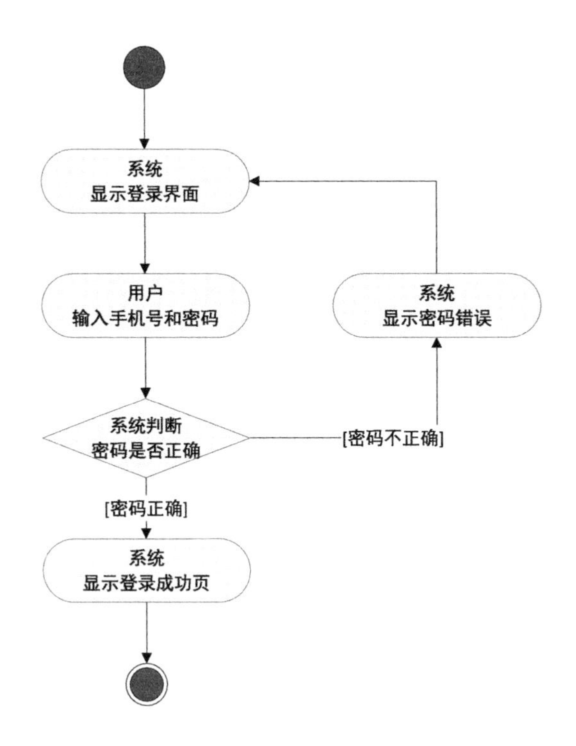

图 7-17　登录主流程

接下来我们就在登录主流程的基础上，一步步地梳理出异常情况。

1．规则限制

我们在讲交互流程图时，强调在规则层面是要查询数据库的。因此，在梳理规则限制的时候，我们可逐一查看数据库字段，从而找到异常检查点。比如，在登录流程中，需要考虑的数据库内容如下。

（1）用户账号是否在数据库中有记录。如果数据库中没有用户账号，就表明用户没有注册，此时系统需要引导用户注册。

（2）用户账号是否被冻结或禁用。冻结是指用户因反复输错密码而被系统暂时禁止登录；禁用是指用户因为做了非法的事情而被禁用。无论哪种情况，系统都要引导用户去解除当前状态。

（3）用户账号是否在新设备登录。系统会记录用户登录的设备，如果用户用新设备登录，系统就要加强安全验证，如要求进行人脸识别。

以上内容都是从数据库的角度，逐一梳理信息而找到的规则限制点。基于这些规则限制点，我们就可以画出新的登录流程图，如图 7-18 所示。需要说明的是，这种规则限制点有很多，需要不断迭代。

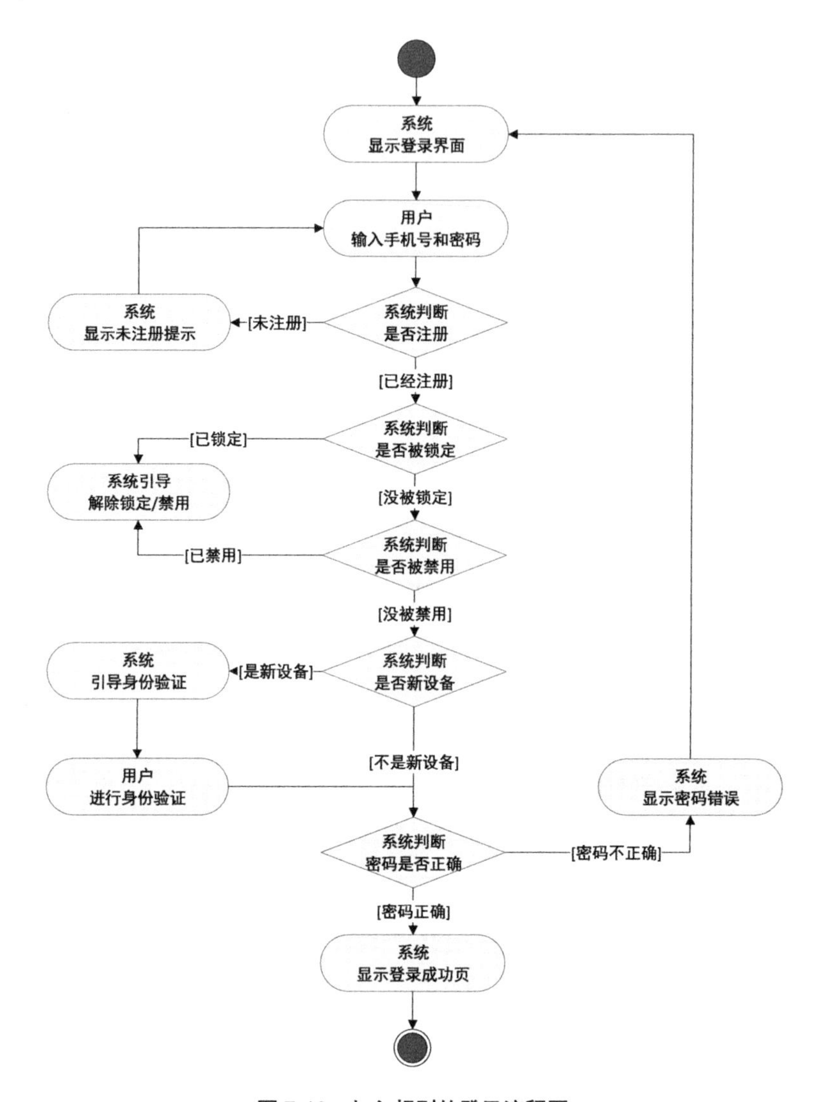

图 7-18　加入规则的登录流程图

2. 就不操作

就不操作要分成两种情况：（1）在任意一步后，就不再操作了；（2）虽然进行了操作，但是进行得很慢。对这两种情况我们分别说明。

（1）不操作：在登录场景中，如果用户在中途不操作了，系统不用做特别的处理，也不需要保留已填写的信息。但在通过 ATM 机取款场景中，系统就需特别注意，如果用户取钱后忘记拔卡，ATM 机就要将卡收回，避免卡被其他人拿走。

（2）操作慢：如果用户用输入手机验证码的方式登录，就存在操作慢的情况。比如，用户在获取验证码 20 分钟以后才输入验证码，则系统要提示验证码失效。

3. 操作错误

操作错误要分成三种情况：输入错误、反复输错、反复点击。对于三种情况，我们分别说明。

（1）输入错误：在密码登录的场景中，用户会把密码输错，此时系统要提示密码输错。

（2）反复输错：在密码登录的场景中，用户不但输错密码，而且反复输错密码。那么，系统就要根据输错次数，做不同处理。比如，当用户连续输错 1～2 次时，系统可以提示密码输错；当用户连续输错 3～5 次时，系统可以提示还剩几次机会，并验证用户的手机号；如果用户连续输错 6 次以上，则账号被锁定。同时注意，产品经理还要定义用户在多长时间内连续输错密码才会被锁定。

（3）反复点击：在通过手机验证码登录的场景中，产品经理要考虑当用户反复点击“获取验证码”时如何处理。此时产品经理就要考虑，系统每次发送的验证码不同，并且设置了获取验证码的限制，如延长等待时间、设置当天获取次数的上限等。

反复输错和反复点击这两种情况都要仔细考虑。因为这些行为可能会造成用户或公司的损失。从用户角度看，密码反复输错，则可能账户受到了攻击，是有人在试验用户密码，想窃取用户信息。从公司角度看，用户反复获取验证码，公司就要反复发短信，而发短信就要耗费资金。一些不道德的公司借类似的漏洞，攻击其他公司。比如，有的系统支持人脸识别登录，如果用户反复识别通不过，则公司就要花钱识别。原因是人脸识别系统常常由第三方公司提供，每识别一次都要收钱，这就给公司造成了损失。

针对以上异常，我们可继续完善登录流程图，如图 7-19 所示。

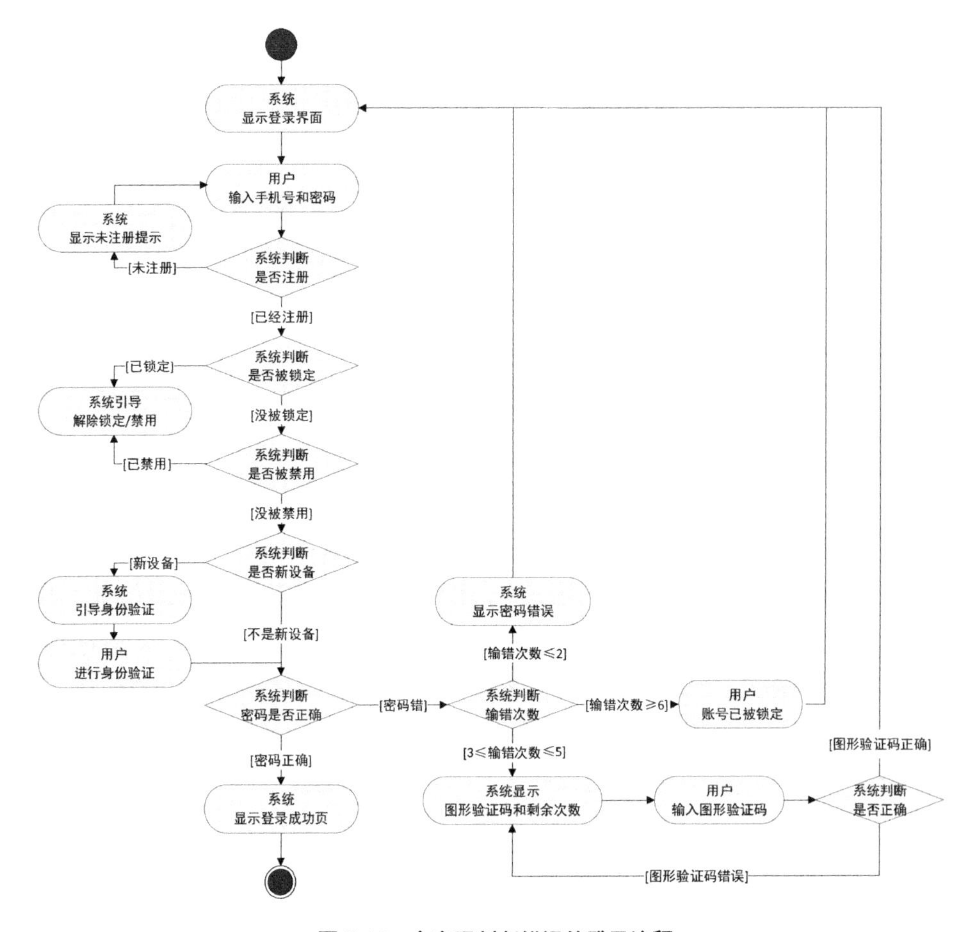

图 7-19　含密码判断错误的登录流程

4．做完反悔

做完反悔分成两种情况：过程中反悔、全做完后反悔。我们分别说明。

（1）过程中反悔：过程中反悔是指用户每做完一个活动，都想着能否回到上一步，或者直接终止整个过程。在通过验证码登录的场景中，用户输入手机号是第一个界面，用户输入验证码是第二个界面。如果用户已经在输入验证码的界面，此时系统就要允许用户返回上一步输入手机号的界面，也要允许用户终止注册，这些都很容易想到。

（2）全做完后反悔：在注册的场景中，用户在完成注册后，要修改注册信息，此时用户可以修改哪些信息？用户注册时的信息包括用户手机号、用户昵称、关联的微信号等，针对这些信息，系统要有增加、删除和修改这三项操作。

7.5.2 业务流程的异常

订单流程是面向业务的，订单流程中的异常分别是规则限制、就不操作、操作错误和做完反悔。其中，操作错误是基于页面交互的异常，因而不需要考虑。

1. 规则限制

在基于页面交互的流程中，我们寻找规则限制的方式是查看数据库的字段，逐一找到可能的规则限制点。但是对于基于业务的流程，其规则限制更加灵活，一般要通过业务调研才能获得。

比如，对于一个订单，什么人能下单，能下几个订单；货物不够了，是否允许超前售卖等。这些规则限制通常不需要画在流程图中，而是通过在原型图旁边加备注的方式来实现。这些规则限制都是基于特定业务的，在此不做展开。

2. 就不操作

就不操作有两种情况：（1）在任意一步后，就不再操作了；（2）虽然进行了操作，但是进行得很慢。

在订单流程中，对于不操作这种情况，我们可逐一梳理。

（1）用户在下单后就不支付，则订单可以由系统自动取消。

（2）在用户支付后，商家不做处理，则用户可以申请取消订单。

（3）用户在收到货后，就不确认收货，则系统自动确认收货。

在该案例中，不需要体现做得慢的情况，因为不操作和做得慢的处理结果没区别。

3. 操作错误

操作错误包括输入错误、反复输错和反复点击三种情况。但订单流程是基于业务的，并不涉及具体的页面操作，所以操作错误不需要考虑。

4. 做完反悔

做完反悔分成两种情况：过程中反悔、全做完后反悔。

（1）过程中反悔：在订单场景中，如果用户已支付订单，订单能不能取消？用户已经签收货物，能不能退货？我们可以逐一梳理订单流程，找到反悔的可能性。但是，我们不仅要考虑用户，还要考虑商家，商家也可以反悔。比如，库房确实没货，这时候商家要提供功能支持用户取消订单。

（2）全做完后反悔：在注册场景中，我们要考虑到用户修改注册信息的情况。在订单场景中，我们要考虑用户对订单的修改。比如，用户在下完单后，要修改收货地址。

7.5.3 异常的思考步骤

我们列出了交互流程图和业务流程图中的异常情况，在实战中，我们还应学会如何有步骤地思考异常。思考异常检查点，要从活动和角色两方面思考。也就是从第一个活动到最后一个活动，逐一思考是否有异常情况，这些异常情况可根据异常检查表来排查，并且在每个活动中，我们还要考虑不同角色的异常。

限于篇幅，我们只讲解订单流程的异常检查点的思考步骤，其他流程的异常检查点的思考步骤和此类似。比如，一个订单流程中有以下活动：用户下单→用户支付→商家发货。对其异常检查点的梳理如下。

1）用户下单

"用户下单"活动中的异常检查点如下。① 规则限制：查询数据库，看有哪些规则限制用户下单。我们发现有库存数量、用户等级等。② 就不操作：用户在下完单后就不操作了，那么系统要在支付超时后自动取消订单。③ 做完反悔：如果用户想取消订单，系统就要有取消功能。

2）用户支付

"用户支付"活动的异常检查点如下。① 规则限制：当订单金额较大时，系统可以优先推荐信用卡支付。②就不操作：在用户执行完支付后，商家不单击确认发货，此时系统应提醒商家发货。③ 做完反悔：用户在付款后要求退款，此时系统就要支持用户申请退款。

3）商家发货

"商家发货"活动的异常检查点如下。① 规则限制：货物位于多个库房，系统要支持多库房发货。②就不操作：在商家执行完发货后，物流人员不上门收货或者晚收货，系统要如何处理？常见的外卖订单确实存在无法送货或者送货慢的个别情况。③

做完反悔：商家在发货后后悔了，这很少遇到，通常不需要考虑，但是应考虑用户不收货的情况，常见的是用户在货物寄到后拒收，从而将货物原路退回。

总之，我们要考虑每个活动和每个角色的各种异常情况，从而制定相应的策略。

7.5.4 异常检查点汇总

在 7.5.1 节和 7.5.2 节中，我们讲解了流程中的异常，包括面向业务的和面向交互的。因为要思考的点比较多，我们把异常检查点做了汇总，登录流程和注册流程的异常检查点如表 7-2 所示，订单流程的异常检查点如表 7-3 所示。这两个表仅作示例，未提到的异常检查点还需我们在工作中不断梳理。

表 7-2 登录流程和注册流程的异常检查点

类　型	子类型	举　例
规则限制	规则限制	登录时注册、锁定、禁用和新设备等情况，要基于数据考虑
就不操作	不操作	在通过 ATM 机取款时不拿卡
	做得慢	登录中输入手机验证码超时
错误操作	输入错误	登录中验证码输错，密码输错
	反复输错	登录中验证码或密码反复输错
	反复点击	登录中反复点击获取验证码按钮
做完反悔	过程中反悔	登录后要退出，注册中回到上一步，注册后要注销
	全做完后反悔	注册后修改信息，如手机号、昵称等，要基于数据考虑

表 7-3 订单流程的异常检查点

类　型	子类型	举　例
规则限制	规则限制	是否能下单，是否能超前售卖，要基于实际业务梳理
就不操作	不操作	不支付、不发货、不确认收货等
做完反悔	过程中反悔	用户支付后取消订单、签收货物后退货，商家取消订单
	全做完后反悔	修改收货地址

这些异常检查点在工作中既可画到流程图中，也可以在原型图或流程图旁边进行备注，以避免流程图过于臃肿。图 7-19 所示的登录流程图主要为了说明问题，所以略显臃肿。产品经理可以在实战中简化这个流程图。比如，把密码输错多次的执行逻辑直接放到原型图旁边进行备注。

7.6 知识扩展

有三个问题需要进一步说明和澄清。

(1)流程图的层次划分。本书提出了业务流程图、交互流程图的概念，这和 UML 标准中的提法不同，需要解释原因。

(2)业务、任务和功能流程图。一些资料中有任务流程图、业务流程图和功能流程图，然而这些概念有很多问题，需要做说明。

(3)用例图和流程图的关系。用例图和流程图存在一定的等价关系，但两者的应用场景和目的并不同，也需要解释一下。

7.6.1 流程图的层次划分

本书将流程图分为业务流程图、交互流程图和实现流程图。三种流程图的划分，既照顾了流通的便利性，也考虑了概念的严谨性。其中，实现流程图主要用于研发人员的系统构建，这在前文中已有描述。而对于业务流程图和交互流程图的划分，我们解释如下。

1. 两者有层次的高低

在大多数情况下，先有概括的业务流程图，再有细化的交互流程图，两者层次有高低。比如，我们在前面提到的订单流程图，就是一个业务流程图。在该业务流程图完整的情况下，就可以再完成交互流程图。再如，物流人员要查看用户的支付方式，就要对系统进行操作，此时我们就可以画出交互流程图。

通过这两个案例，我们发现了业务流程图和交互流程图的区别。首先，先有业务流程图，再有交互流程图。其次，两者的大小也不同，业务流程图中的几步可细化为交互流程图中的若干步。在计算机领域中，两者的大小不同又被称为粒度不同。

2. 两者有等价关系

虽然业务流程图和交互流程图的层次不相同，但是两者都在表达一项业务的整体或部分，也有一定的等价关系。因为按照业务的定义，用户进行身份认证、用户进行登录、商家处理订单等都是业务，都是在完成一个商业活动。因此，有的流程既可以称为业务流程，也可以称为交互流程。

比如，人进行登录操作，在本质上就是业务的一部分。因为在没有互联网的时代，如果用户想查询账户余额，银行就要通过人工检查身份证，如果身份证正确，用户就可看账户余额，该业务就是在核验用户身份。而在有了互联网后，如果用户想查询账户余额，银行软件就要让用户登录，如果密码正确，用户就可查看账户余额，这也是在核验用户身份。

所以，两者都是在核验用户身份，是为完成查询账户余额而做的一个工作。因此登录也是一项业务。人进行登录，也就是人在和系统进行交互，因此登录流程也可称为交互流程。所以，登录流程无论是叫业务流程，还是叫交互流程，从概念上看都是可以理解的。

3. 在工作中如何表述

虽然登录流程可以被称作业务流程或交互流程。但在工作中，我们建议称登录流程为交互流程。因为交互流程的说法将更明确地表明，该流程是重点表达交互的。更准确地说，该交互流程是界面之间的交互流程，而不是人与人之间的交互流程。

另外，一些流程没有明显的业务特征。比如，微信的登录流程叫作业务流程就不准确，而叫作交互流程就很恰当，并且，交互流程图的思考点和业务流程图也有所不同，表达的层次常常也存在高低之分，因此拆成两类是恰当的。

7.6.2 业务流程图、任务流程图和功能流程图

在一些资料中，会有任务流程图、业务流程图和功能流程图的概念。但这些概念或说法是不严谨的。结论是任务流程图是不应该引入的概念，业务流程图可不加泳道，功能流程图是多此一举的图。接下来我们分别解释。

1. 任务流程图是不应该引入的概念

在一些资料中，有任务流程图这个概念，且任务流程图在表述用户的操作，说法如下。

任务流程图就是用户通过什么样的操作来实现他的目标，比如，用户通过银行的

ATM 机取钱，以及他是如何通过一步步的操作把钱取出来的。再如，用户的登录和注册也是一个任务。

这种说法是不合适的，不应该有任务流程图的概念，应该称其为交互流程图。

在汉语中，任务是指交派的工作和担负的责任。在互联网产品语境下，任务就是为完成业务所做的工作，而业务这个概念是给用户提供的服务。所以在这里，任务和业务之间是偏等价关系，并且，把“用户通过 ATM 机取钱”定义为任务也不合适，没有公司指派用户去取钱，用户取钱不是一个工作。反而把“用户通过 ATM 机取钱”定义为业务是合适的，用户去银行就是要办理取款业务。同样用户进行登录和注册也不是任务。反而银行员工在 ATM 机里放钞票，或者公司让员工给用户发送货物，才是一项任务。

用户登录的流程图其实就是交互流程图。而执行交互的可以是消费者，也可以是公司员工，只要和系统发生交互，就是交互流程。比如，用户登录是交互流程，快递员在后台进行登录也是交互流程。两者没有本质区别，在设计上也非常类似，因此将用户登录流程图定义为交互流程图更为合适。

最后，我们再一举个例子，分别用任务流程图和交互流程图表述，可体会哪种表述更好。

说法一：各位研发人员，我们看一下用户登录的任务流程图。

说法二：各位研发人员，我们看一下用户登录的交互流程图。

显然，第二种说法更容易让人理解，概念也更加清晰。

2. 业务流程图可不加泳道

在一些资料中，流程可以用流程图和泳道图表达，并且两者是不一样的。流程图是表明任务的，泳道图是表明业务的。但这种理解是不正确的。

首先，流程图加了泳道，就叫带泳道的流程图，而且“泳道”和“并行”等一样，都是流程图的一种表达方式，而不是一种新的图。其次，无论是否加入泳道，流程图表达的内容都相同，只不过加泳道的流程图表达的内容更清晰一些，不存在加了泳道的流程图就是表明业务的流程图。

比如，前文所举的订单送货流程图，我们分别画出了没有加泳道的流程图和加了泳道的流程图。显然，没有加泳道的流程图和加了泳道的流程图都表述了相同的内容，加不加泳道不影响流程图的性质。

3. 功能流程图是多此一举的图

在一些资料中，图 7-20 被称为功能流程图，也有人推荐使用。但该图存在的意义不大，是多此一举的图，该图应该被页面流程图代替。

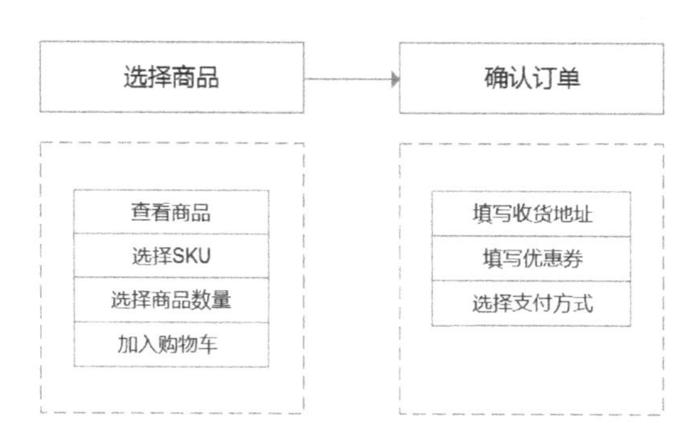

图 7-20 功能流程图

在图 7-20 所示的功能流程图中，“选择商品、确认订单”就是两个页面。在“选择商品”页面中有“选择商品数量、加入购物车”等功能。但这些功能用页面流程图也能表达。所谓页面流程图，就是把简化的页面用线串联起来。每个简化的页面既可表达页面内的功能，又可表达页面内的信息。因此，如果要表达功能，就可用页面流程图。

因此，功能流程图不应该存在，其实它就是页面流程图的简化版，是多此一举的图。

7.6.3 用例图和流程图的关系

在特定情况下，用例图就是一个简化版的流程图，并且用例图和流程图也存在一定的等价关系。然而两者的目的不同，用法也不同。接下来我们进一步阐述。

1. 两者存在转化关系

比如，用户要订外卖，订外卖就是一个用例，该用例拆解出选择菜品、核对订单和支付订单这三个步骤层用例，其用例图如图 7-21 所示。

我们将该用例图转化成流程图，如图 7-22 所示。

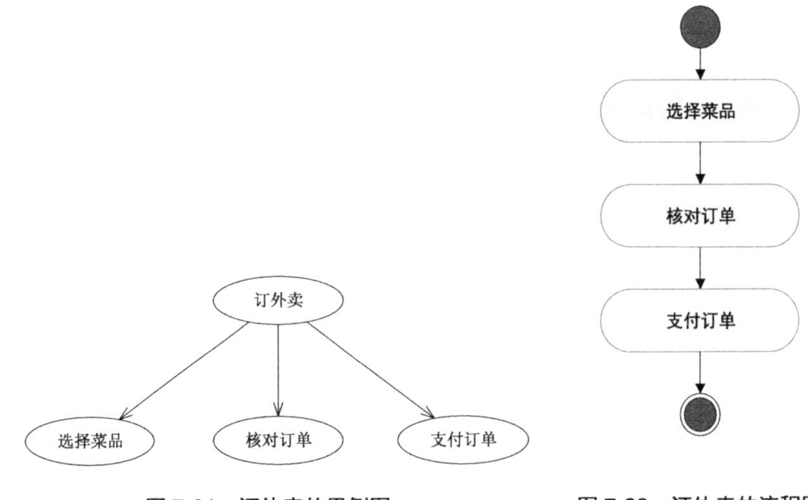

图 7-21　订外卖的用例图　　　图 7-22　订外卖的流程图

我们发现用例图和流程图表达的内容是类似的，它们之间存在转化关系，当然这种转化关系只是在部分情况下存在。

2. 两者的目的和层次不同

用例图和流程图虽然在部分情况下存在转化关系，但是其目的是不同的：用例图的目的是避免遗漏功能、划分设计单元，流程图的目的是厘清业务细节。因此，图 7-21 所示的用例图是合格的，并不需要再做什么，已经把工作分好了。但是，图 7-22 所示的流程图是不合格的，因为该流程梳理得太简单，达不到厘清业务细节的目的，我们并不能从中看到用户下单的各种异常。

因此，通常是先有用例，再依据每个用例，完成该产品的单元设计。在进行单元设计的时候，产品经理就可考虑或者画流程图，或者画原型图。比如，选择菜品这个用例就可以直接画原型图。支付订单这个用例需要先画流程图，在用流程图梳理清楚各种异常之后再画原型图。通常，用例图是比流程图更高层次和更大粒度的抽象。

7.7　本章提要

1. 活动图（流程图）是为了完成某一特定任务而描述的相关活动，以及这些活动的执行顺序的图形化表示。活动图在本质上就是流程图，与流程图不同的是，活动图能够展示并行和控制分支。本书所讲的活动图等同于流程图。

2. 流程图的十种表达方式分别是活动和转移，开始和结束，判断、选择和合并，并行和汇合，泳道。产品经理应学习标准流程图，这有利于理顺思路和沟通表达。

3. 流程图有三个层次，分别是：（1）业务流程图，表达的是人和人之间的交互，目标是厘清和设计业务；（2）交互流程图，表达的是人和机器之间的交互，目标是指导原型图的绘制；（3）实现流程图表达的是机器在做什么，且表达的内容不可被用户感知，目标是设计软件。

4. 业务流程图和交互流程图的绘制原则。（1）业务流程图的绘制原则：手递手的人人交互、去掉界面交互、去掉系统实现。（2）交互流程图的绘制原则：涉及规则的步骤要画出来、手递手的人机交互。

5. 用流程图梳理业务，可分三步。（1）画主流程：先粗后细，加入分支；（2）完善细节：加入异常，拆出流程；（3）加入泳道。

6. 交互流程的异常有：（1）规则限制；（2）就不操作，包括不操作、操作慢；（3）操作错误，包括输入错误、反复输错、反复点击；（4）做完反悔，包括过程中反悔、全做完后反悔。

7. 业务流程的异常有：（1）规则限制；（2）就不操作；（3）做完反悔，包括过程中反悔、全做完后反悔。

第 8 章

业务操作

做细节三大要素中的第二个要素是业务操作，在梳理业务操作时要用到状态图。

用状态图可以梳理清楚一项业务在不同状态下需要什么操作。比如，对于商品管理，后台商家提交了商品，商品就处于待审核状态，此时商家可以取消审核，或者平台可以通过审核。再如，在订单流程中，在用户单击下单后，订单就变成了待付款状态，此时用户可以取消订单，商家也可以取消订单。这两个例子都是在通过状态来梳理操作。

状态图的应用很广泛，通过状态图我们能梳理的操作包括商品管理、文章管理、评价管理、订单管理、优惠券管理、身份审核、合同审核等。流程图也能梳理操作，但状态图能够更全面地梳理操作，这样就不会遗漏一些细节。本章我们就学习用状态图梳理业务操作，包括：

- 状态图的作用
- 状态图的表达
- 用状态图梳理操作
- 状态图的布局样式
- 状态的进阶知识

通过学习，我们将掌握状态图的表达方式，也能知道什么时候要用状态图，并能利用状态图全面梳理业务操作。

8.1 状态图的作用

状态图和流程图的样子很类似，但两者的作用是不同的。两者的区别是：

流程图梳理的是一项业务的大致过程，状态图梳理的是一项业务的细致操作。

为了说明两者的区别，我们通过图 8-1 所示的身份审核流程图来讲解。我们对该身份审核流程做了简化，只考虑人工审核，而没有自动审核。

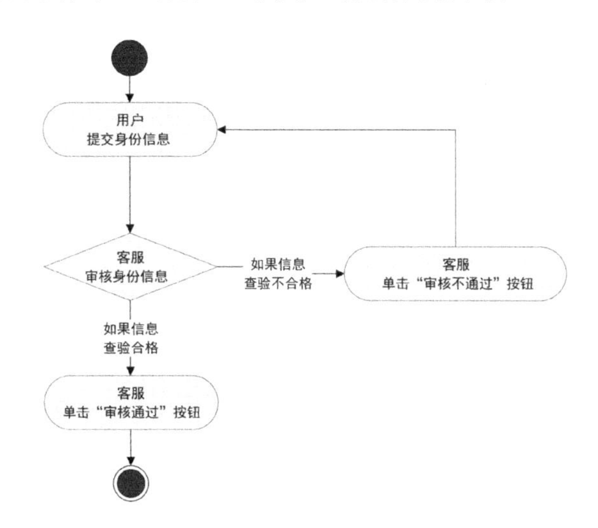

图 8-1　身份审核流程图

我们观察该身份审核流程图，图虽然是合格的，但有些内容没有表达。比如，客服在单击“审核通过”按钮后，发现弄错了，要改成“审核不通过”，怎么体现呢？反之又怎么体现？或者在用户提交资料之后，如果系统允许用户重新编辑，又怎么体现？我们可以试着把各种可能的操作都加入，修改后的身份审核流程图如图 8-2 所示。

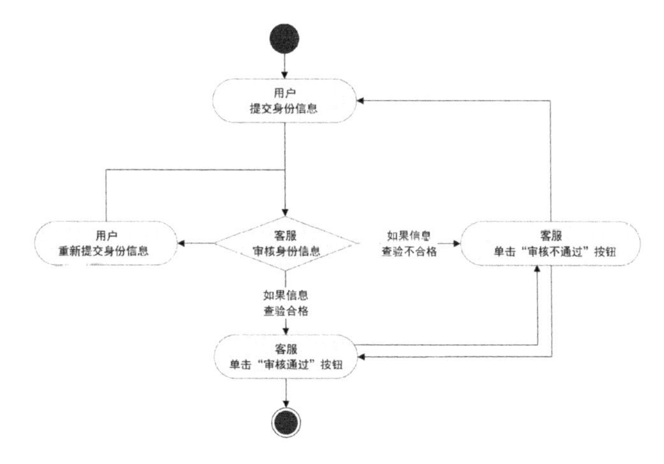

图 8-2　修改后的身份审核流程图

修改后的身份审核流程图虽然能表达新的情况，但不够清晰。如果再增加一些逻辑，如审核不通过，用户就要投诉，那么流程图要如何画呢？因此，我们需要用一种更有效的方式来表达这些流程，这种方式就是状态图。

通过状态图，我们就可梳理清楚流程，以及流程中的异常情况。比如，在"身份信息已提交、待审核"状态下，用户可以重新提交身份信息，而审核人可以单击"审核不通过"，也可以单击"审核通过"。

8.2 状态图的表达

要学习状态图的表达，先要理解状态图的概念，再学习如何用状态图表达操作。

8.2.1 什么是状态图

状态图（State Diagram）也被称为状态机图，描述了一个对象所处的状态，以及用什么操作可促成状态的转变。

如何理解状态图？我们举两个例子。

1）现实生活中的例子

在你按下微波炉的"开始"按钮后，微波炉就处于已开启状态；在你按下微波炉的"停止"按钮后，微波炉就处于已停止状态。在这个案例中，微波炉有两种状态，分别是已开启状态和已停止状态。

2）软件系统的例子

在用户下了一个订单之后，这个订单就会被创建。此时，订单处于已下单状态；在用户支付了订单之后，订单变成已支付状态；在运营人员发货之后，订单变成已发货状态。以此类推，订单还有其他状态。

在以上两个例子中，微波炉有已开启和已停止两种状态，你通过操作就能改变它的状态；订单有已支付、已发货等状态，用户或运营人员通过操作，就能改变订单的状态。状态图就是用图形来表达事务的状态，以及什么操作可改变状态。

状态图的应用很广泛，可用来梳理 B 端业务，如后台的身份审核流程、商品审核流程、公司请假流程，以及订单的发货、评价和退货流程等。还可用来梳理 C 端业务，如前台的用户下订单流程、优惠券的展示和使用流程等。

8.2.2 状态图的表达方式

状态图有五种表达方式，分别是状态和转移、开始和结束、内部转移[①]。接下来我们以身份审核为例，说明状态图的表达方式。

1. 状态

图 8-3 所示就是身份审核状态图，当用户要在某平台发文章或课程时，该平台就要核实用户的身份信息。此时用户就要手持身份证拍照片，并将照片上传到平台进行审核。在用户提交了拍摄的照片并单击确认后，身份信息就变成“已提交，待审核”状态；如果平台审核通过，身份信息就变成“已通过”状态，如果平台审核不通过，身份信息就变成“审核不通过”状态。

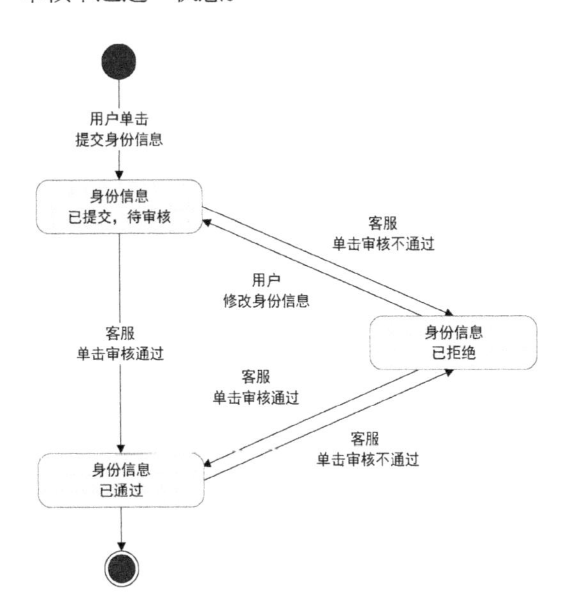

图 8-3 身份审核状态图

① 这几种表达方式是基本表达方式，还有一些表达方式很少用到。另外，状态图中同样能加入活动、对象等内容，但不建议初学者加入，后面的讲述都以此为前提。

在图 8-3 中，我们抽象出"已提交，待审核"、"已通过"和"不通过"三种状态。我们用一个略方的圆角矩形表达状态，并在矩形内写上状态名称。需要注意的是，状态图中的圆角矩形比活动图中的圆角矩形要略方一些。其他注意点如下。

1）在状态名称中，会有"已、未、待"等字眼

状态和事情的发生时间有关，可以分为事前状态、事中状态、事后状态。对审核来说，事前状态就是"待审核或未审核"，事中状态就是"正审核"，事后状态就是"已审核"。已审核又包括两种结果，分别是审核通过和审核不通过。

有的时候，已、未、待、正等词可忽略。比如，一个商品可以保存成草稿状态，这个状态名称就是"已保存成草稿状态"，含有"已"字，但我们可简写为"草稿状态"。

2）状态名称有等价的多种表述方法

比如，在用户提交了身份信息后，从用户的角度看，身份信息当前处于"已提交"状态，但从客服的角度看，身份信息当前处于"待审核"状态。在这个场景下，"已提交"等于"待审核"。常常见到有人会拆分成 "已提交"和"待审核"两个状态，这是不正确的。为了避免此类问题发生，我们建议按照图 8-3 所示，将状态名称写成"已提交，待审核"。

2. 转移

不同状态之间是可以转移的，状态的转移常常是通过人的操作实现的。比如，身份信息的当前状态是"已提交，待审核"，在审核人员单击"审核通过"按钮之后，身份信息的当前状态就变为"已通过"。

1）转移的画法

转移的画法是画一条带箭头的直线，并在直线上写上转移的操作，表示从一种状态能转移到另一种状态。如图 8-3 所示，"客服单击审核通过"就是操作。

人的操作其实就是人的一个活动。既然是活动，那么其表达方式就应该遵循活动的表达方式，即按照"（主）动宾"写，强调谁做了什么事。状态图和流程图恰恰相反，流程图中的活动要写在圆角矩形里，状态图中的活动要写在带箭头的直线上。

2）转移的触发

状态之间的转移，不仅可以由人触发，也可以由系统触发。比如，当一个订单处于"已签收"状态且处于这种状态已超过 14 天时，用户还没有确认收货，则系统自动

标记订单为“已完成”，这就是由系统触发的。再如，如果房间湿度较低，系统就会自动打开加湿器，也就是将加湿器从“待机状态”转移到“开机状态”，而触发条件是房间的湿度低于 40%。

3. 开始

状态图也有表示开始和结束的符号，这两个符号跟流程图相同。

如图 8-3 所示，表示“开始”的符号是一个实心的小圆点，此时从小圆点向下引出一条带箭头的直线，直接连接“已提交，待审核”状态。从“开始”到“已提交，待审核”的转移，是在“用户单击提交身份信息”后产生的。“开始”不是一种状态，只是想让读者明白状态图从什么地方开始。“开始”只有一个，并且不可忽略。

4. 结束

如图 8-3 所示，表示“结束”的符号是一个带圆框的实心小圆点。和“开始”一样，“结束”也不是一种状态，只是想让读者明白状态图到哪里就结束了。“结束”仅起到提示作用，所以可以没有，也可以有一个或多个。然而关于用什么状态标记“结束”，并没有绝对标准。

常见的是，正常流程中的最后一个状态应标记为“结束”。比如，当身份审核状态变为“已通过”状态时，整个流程就结束了，那么就要标记“已通过”状态为“结束”。但是我们知道，即使审核通过，也可以再拒绝，因此“已通过”状态并不算绝对结束。所以，“结束”仅仅起到提示作用。另一种可标记为“结束”的状态是“已取消”状态。比如，一个订单有“已取消”状态，可以标记这种状态为“结束”。我们看一个案例。

图 8-4 所示的状态图是错误的。对于身份审核，状态变成“已通过”就算状态结束了，不存在“客服单击归档”操作。但如果流程中有“客服单击归档”操作，则要再加上“已归档”状态，然后再结束。这样做也是一个好习惯，可以清晰地表达状态图中有“已归档”状态。

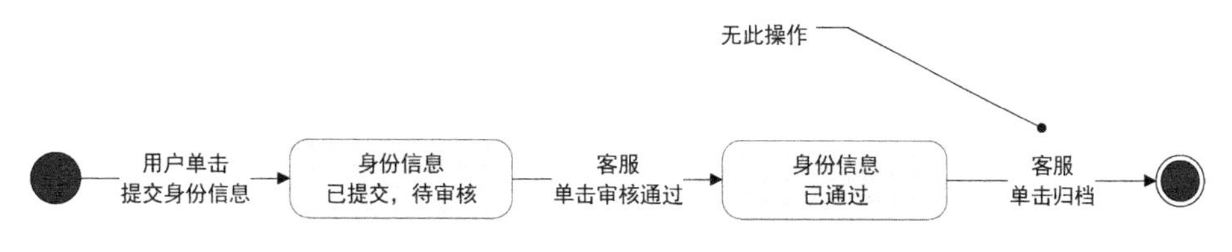

图 8-4 错误的状态图

通常，状态图都会有结束符号，但是对于嵌入式系统，只要通电了就没有结束。比如，一架遥控飞机在通电后就可以被操控起飞、停止等，停止状态并不代表飞机飞行的结束，飞机在停止后还可以继续起飞。如果关闭电源，则整个系统都无法工作，也就不存在状态。

5. 内部转移

还有一种特殊转移，被称为内部转移，用带箭头的回环表示。表明用户虽然可以操作信息，但并没有改变其状态。

比如，对于身份审核案例，如果用户在提交身份信息后，发现提交错误了，就需要重新提交身份信息。在用户重新提交身份信息后，身份信息的状态不变，仍然是“已提交，待审核”状态。此时就可用一个带箭头的回环表示，并且在线旁边写上“用户重新提交身份信息”。但用户把自己的身份信息提交错的可能性太小，所以通常在该场景下，我们不必加入“重新提交”功能。但在其他一些业务场景下，需要加入该功能。

比如，一个英语考试网站需要用户在线填写考试报名表，并且在线上支付费用。在报名的时候，用户要填写十多项信息，有邮寄地址、身份信息、照片等内容。如果邮寄地址填写错误，将导致证书收不到；如果个人信息填写不标准，将导致用户无法参加考试。这个时候，系统就要实现用户在提交报名表后能够修改报名表。

8.2.3 状态的注意点

状态图的表达方式有五种，非常简洁，但很容易被画错，从而导致原型图也出问题，所以我们要注意以下几点。

1. 有对象才有状态

简单理解，对象就是实际存在的一个事务。这个事务可以是某用户家的微波炉或某用户的身份认证信息。也就是说，一个具体事务就是一个对象。是对象就要有状态，并且状态只针对该对象。比如，微波炉的状态就是这台微波炉所处的状态，身份认证信息的状态就是用户的身份认证信息所处的状态。

状态是针对某个对象的，只有对象确定了，才有该对象的状态，产品经理把握住这点很重要。比如，在身份审核状态图中，有人会加入“身份信息已新建”这个状态，如图 8-5 所示，但这是错误的。

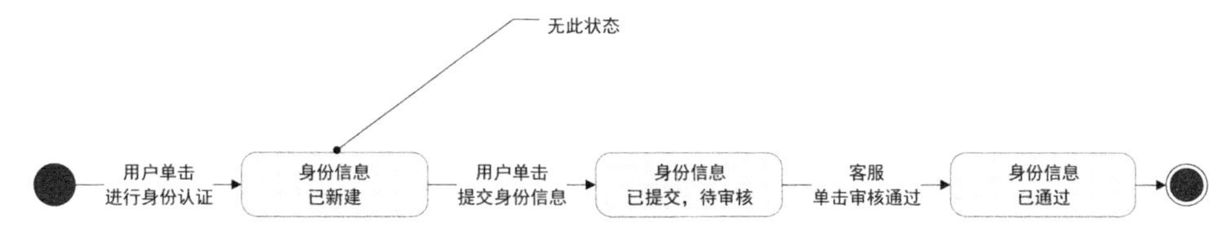

图 8-5　错误的身份审核状态图

“用户单击进行身份认证”操作不会产生“身份信息已新建”状态。对软件系统而言，这个操作只是打开了身份审核的界面而已。如果用户单击关闭，则系统不会保留该信息，也就是这个对象不会被创建。既然对象不存在，那么“身份信息已新建”状态就是不存在的，并且梳理出来的“新建”状态没有任何意义，也不会体现在任何页面中。

如果用户单击进行身份认证，在填写了一些内容后退出了系统，此时系统会将已填写的信息保存成草稿。在已填写的信息被保存成草稿后，用户再次回来，还可看到上次的信息，这时加入“草稿”状态就有必要。因此，梳理出的“草稿”状态是有意义的，会体现在页面中。

通常，只有在要填写的内容比较多的时候，才会有草稿状态，避免出现用户一次填写不完又保存不了的问题。

2. 表达“一个”对象

状态图用来表达对象的状态，并且一个状态图只能表达“一个对象”的状态。比如，不能在一个状态图中同时表达商品和订单的状态。为避免在一个状态图中表达两个对象的状态，我们建议在状态图中写上对象的名称。比如，在身份审核状态图中，每个状态中都有“身份信息”这个对象名称。

虽然状态中重复出现对象名称，但是有好处。下面我们通过一个错误案例来体验其好处，如图 8-6 所示。

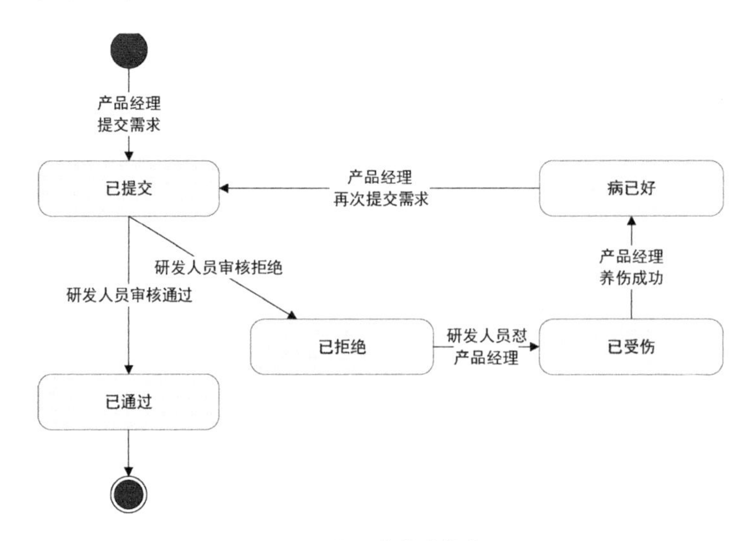

图 8-6　错误的需求状态图

图 **8-6** 所示的需求状态图表达了产品经理要提交需求，但如果需求写得不好，产品经理就会被研发人员拒绝，甚至会被研发人员打，这样产品经理就会受伤，受伤了就不能写需求了。这是一种幽默的表达，读者们不必当真，但状态图这样画就是错误的。一个状态图只能表达一个对象，而在这个状态图中有两个对象，分别是需求和身体。

首先，产品经理提交的需求是一个对象。需求的状态有已提交、已拒绝和已通过。这样就可抽象出一个需求管理系统，这个系统用来管理需求文档。

其次，产品经理的身体是另一个对象。身体的状态可以是健康、生病和死亡，这样就可抽象出一个医院管理系统，该系统定义了不同身体状态的处理流程。

两个对象用两个状态图表达是清晰的，如果要用一个状态图表达就会出现混乱。比如，产品经理即使生病也可以提交需求，即使不生病也可以不提交需求。是否生病和是否提交需求就是两件事，混在一起是没有意义的。

从该图中我们可以分别抽象出，需求的状态有"已提交"、"已通过"和"已拒绝"，身体的状态有"病已好""正养伤"。既然抽象出了两个对象，那么就要画两个状态图。

3. 不可有菱形标志

流程图用菱形来表达判断或分支，状态图在有的资料中加了菱形，但这不是主流。因为不加入菱形标志，将使状态图的表达更简洁和无歧义。

回顾图 8-2 所示修改后的身份审核流程图，当客服进行审核的时候，要判断用户提交的身份信息是否符合要求，如果符合，就单击“审核通过”按钮，如果不符合，就单击“审核不通过”按钮，这个过程就是判断。再回顾图 8-3 所示的身份审核状态图，如果也加入菱形标志，就如图 8-7 所示。

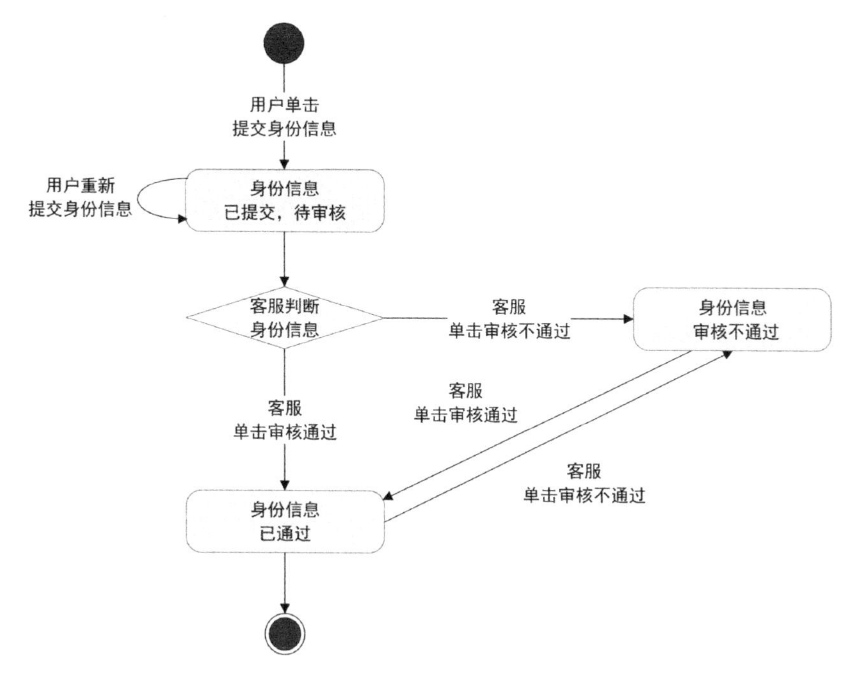

图 8-7　错误的身份审核状态图

在一些书中，作者会在状态图中加入菱形标志，本书不建议这么做。因为加入后状态图显得啰唆，不加也一样能让人明白。另外，加入菱形标志将导致状态图的表达逻辑出现混乱。比如，在“已提交，待审核”状态和“客服判断身份信息”之间的连线上，要标明什么操作呢？我们发现这不好说明。所以本书不建议加入菱形标志。

8.2.4　状态图和流程图的区别

在前面的内容中，我们强调了状态图和流程图是不同的，接下来我们深入讲解状态图和流程图的区别。

状态图和流程图在本质上都表达了一个事务的动态行为，只是从不同的角度来表达。状态图以状态为核心表达，流程图以活动为核心表达。根据图 8-3 所示的身份审核状态图和图 8-2 所示的身份审核流程图，我们来看状态图和流程图的区别和联系。

1. 内容上的区别

状态图表达的是对象的状态，如"已提交，待审核"状态。而流程图表达的是活动，如"用户提交身份信息"活动。在 UML 体系中，状态图表达的是状态之间的迁移，而活动图（流程图）表达的是活动之间的迁移。

在状态图中表示转移的线上写的内容，恰恰对应的是流程图的活动，如"用户单击提交身份信息"，两者的内容可以完全等价。流程图中表示转移的线上通常不写内容，只是在进行判断的时候，要在线上写明判断的条件。

2. 使用上的区别

在上文中我们提到，流程图梳理的是一项业务的大致流程，状态图梳理的是一项业务的细致操作。那么到底什么时候画流程图，什么时候画状态图？概括地说，流程多的时候画流程图，状态多的时候画状态图。依据这个原则，我们分别来看两者适用的情况。

1）需要画流程图的情况

身份审核流程、订单流程、登录和注册流程等，都需要画流程图。显然，这些都属于包括若干步骤的流程，并且判断条件多。我们可以通过画流程图理顺思路，避免设计错误。

2）需要画状态图的情况

身份审核流程、订单流程、商品审核流程、优惠券使用流程等，都需要画状态图。在这些流程中，每个对象都有很多种状态。我们通过画状态图就能明确不同状态下的操作。但是登录流程不需要画状态图。因为在登录流程中，没有什么状态。读者也可试着画一下，会发现并不好画出状态图。

3. 使用上的配合

通过上面的讲解，我们发现订单流程既要画流程图，也要画状态图。在这种情况下，我们就要考虑两个图如何配合。通常，先画流程图，再画状态图。流程图梳理大致流程，状态图梳理细致操作。

比如，对于订单流程，我们就要先用流程图来梳理订单的大致流程。在梳理过程中，我们发现该流程涉及订单的很多状态，这就需要进一步画状态图。我们通过状态图就可以明确在订单的每个状态下，谁能进行什么操作，从而避免操作的遗漏。

什么时候画状态图，什么时候画流程图，其分界线并不绝对。建议初学者将两种图都画一遍，如果觉得其中一种图意义不大，那么下次就可以不画。

8.2.5 本节小结

在本节中，我们介绍了什么是状态图、状态图的表达方式，以及状态图和流程图的区别。其中，状态图有五种表达方式，分别是状态和转移、开始和结束、内部转移。这五种表达方式的总结如表 8-1 所示。

表 8-1　状态图五种表达方式的总结

画　　法	名　　称	说　　明
主语+状态	状态	表示一种状态，建议写法为“主语+状态”
——（主）动宾 ——→	转移	表示每种状态的转移顺序。线上标记触发转移的操作或条件，操作用“（主）动宾”的写法
●	开始	标记流程的起点，不代表任何状态，开始只有一个
◉	结束	标记流程的终点，不代表任何状态。结束可以没有，也可以有一个或多个
∩	内部转移	是一个回环，表示在一个活动后，当前状态并没有改变

最后补充一点，通过运用状态图，我们可以更全面地思考业务。状态图和前后台的原型图存在严格的一对一关系，我们可以此来指导原型图设计。

比如，在身份审核的案例中，在用户提交信息后，身份信息的状态就变成了“已提交，待审核”状态。如果在该状态下用户仍能编辑身份信息，那么就应画一个回环，来表达内部转移。该编辑功能就要在用户端原型图里呈现。在“已提交，待审核”状态下，客服可以进行“审核通过”和“审核不通过”的操作，这些操作也要反映在后台的原型图中。限于篇幅，本书不再讲解原型图，请读者思考其中的对应关系。

8.3 用状态图梳理操作

本章重点呈现了用状态图梳理业务操作。通过状态图我们能够达到的目标是，避免遗漏一些操作，并把各种异常考虑全。我们举的例子是电商平台的商品管理。商品管理在本质上是内容管理，内容管理包括文章管理、短视频管理、优惠券管理等，这些内容管理有比较类似的操作逻辑。

在电商平台上，商家可以发布商品，平台可以审核商品。为了简化流程，我们只考虑人工审核商品，不考虑自动审核商品。为了挖掘出所有的状态和操作，我们需要按以下几个步骤来做。

- 步骤一：绘制主干的状态
- 步骤二：进行状态的拆合
- 步骤三：完善分支的状态
- 步骤四：完善角色和操作

8.3.1 步骤一：绘制主干的状态

对于商品管理，我们先要考虑主干的状态，并忽略一些次要的分支状态。商品管理主干的状态如图 8-8 所示。

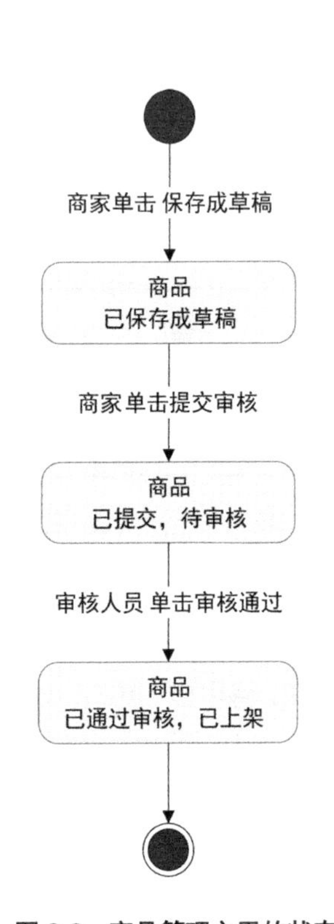

图 8-8 商品管理主干的状态

图 8-8 所示的状态图很简单，和上文中的身份审核状态图很类似，只是多了一个"商品已保存成草稿"状态。状态图中有"商品已保存成草稿"状态的原因是商家可能无法一次编辑完所有的商品信息。先编辑一点儿保存成草稿，留待以后再编辑也是可以的。在该步骤中，对于"商品已被审核拒绝""商品已被删除"等状态，我们不必现在考虑，可留待以后考虑。

8.3.2 步骤二：进行状态的拆合

状态是否存在都是基于业务要求的，在步骤一中我们拆分出了“商品已保持成草稿”状态，就是基于业务的需求拆分的。在步骤二中，我们基于业务，要进一步完善状态。此时，我们的思考方式是：先用两个词表述状态，再确认这两个词是要拆分，还是不拆分。

我们在上文中提到，一个状态可用两个短语表述。比如，一个商品处于“已提交，待审核”状态，这个状态就是用两个短语表述的，此时我们要思考可不可以将之拆分成“已提交”和“待审核”两个状态？还是维持不变？显然，商家已经提交了信息，目的就是让平台立即审核，所以“已提交，待审核”状态没有必要拆成两个状态。

但是，当一个商品处于“已通过审核，已上架”状态时，我们就可以考虑将其拆成“已通过审核”和“已上架”两个状态。比如，对于一个团购平台，其大多数商品是定时上架的。在这种情况下，一个团购商品即使通过审核了，也不能在前台显示，而要等到规定的时间才能上架。因此，我们需要拆分出“已通过”和“已上架”两个状态。这两个状态也可以换一种表述，分别为“已通过审核，待上架”和“已上架，正销售”，如图 8-9 所示。

我们继续思考，“已上架，正销售”状态是否要拆成两个状态呢？仍然可能有必要，因为一些团购的商品只是显示在前台，也就是处于“已上架”状态，但未到售卖时间，是不能进行销售的，也就是处于“已上架，待销售”状态。只有到了售卖时间，该商品才会变为“正销售”状态。

因此，“已上架，正销售”状态还可拆分成“已上架，待销售”和“正销售”两个状态。但是为了说明主要问题，简化状态图，我们认为该业务的逻辑是，商品只有“已上架，正销售”状态，也就是商品只要上架就可销售，并不需要拆分出新的状态。

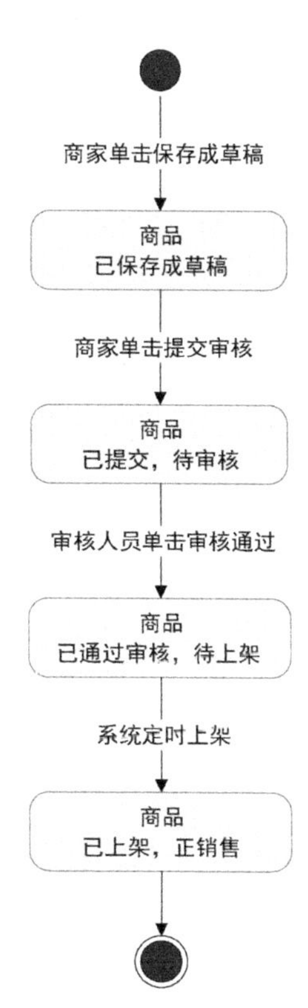

图 8-9　进行状态拆分

8.3.3　步骤三：完善分支的状态

在主干的状态梳理完毕后，我们还需要梳理分支的状态。分支状态可通过寻找和主干状态相反的状态来获得。

（1）既然商品有“已通过审核”状态，那么就要有“已拒绝”状态。

（2）既然商品有“已上架”状态，那么就要有“已下架”状态，而下架的原因又包括商家自己主动下架和商品卖光自动下架，即有“已下架”和“已卖光”状态。

（3）既然商家可以创建一个商品，那么就可以删除一个商品，即商品有“已删除”状态。

基于以上几种情况，我们可以抽象出新的状态，包括“已拒绝”“已下架”“已卖光”和“已删除”。加入这几种状态的状态图如图 8-10 所示。

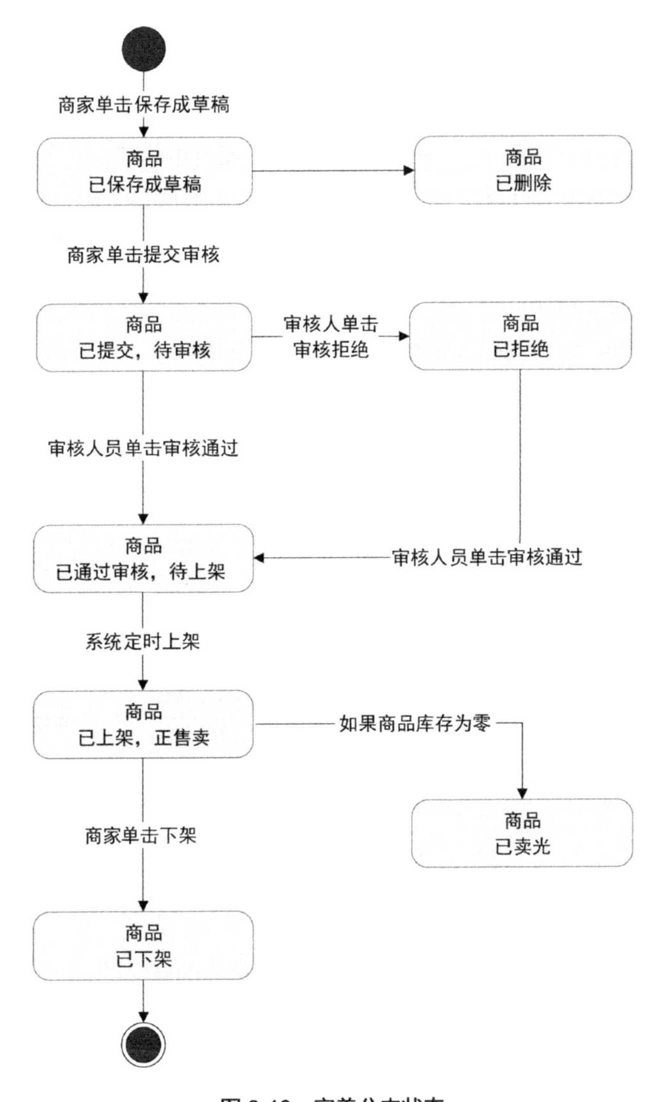

图 8-10 完善分支状态

8.3.4 步骤四：完善角色和操作

一种状态有可能转移到任何一种状态，包括转移回自己。而任何角色都可通过操作触发状态的转移，这个角色可以是商家、审核人员和系统等。我们要找到所有的操作，需要思考的是：每个角色能否将当前状态转移到任意状态，也包括当前状态。

接下来我们按照这个方式进行思考。我们要分别从商家、审核人员和系统这三个角色出发，思考每个角色能进行的操作。按照这个方式，我们在图 8-11 中加入了这些操作。为了便于阅读，所有新增加的操作都用粗体并加下画线做了标记。

1. 商家的操作

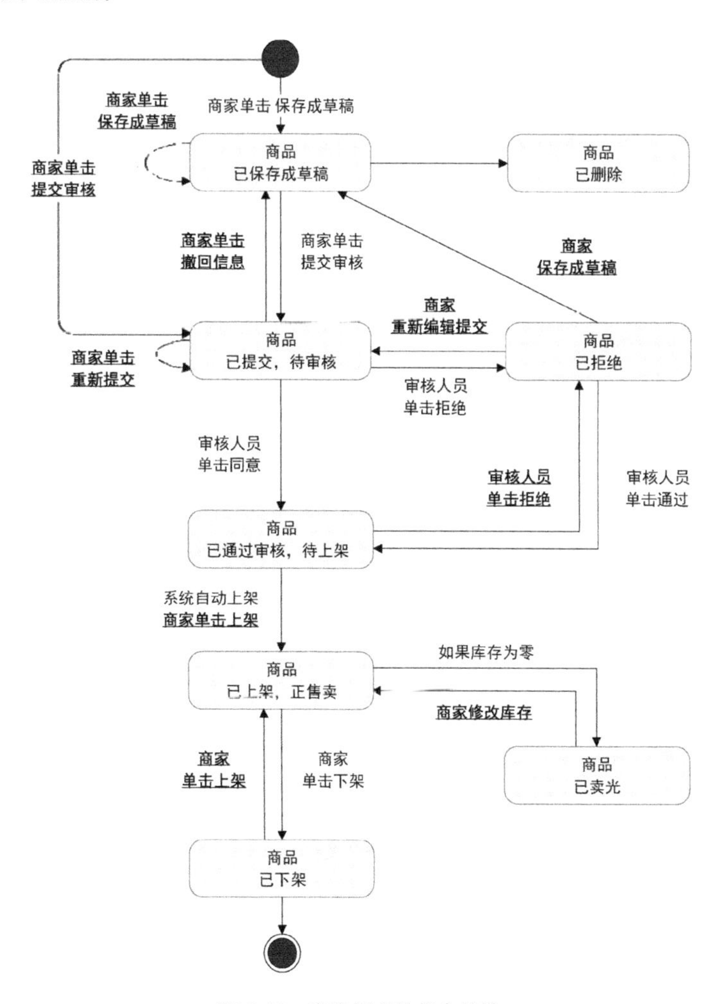

图 8-11 商家促成的状态转移

1）从“开始”能不能转移到其他状态

从商家的角度看，从“开始”进行梳理，逐一梳理出七种状态，包括“已保存成草稿”“已提交，待审核”“已通过审核，待上架”“已拒绝”“已下架”“已上架，正售卖”“已卖光”。“已删除”状态没有列出，原因是该状态较为特殊，我们会单独说明。

商家在新建商品的时候，除了可以将商品信息保存为草稿，还可以直接提交信息进行审核，此时商品的状态变为“已提交，待审核”状态。因此需要增加转移连线，从“开始”直接引线到“已提交，待审核”状态。

2）从“已保存成草稿”状态能不能转移到其他状态

从商家角度看，除了可以从“已保存成草稿”状态转移到“已提交，待审核”状态，还可以在“已保存成草稿”状态下继续编辑商品信息，并再次保存为草稿，因此需要在“已保存成草稿”状态下，增加回环转移连线。

3）从“已提交，待审核”状态能不能转移到其他状态

从商家角度看，从“已提交，待审核”状态可转移到“已保存成草稿”和“已提交，待审核”两个状态。其中，转移到“已保存成草稿”状态相当于撤回，转移到“已提交，待审核”状态说明商家发现商品描述有问题，要修改后再次提交，此时状态还是“已提交，待审核”。

4）从“已拒绝”状态能不能转移到其他状态

从商家角度看，当一个商品被拒绝时，商家有两种选择：要么修改完内容立即提交，再次等待审核，即从“已拒绝”状态到“已提交，待审核”状态；要么直接修改并保存，相当于撤回，即从“已拒绝”状态到“已保存成草稿”状态。

5）依次梳理其他几个状态的转移

按照同样的方法，我们可梳理其他状态的转移。所以，我们又增加了三种转移，分别是从“已下架”状态到“已上架”状态、从“已卖光”状态到“已上架”状态、从“已通过审核，待上架”状态到“已上架”状态。其中，在从“已通过审核，待上架”状态到“已上架”状态的转移中，系统可以自动上架，即到时间自动上架。但是，商家想提前上架也是合理的，此时我们也要支持“商家单击上架”。

除了上面三个转移，在“已上架，正售卖”状态中，我们还应考虑，商家会修改商品描述，并再次提交审核，即变成“已提交，待审核”状态。

2. 审核人员的操作

在梳理完毕商家的操作后，梳理审核人员的操作也是一样的。我们可以梳理出，审核人员可以将“已拒绝”状态转化成“已通过审核”状态，也可以将“已通过审核”状态转化成“已拒绝”状态。从业务角度看，因为有可能存在错误操作，所以要允许审核人员修改自己的错误。

此外，还有一种特殊的转化要注意，比如，平台出了新规，要打击假货，要对上架的商品进行整顿，这时就需要进行批量下架操作。此时对于平台端，要能够看到商家已上架、已下架和已卖光的所有商品，并进行批量下架操作。这种情况不同于常规商品的审核，我们不在本状态图里体现。

3. 系统的操作

系统也可以改变商品状态，在本案例中只有两种情况，分别是定时上架和卖光下架，没有其他的操作了。

4. 删除状态说明

删除状态是一种特殊状态。一方面，如果为了追求灵活性，可以在任何状态下删除该商品。但是带来的问题是，有可能会造成误删。所以只有在个别情况下，才允许删除商品。另一方面，要删除已上架的商品，通常在业务上没有必要。因此，我们可允许在“已保存成草稿”“已下架”等状态下删除商品。

在状态图中，要表达这种转移，将造成状态图连线过多。此时，我们可以通过在状态旁边加备注来说明，即在“已保存成草稿”和“已下架”状态下，商家可删除商品。

为了防止误删，我们可以设置回收站功能。在商家删除商品后，商品自动进入回收站，可设定在三个月后，该商品就会在回收站中彻底被删除。

8.3.5 本节小结

通过以上四个步骤，我们就能厘清业务的状态。思考过程也是先粗后细、逐步完善的。

步骤一：绘制主干的状态。在梳理主干的状态时不用梳理细节或分支状态。

步骤二：进行状态的拆合。思考每种状态是否要拆分或合并，通常应多考虑是否要拆分。

步骤三：完善分支的状态。通过上面两步，我们梳理清楚了主干状态，这一步就要考虑分支状态，或者异常状态。其中，分支状态除了有"已通过审核"状态，还有"已拒绝"状态。而异常状态是指，当出现卖光等情况时要如何处理。

步骤四：完善角色和操作。在梳理完所有状态后，我们就要思考状态之间如何转移。此时要从角色和操作两方面思考。角色包括商家、审核人员和系统，操作方面的思考是考虑从一种状态能否转移到其他任意一种状态。

对状态图进行梳理，首先要有方法，其次要懂业务。产品经理必须去调研业务和熟悉业务，才能挖掘出所有状态，并明确状态间的转移，从而满足业务的需求。

8.4　状态图的布局样式

在绘制状态图的时候，我们需要考虑图的布局和文字表述。我们对这些要求做了汇总，分别如下。

1. 主状态从上到下画

这样做的好处是，能让人清晰地看到一条主线，进而理解核心内容。次要状态可放在主状态的右侧，如果右侧已经被占满，则可以列在左侧。

2. 线条和文字颜色统一

线条和文字的颜色要统一，建议用蓝色或灰色。统一颜色的好处是，便于产品经理快速维护文档。但是，不同角色的操作可以用不同的颜色。这样可以让读者快速知道不同角色会做什么。比如，用户的活动用黑色，审核人员的活动用红色。

3. 状态的文字表述

状态的文字表述要注意以下两点。

（1）状态用"主语+状态"表述：该原则在前文已强调过，好处是可以强调在表达哪个对象的状态。同时主语占一行，状态另占一行，这样行文会更加清晰。

（2）状态用两个短语表述：比如，商品已经提交，就等于商品等待审核，此时可以用两个短语描述一个状态，即“已提交，待审核”。

4. 进行必要的简化

完整状态图的连线非常多，这样会导致状态图很乱，因此需要简化，在简化时需注意以下两点。

（1）线条合并：按照规定，如果两个状态间可互相转移，如从“已通过审核”状态可转移到“未通过审核”状态，从“未通过审核”状态也可以转移到“已通过审核”状态，就需要画两条单向箭头线。此时就可以简化，即在“已通过审核”状态与“未通过审核”状态之间画一条两端都有箭头的线。

（2）多用备注：任何状态都可能转移到“已删除”状态，这样将导致连线很多，因此可以在“已删除”状态旁边加备注，说明在什么情况下可以删除该对象。

8.5 状态的进阶知识

遵循以上四个要求，我们就能通过状态图梳理完业务的操作了。接下来我们再来学习一些知识，以便更深入地理解状态，完善设计。同时，产品经理也要学习技术知识，避免和研发人员出现沟通问题。

8.5.1 状态的进阶设计

1. 按显示不同确定状态

确定是否要有某种状态，除了前文中所讲的方法，我们还应考虑在显示上是否有区别。如果在显示上有区别，就要用两种状态显示。比如，我们应将“已卖光”和“已下架”看作两种状态，而不应该把“已卖光”作为“已下架”的原因，将这两种状态合并成“已下架”。

因为一方面，给 C 端用户看的前台显然会显示两种状态，一种是“已卖光”，一个是“已下架”。如果显示“已卖光”，用户可单击“到货提醒”按钮，在补货后系统将提醒用户已到货。显然，这两种状态对用户来说不是一回事。

另一方面，在 B 端商家的后台，商家也希望商品显示为两种状态，这样可快速筛选出已卖光的商品，然后进行补货，或者快速筛选出人工下架的商品，然后单击上架。对商家而言，对处于这两种状态的商品有不同的处理逻辑。

对状态来说，到底如何确定，没有严格的限制。其基本逻辑是，如果两种状态的显示有明显区别，操作有较大不同，那么这两种状态就不应合并。

2. "编辑中"状态的说明

通常在商品管理或文章管理中，"编辑中"状态不应画到状态图中。因为"编辑中"状态与"草稿"状态、"待审核"状态、"审核通过"状态不是一个层次的问题。

比如，当商家进入草稿箱，打开商品进行编辑时，这个商品就处于"编辑中"状态。再如，当审核人员打开待审核状态的商品时，这个商品就处于"审核中"状态。总之，只要打开一个商品，该商品就处于"编辑中"或"审核中"等状态。要把这些状态画在状态图中，显然不合适，也没有必要。

3. 重新提交时的状态

一个已上架的商品仍然可能需要重新编辑信息。这些信息包括商品的描述、价格或库存等。其中，在商家修改价格或库存后，商品通常不需要再审核，还是处于"已上架"状态。如果商家修改了商品的描述，商品就需要再审核，确保重新编辑的信息符合平台规定。按照有的人的理解，此时该商品就进入"待审核"状态。

然而，这样做会产生一个问题，即商品在"待审核"状态下，是否能被前台用户看到？按照现有逻辑，对于正在审核的商品，用户是不能看到的。但这样做不合理，更合理的处理方式是在平台审核新的商品信息时，要让用户能看到商品的旧信息。在审核人员审核通过后，新的商品信息就会覆盖旧的商品信息。这种处理方式显然是合理的。

对于文章审核，这种处理方式也是一样适用的。下面是笔者遇到的一个真实例子，因为这点设计不当，导致平台产生损失。

笔者曾经在某社区平台上发表了一篇文章。之后社区平台就把该文章推荐到微博等渠道。但是，在推荐后笔者修改了该文章，之后重新提交了文章。

然而该社区平台的逻辑欠妥，重新提交后的文章就进入待审核状态，在该状态下 C 端用户看不到这篇文章，在审核通过后，C 端用户才能看到。因此，当时通过微博

等渠道来看文章的用户只要访问该文章，该社区平台就显示无法找到，白白浪费了用户流量。

在这个案例中，审核修改后的文章的逻辑也要和商品的二次审核逻辑一样，即在平台审核修改后的文章的时候，前台应显示旧的文章内容。

8.5.2 状态的实现原理

我们在前文中梳理出来了状态图，还需要了解一些研发知识，包括锁的机制和作用、研发人员如何实现状态。这样产品经理就能应对研发人员的提问，并实现状态的可扩展性。

1. 锁的机制和作用

我们在前文中提到了“编辑中”“审核中”等状态，这些状态同“已提交，待审核”“已通过审核”等状态并不是一个层面的概念。要理解“编辑中”“审核中”等状态，就要理解锁的机制。锁的机制是设计数据库的一个通用机制，作为产品经理应有所了解，从而完善交互原型。

锁的机制是指，当用户单击“编辑”按钮时，该商品就处于锁定状态，此时如果其他用户单击“编辑”按钮，平台就会提示“当前信息正被编辑，暂无法操作”。当平台出现这个提示时，就说明该信息已被加了锁。

加锁过程是，在用户单击“编辑”按钮打开编辑界面后，系统就将该信息锁定，该用户也就获得了锁。在该用户拥有锁的期间，其他任何用户都不能编辑或审核。只有等该用户关闭编辑界面，其他用户才能操作。

加锁是为了避免数据不一致，加锁后只有一个人可以编辑。避免两个人同时编辑，从而导致内容互相覆盖而不知道。加锁也能避免一些异常问题出现。笔者曾经和一个运营人员沟通，他说有时候明明看到的商品信息是 A 内容，但是在审核通过后，发现商品信息变成了 B 内容，并且这种情况还不少，其实就是因为研发人员没有加锁。

表 8-2 所示是没加锁时的审核。表 8-3 所示是加锁时的审核。

表 8-2　没加锁时的审核

时　间	商　家	审 核 人 员
12:00	打开商品编辑界面，并修改商品标题	
12:05		打开审核界面，看到修改后的新商品标题
12:10	商家修改了商品描述，并保存	
12:15		单击审核通过，但不知道已经修改了商品描述

表 8-3　加锁时的审核

时　间	商　家	审 核 人 员
12:00	打开商品编辑界面，开始编辑信息，同时获取该商品的锁，并修改商品标题	
12:05		打开审核界面，获取该商品的锁失败，系统提示“商家正在编辑”
12:10	商家修改了商品描述并保存，关掉当前界面，同时锁被释放	
12:15		打开审核界面，成功获取该商品的锁。审核人员发现商品描述违规，单击“审核拒绝”

通过比较表 8-2 和表 8-3，我们知道了加锁的作用。

最后做一下补充。程序加锁需要触发条件，该条件可以是任意一个动作。比如，商家单击“编辑”按钮，审核人员单击“审核”按钮。总之，只要单击了某个按钮或进行了某个操作，就能触发程序加锁。

锁的机制是必须要有的，合格的研发人员都会加入，不需要产品经理提醒。产品经理应知道此机制，并在相应的操作界面中加入提示文字，即如果一条信息被锁定，就要提示用户正有人编辑该信息。

2. 研发人员如何实现状态

我们在前文中梳理的状态，是从业务角度考虑的，但是这些状态不等于研发人员的实现方案。有的时候，研发人员会向产品经理要研发设计方案。

笔者和一名产品经理聊天，他说公司网站前台要展现一些线下活动，这些活动有开始时间、结束时间和活动内容。他负责设计后的活动管理，并画出了活动的状态图和原型图。产品负责人也认为他做得很好。但是，在他将这些状态图和原型图交给研

发人员的时候，研发人员提了问题："请告诉我这些活动的初始状态是什么？比如，在待审核的时候，其初始状态是什么？状态值要如何设置？"

通常，对于研发人员如何实现状态，产品经理不需要考虑，但有的研发人员可能会问这个问题。所以，产品经理就要回答该问题，这样就能避免研发人员出错并导致后续迭代出问题。

接下来我们先讲解研发人员的实现方案，再讲解产品经理如何回答问题。不过，对于这部分内容，产品经理要懂点儿研发知识，才能更好地理解。

1）研发人员的实现方案

研发人员要实现活动方案，就会给活动设置若干种状态，实现的活动状态如表 8-4 所示。该表将活动划分为多种状态，而不是一种状态，其中有：①活动上下架状态，其状态名是"上架"和"下架"；②活动审核状态，其状态名是"未审核"、"已审核通过"和"已审核拒绝"。

表 8-4 研发人员实现的活动状态

```
上下架状态
    编号    状态名
    0       上架
    1       下架
审核状态
    编号    状态名
    0       未审核
    1       已审核通过
    2       已审核拒绝
```

我们发现，研发人员实现的活动状态和活动状态图中的状态不同，并没有"已通过审核，待上架"和"已通过审核，已上架"两个状态，而是将状态拆分成了两类，分别是"上下架状态"和"审核状态"。这就是研发人员的实现方案，这样做也能实现产品经理的设计目标，并且有很好的灵活性。

2）研发人员的实现方案的好处

该方案有很好的灵活性，既能实现产品经理要求的状态，也方便产品经理迭代该状态。

比如，在平台新增活动并提交审核后，系统默认的审核状态是"未审核"，默认的上下架状态是"已下架"。如果审核人员单击审核通过，则审核状态变为"已审核通过"。此时对于上下架状态，既可维持"已下架"状态，也可设置为"已上架"状态。至于如何设置，产品经理可基于业务需求去考虑。

比如，产品经理说本次要求"审核通过立即上架"，则研发人员可依据需求，将上下架状态改为"已上架"。但在下一版本时，产品经理说本次要求"审核通过后还是保持下架状态"，需要由平台单击"上架"按钮才能上架。此时研发人员可再修改逻辑，将上下架状态改为"已下架"。所以，研发人员的实现方案更加灵活，可依据产品经理的需求修改逻辑。

研发人员会给状态名加编号，比如，0 代表未审核状态，1 代表已审核通过状态，2 代表已审核拒绝状态。加编号的好处是，便于以后修改状态的名称。

最后做个补充，活动还可能有其他状态，比如：① 显示状态，该状态决定活动是否在列表页出现；② 发布状态，该状态决定是否可被搜索到。是否加入这些状态，要根据业务的需求来确定。

3）产品经理如何回答

再回到前文中的研发人员和产品经理的对话。当时研发人员问了问题："状态的初始值是什么？"此时，产品经理可这样回答："活动有上下架状态，包括已上架状态和已下架状态，初始状态是已下架状态；活动有审核状态，包括未审核、已审核通过、已审核拒绝三种状态，初始状态是未审核状态。"

通常，即使产品经理不回答，研发人员也要实现这些状态，从而保证方案的灵活性，而且也不需要产品经理明确默认值。如果研发人员需要确认，那么产品经理就要告诉研发人员如何做。

8.6 本章提要

1. 流程图梳理的是一项业务的大致过程，状态图梳理的是一项业务的细致操作。状态图描述了一个对象所处的状态，以及用什么操作可促成状态的转变。比如，对于订单这个对象，当用户支付了订单时，订单变成已支付状态；当运营人员单击了发货时，订单变成已发货状态。

2. 状态图有五种表达方式，分别是状态和转移、开始和结束、内部转移。状态的转移可以由人触发，也可以由系统触发。只有对象确定了，才有该对象的状态，并且一个状态图只能表达一个对象的状态。状态图不可有判断标志。

3. 用状态图梳理操作，可分为以下四个步骤：绘制主干的状态、进行状态的拆合、完善分支的状态、完善角色和操作。根据这样几个步骤，就能把状态和操作想全，不产生遗漏。

4. 梳理状态的技巧如下。（1）按页面显示的不同，来确定是否加状态。当要求页面显示的内容不同，并且要明确区分时，就要设置出状态。（2）“编辑中”状态是一种特殊状态，通常没必要抽象出来。（3）在已上架商品的信息被重新修改后，一般应确保前台仍能看到原信息，新信息在审核通过后覆盖原信息。

5. 研发人员的状态实现原理有：（1）信息有锁的机制，通过给信息加锁，避免同时操作信息而造成信息不一致；（2）研发人员会把状态拆得更细，如一个商品有上下架状态、审核状态、显示状态等，这样可灵活适应不同的业务需求。

第 9 章

信息结构

做细节三大要素的第三个要素就是信息结构，要梳理信息结构，就要用到类图。无论是流程图，还是状态图，都梳理的是业务的动态行为，而类图梳理的是业务的静态结构。在用了类图后，产品经理就能厘清信息之间的结构关系。

常见的信息结构包括订单和物流的数量结构、课程和教师的数量结构等。类图是表达静态结构的。静态结构虽然不复杂，但是如果设计错误，就会导致研发人员返工。本章我们就学习类图，并用该图梳理信息结构，包括的内容如下。

- 类的作用和表达
- 类图的应用场景
- 用类图梳理内容
- 用类图梳理组织
- 用 E-R 图表达信息关系

通过学习，我们将掌握类图的表达方式，理解类图适用的场景，并能用类图厘清信息之间的结构关系。最后，我们再学一种梳理方法，即用 E-R 图梳理信息结构。

9.1 类的作用和表达

我们要先理解类的作用和概念，之后再看类的表达。

9.1.1 类的作用

类表达的是信息结构和信息之间的关系。比如：（1）明确信息间的数量关系，如一个订单是否支持多个发票、一个订单是否支持多个物流、一门在线课程是否支持多个老师同时授课；（2）定义信息的内容，如明确一个订单含有订单编号、创建时间等内容，明确一门在线课程含有课程名称、上课时间等内容。

用类梳理出来的信息关系可指导原型图的绘制。比如，如果一个订单支持多个物流，那么这个订单就要显示多个物流，并且这个订单也能分成多个包裹发货。再如，一门在线课程支持多个老师授课，那么在后台给课程添加老师时，交互设计就要有所不同。明确了信息的内容，也就明确了在新建一个订单或课程的时候，必须填写的项目是什么。

类的内容虽简单，却是设计的基础。如果设计不当，会出现以下问题。

（1）数据有冗余，并导致前台展示出问题。比如，产品经理设计的新建课程界面每次都要输入该老师的姓名，而不是选择该老师。那么要展示该老师的所有课程，就会遇到问题。因为老师可能重名，所以依据老师的姓名汇总课程，就没办法分出两个同名老师的课程。

（2）字段有遗漏，并导致运营人员的工作增加。比如，一个商品如果不能设置品牌，那么在按品牌来筛选该商品时，就不好实现。即使以后改了，原有的商品还是需要重新编辑，这就增加了运营人员的工作量。

综上所述，类是产品设计的基础，必须谨慎处理，避免出现问题。也许读者会说，自己考虑了这些内容，说明读者已经有了类的思维。但是还应系统学习，这样有利于更全面地思考信息结构。尤其对于一个大系统，其信息结构复杂，必须梳理清楚。

9.1.2 类和对象的概念

对于“类”这个概念，很多产品经理比较陌生，但对于“对象”这个概念，产品经理则比较熟悉。其实类和对象这两个概念是相辅相成的关系。为了理解这两个概念，我们举两个例子。

1．生活中的例子

比如，狗属于犬科，在计算机软件领域中，我们称其为“犬类”，认为犬为一个

"类"。对"犬类"来说，都有共同的属性，如犬类有品种、名字、公母、健康状态等。而对于一只实际存在的狗，我们可以说，这只狗的品种是诺福克梗犬，名字叫米欢，年龄是 3 岁，是只小母狗，狗的健康状态是良好。在计算机软件领域中，我们就称，米欢这只狗为一个"对象"，如图 9-1 所示。

图 9-1　米欢是一个对象

对象的定义如下。

对象（Object）是对现实事务的抽象，是一个具有边界并包括属性、状态和行为的实体。

基于上面的概念，我们认为米欢这只狗就是一个对象，并具有以下内容。(1) 对象的属性：名字、品种、年龄等。对象的属性值为：名字是米欢，品种是诺福克梗犬，年龄是 3 岁。(2) 对象的状态：健康状态、休息状态等。该对象的状态值：健康状态是良好，休息状态是醒着。(3) 对象的行为：这个行为是正看着你。以上就是对象的属性、状态和行为。接下来我们再看看类的概念。

类（Class）是对一组具有相同属性、操作和关系的对象的描述。结构良好的类具有清晰的边界和关系。

比如，犬科是一个类，该类的属性有姓名、品种、年龄等，该类的状态有健康状态、生病状态等，该类的行为有吃、叫等行为。其实，只要把相似的东西归在一起，就可以称为一个类。如果把人和狗放在一起，就可称为哺乳动物类。其相似的地方是胎生哺乳、体温恒温等。最后，概括一下类和对象的关系。

类是对具有共性的一组对象的描述，对象是类的一个实际例子。

推而广之，我们可以抽象出汽车这个类、人这个类、微波炉这个类。在抽象完类之后，我们还需抽象类之间的关系。比如，狗和人都是类，但一只狗可以拥有多个狗主人，这说明类之间存在数量关系。

在日常生活中，我们可以说我们在吃水果，但这是不严谨的。我们不能吃水果，因为不存在水果这个东西。其实水果是一个类，该类下有苹果、梨、榴莲等。因此，我们应该说在吃一个苹果，或者说在吃水果这个类中的某个苹果。然而，如果人都这么说，显然就太累了。

在理解了对象、类，以及对象和类之间的关系后，我们下面再做两点补充。

1）对象也被称为类的实例

“对象”的同义词是“类的实例”，所谓“实例”就是指实际的一个例子。比如，米欢是犬类中一个实际的例子，也就是一个对象。

2）可从多个角度抽象类

在上文中，我们把“犬”这个类抽象出品种、名字和年龄等属性。我们还可以换个角度抽象。比如，生物学家会把犬类抽象出头、眼睛、腿等属性。再如，生物学家还可抽象出“哺乳动物”这个属性。从什么角度抽象类是构建系统的重点。

2. 互联网领域的例子

通过生活中的例子，我们理解了类和对象的概念，我们要将这些概念应用在软件中，从而指导产品的设计。为此，我们再举一个外卖订单的例子。

对于一个外卖订单，我们可以抽象出“订单”这个类，而用户下的一个具体订单就是一个对象，也就是类的实际例子。“订单”这个类的属性有订单编号、订单总价等。“订单”这个类还有状态信息，状态值可以是已支付、已到货等。

订单还有物流信息，“物流”也可抽象成一个类，该“物流”类含有的属性有物流单号、发货时间等。而一个订单可对应多个物流，这就说明了类之间的数量关系。

3. 日常如何沟通

在明白对象和类的定义后，我们发现虽然我们谈论的是类，但目的还是要梳理出订单的信息和物流的信息，以及这两组信息间的数量关系。因此，类的作用就是梳理信息。

在工作中，我们也可以不提类的概念，而用信息这个词来代替。比如，产品经理可以说，我们在梳理订单信息、物流信息和支付信息等，以及要梳理这些信息间的数量关系，这样也是没有问题的。在工作中用"信息"而不用"类"来沟通，这样可避免因对方不知道"类"的概念而出问题。

9.1.3 类的基本表达

产品经理需要梳理类，主要梳理类的属性，以及类之间的数量和关联关系。用类图可直接地表达这些内容。接下来我们会讲解类图的基本绘制和类之间的数量关系。我们还是以外卖订单为例来说明。

1. 类图的基本绘制

对于一个外卖订单，订单就是一个类，该订单类的属性有订单编号、下单时间和订单总价等。这些内容如图 9-2 所示，图 9-2 所示就是一个类图。

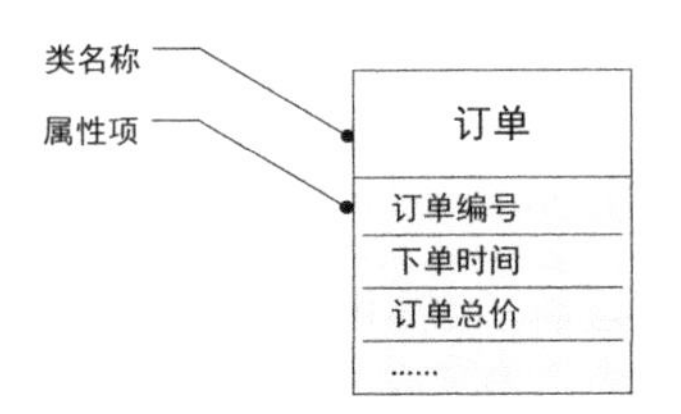

图 9-2 外卖订单的类图

在一个类图中，用一个方框代表一个类，并在方框中用线条隔开。最上面是"类名称"，下面是类的"属性项"，几个属性项之间可再用线条隔开。注意，订单的属性项有很多，可只列出几个主要属性项。列属性项的目的是表达该类大致包含什么。未考虑到的属性项可由研发人员或产品经理以后补充。

2. 类之间的数量关系

订单是一个类，用户也是一个类，这两个类之间有数量关系。用户这个类含有姓名、手机号和邮箱等属性项。一个用户既可以不下订单，也可以下多个订单。用户和订单间的数量关系如图 9-3 所示。

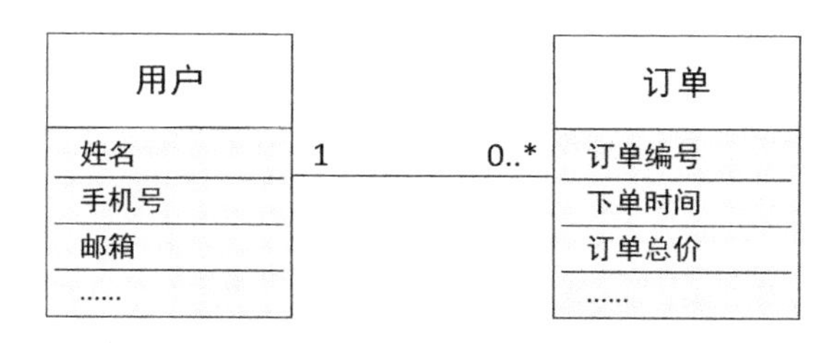

图 9-3　用户和订单间的数量关系

在图 9-3 中，为了表达 1 个用户可以创建 0 个或多个订单，我们可以在用户这个类旁边写“1”，表示 1 个用户。在订单这个类旁边写上“0..*”，表示 0 个或多个订单。其中，“..”表示的是从一个整数到另一个整数；“*”表示的是 1 或任意一个整数。

订单除了和用户有数量关系，和支付信息、订单项、物流项及发票项之间也有数量关系。这些数量关系如图 9-4 所示。

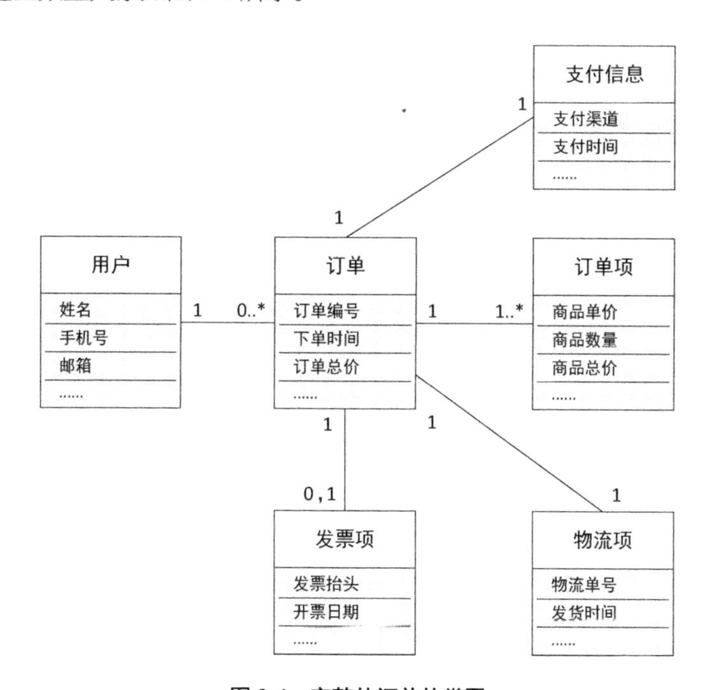

图 9-4　完整的订单的类图

图 9-4 表达了各个类之间的数量关系，具体解释如下。

订单项：一个外卖订单可能包含 1 个或多个菜品，每个菜品就是 1 个“订单项”。比如，一个订单含有 1 份宫保鸡丁和 2 份米饭，那么 1 份宫保鸡丁就是 1 个订单项，2 份米饭也是 1 个订单项。这 2 个订单项共同构成了的订单信息。1 个订单至少应有 1 个订单项。因此，订单和订单项之间是 1 对 1 或 1 对多的关系，其表达如图 9-4 所示。

支付信息：外卖订单最后都要支付，1 个订单应有 1 条支付信息。该支付信息含有支付渠道、支付时间、支付金额等。因此，订单和支付信息之间是 1 对 1 的关系，表达也如图 9-4 所示。

物流项：外卖订单要最终完成，就要靠外卖公司送货，而 1 个订单会有 1 个物流项。该物流项包含物流单号、发货时间等信息。因此，订单和物流项之间也是 1 对 1 的关系，其表达也如图 9-4 所示。

发票项：一个外卖订单可以不开发票，或开一张发票。该发票项包含发票抬头、开票日期等信息。因此，订单和发票项之间是 1 对"0，1"的关系，其中"0，1"表示可以是 0 或 1 张发票，数字之间用","分开。其表达也如图 9-4 所示。

在加入所有类间的数量关系后，最终版的类图也就绘制完成了。最后我们做几点补充。

1）梳理数量关系的意义

梳理类之间的数量关系，将有利于考虑清楚一项业务是否可以更加灵活。

在该场景下，一个外卖订单只能关联一个物流，这是合理的。一个外卖没有必要分两次运输。但有的时候，一个订单需要支持多个物流，比如，用户下了一个定制衣柜的订单，但因为衣柜的部件太多了，就可能从两个仓库分别寄送，甚至一个仓库的商品也要分两次寄送。此时，该系统就要支持一个订单关联多个物流。

再如，我们要求一个订单关联一条支付信息，但是如果该业务支持购物卡支付，则应考虑支持购物卡余额加网银支付，这样最后的余额就能花掉。又比如，我们要求一个订单只有一张发票，但如果面对的是企业客户，则要考虑支持多个订单对应一张发票，或反过来一个订单对应多张发票。

有人会说，既然如此，那么外卖订单要支持多个物流，外卖订单也可开多张发票，避免以后有类似需求。但是，这样做就增加了研发成本，也会使原型图的设计变得复杂。因此如无必要，业务不应过于灵活。但是，如果产品经理认为未来有这种需要，就要提前告诉研发人员，便于研发人员设计软件，避免以后返工。

2）数量关系是对象之间的关系

虽然我们说的是"类之间的数量关系"，但其实说的是"类所对应的对象之间的数量关系"，这里强调的是对象之间的关系。比如，我们不能说一个犬类拥有多个主人，只能说某只具体的狗有多个主人，如米欢这只狗有多个主人。

类似地，1 个用户拥有多个订单，也就是说，用户这个对象可以创建多个订单对象。明确这是对象之间的梳理关系，而不是类之间的数量关系，将让思考更清晰。比如，有的读者说，存在“(订单) 1 对 1..* (用户)”的情况。但这是不对的，因为一个实实在在的订单是不可能被多个实实在在的用户创建的，也就是一个订单只能由一个用户创建。

3）厘清数量关系的方法

类之间的数量关系要从两个角度思考。假设我们支持一个订单开多张发票，以及多个订单开一张发票，那么，我们应先思考一个订单开多张发票的情况，这种情况可表示为“(订单) 1 对 0..* (发票)”。其次，我们再思考多个订单可开一张发票的情况，这种情况可表示为“(订单) 1..*对 1 (发票)”。这样，我们就可以画两条线，分别表示两种情况下的数量关系。

4）UML 中关于数量关系的说法

我们所说的“类之间的数量关系”，在 UML 中称为“类间的多重性关系”。但是这种说法会让非专业人士听不懂，因此我们建议用“类之间的数量关系”这种说法。

9.1.4 类图的其他表达形式

图 9-4 所示的类图就是一个完整的类图，该类图还可以简化或增加内容，从而适应不同业务表达的需求。

1. 类图可去掉属性项

在类图里可以不加属性项，如图 9-5 所示。如果产品经理和研发人员对类的属性比较熟悉了，则类图可以不加属性项。但通常，我们还是建议写上几个属性项，便于读者理解这个类是什么。特别是当大家对业务都比较陌生的时候，加上属性项可帮助大家理解业务。

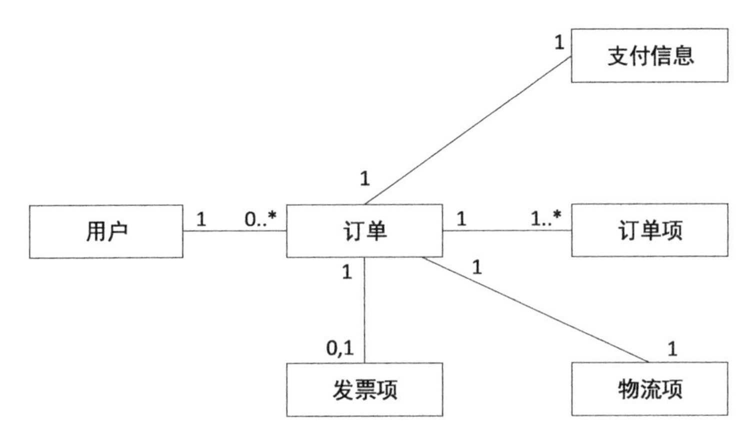

图 9-5　不加属性项的类图

2. 类图可加入属性值类型

在类图中，我们还可以在每个属性项后面加写上属性值类型，如图 9-6 所示。此时，在该属性项后面加"："，然后再加上属性值类型，如"发票抬头：Text"。属性值类型可以是时间格式、文本格式或数字格式等。有的时候，我们还可以将属性值的选项写在类图中，如"支付类型：网银、支付宝、微信"。

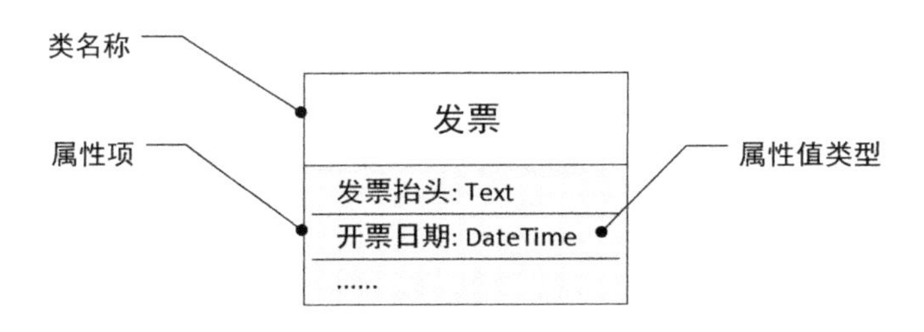

图 9-6　带属性值类型的类图

定义清楚属性值类型，可以指导原型图绘制。比如，用户在开发票的时候，"开票日期"字段只能输入日期信息，而为了实现只输入日期信息，则产品经理要在产品原型图里用一个"时间选择"组件来进行控制，确保只能输入日期信息。再如，"发票抬头"的信息是文本格式，也就是说可以输入文字。这时在原型图里可以使用文本输入框，禁止输入特殊字符，并且要控制输入的字符数。

通常在梳理业务的时候，类图中只加入属性项即可，不必加入属性值类型。加入属性值类型，可帮助产品经理厘清原型图中的交互关系。但在原型图中，直接写出数据的类型，并描述清楚限制条件，也是可以的。

9.1.5　类之间的关联关系

图 9-4 所示的订单的类图就是合格的类图。该类图主要表明了类之间的数量关系。除了数量关系，类之间还有其他的关系。比如，犬类和人类虽然是两个独立的类，但是两者之间是有关系的。人“喂养”了犬，其关系就是“喂养”，这是一个普通的关联关系，可称为“关联关系”或“普通关系”。

订单的类之间也是有关系的。在订单的类图中，我们抽象了用户、订单、订单项等类。在用户进行“下单”操作后就产生了一个订单。用户和订单之间的这种关系就是关联关系。

1）关联关系的表达

在用户“下单”后才产生了订单，为表明两个类的关系，我们可绘制类图，如图 9-7 所示。做法是在两个类之间的连线上写上“下单”，为了表明“下单”这个操作是由用户发起的，还可以在“下单”后加上“▸”符号来表明方向，即由用户下单，而不能反过来。

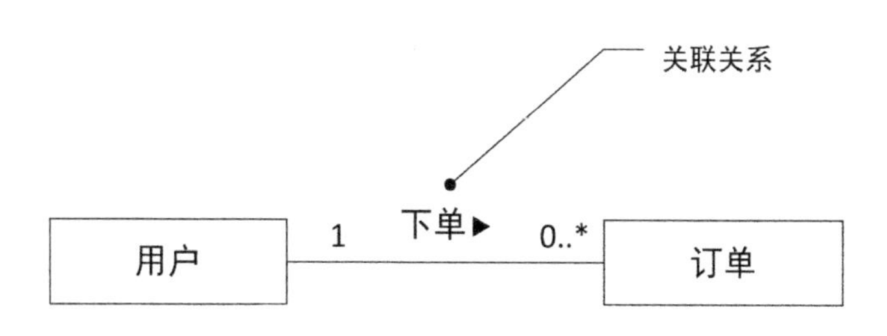

图 9-7　用户和订单的关联关系

2）关联关系的用词

“下单”这个词描述了类之间的关系，要用什么词来描述关系没有特别的规定。比如，我们还可以说用户“拥有”订单，并把关系写成“拥有”，也是没有问题的。只需要注意，该描述应是一个动词，并尽可能表达类之间的操作关系。

比如，“下单”强调用户做了操作，导致订单产生，而“拥有”更多地强调了包含关系，而不是操作关系。再如，老师编写考卷，其中老师、考卷都是类，两个类之间的关系是“编写”，这也强调了是老师进行的操作。

但是，也有些类之间没有明确的操作关系。比如，订单和支付信息之间没有明确的操作关系，仅仅表明了订单信息中含有支付信息，所以不写关系也是可以的。

9.1.6 本节小结

本节我们介绍了类的概念，类和对象的概念是密不可分的，概括地说，类是对具有共性的一组对象的描述，对象是类的一个实际例子。我们还介绍了类图的基本绘制，其中类的表达要有类名称和属性项。

几个类之间可以存在数量关系，这些数量关系包括 1 对 1、1 对多等关系。我们汇总了类之间数量关系的表达方法，便于大家学习，如图 9-8 所示。

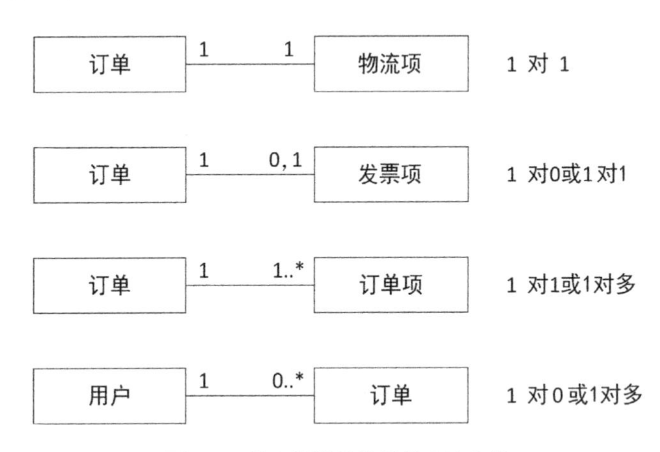

图 9-8 类之间数量关系的表达方法

类图可以去掉一些信息，即去掉属性项，也可以增加一些信息，即增加属性值类型。无论是增加还是减少，都应根据实际业务灵活掌握。类之间的关系除了数量关系，还有关联关系。关联关系描述了两个类之间的操作，如用户下了订单等。

9.2 类图的应用场景

在前文中我们提到了很多类，如订单类、公司类、课程类等，类的内容很多，这些类都在表达信息是什么。然而，用类图表达信息可以很详细，也可以很简单。产品经理只需要梳理重要信息就可以了，没有必要做到事无巨细，否则都可以完成一个数据库的构建了。

因此，我们需要明确哪些信息需要梳理。

9.2.1 信息的常见类型

网站的类型众多，我们很难把信息的类型列全，但是交易类网站的信息是类似的。交易类网站包括电商网站、在线教育网站、保险缴费网站、电力缴费网站等。其业务都是用户要上网做交易。比如，一个用户要先查看网站信息，然后再办理一项业务，如购买商品、购买课程、办理保险、办理供电等。

对于这些业务，我们可以从用户和企业两个角度考虑，抽象出五类信息。

- 用户角度：用户信息、内容信息、业务信息
- 企业角度：组织信息、资产信息

我们以外卖系统为例进行说明。外卖系统既含有用户用的外卖应用，也含有餐饮公司用的餐饮软件。该餐饮软件除了能实现接单等业务，还能实现公司对员工和资产的管理等。

1）从用户角度看

从用户角度看，信息如下。① 用户信息：如用户、会员、积分等信息，这些信息都是围绕着用户展开的。② 内容信息：用户到平台是要看内容的，这些内容包括商家信息、菜品信息、套餐信息、优惠信息等，都是用户做决策的参考，是静态的显示信息。③ 业务信息：用户在看完信息后，就要有所操作，对外卖平台来说，就是下单、退单、评价等操作。这些都是用户要做的业务，是动态的操作信息。

2）从企业角度看

企业有两类，分别是餐厅和外卖平台。

从餐厅角度看，信息如下。① 组织信息：一个餐饮集团包括集团、分公司和门店，我们需要明确餐厅的组织结构，进而再明确员工的权限，如不同层级的员工对菜品的配置权等。② 资产信息：餐厅包括租用的房子、购买的桌椅和餐具等资产，这些资产也要管理起来。

从外卖平台的角度看，信息也是类似的。① 组织信息：外卖平台员工众多，我们以销售团队为例说明。销售团队分为大区级、省级、市级等，我们需要明确其组织结构，进而再明确各种销售人员的权限。② 资产信息：点餐设备就是资产，围绕该资产会有库存管理、收费管理等信息。

综上所述，一项业务的五类信息分别是用户信息、内容信息、业务信息、组织信

息、资产信息。在本章中，9.1 节的案例是订单的业务信息的梳理，9.3 节的案例是内容信息的梳理，9.4 节的案例是组织信息的梳理。

9.2.2 类图的应用场景

在实战中，很多产品经理没有梳理过以上五类信息，原因是业务不需要。但不是所有的业务都不需要，通常以下情况需要梳理信息。

1）业务越复杂越需要，业务越陌生越需要

我们抽象出了五类信息，产品经理应逐一思考这五类信息，来确认哪几类信息需要画类图。而画类图的原则就是，业务越复杂越需要，业务越陌生越需要，并且一般只需梳理一两类信息即可。

比如，一个保险系统的保单业务就需要梳理保单、订单、合同、代理公司、保险公司等之间的信息关系。再如，要明确一个在线教育平台的课程信息，就要梳理课程、直播课和老师之间的关系。这些业务都属于既复杂又陌生的业务。通常一项业务只需要梳理一两类信息即可，没有必要把所有类型的信息都梳理了。

但是，产品经理和研发人员如果对外卖平台的业务都很熟悉了，就可以不画类图。产品经理只需要告诉研发人员，一个订单要关联多条物流信息或发票信息即可。

2）组织信息建议都梳理

比如，要了解一个学校系统，就要梳理学校、院系、班级、学生之间的关系。这些关系的梳理虽不复杂，但是一旦梳理错误，就会导致研发人员返工，所以应重视。

以上就是梳理信息的原则。在一般情况下，在开始做业务时，我们就要考虑梳理这些信息。如果业务已经迭代了，则梳理的意义不大。但无论如何，产品经理都要有能力画出类图，这样才能更好地指导原型图设计。

9.3 用类图梳理内容

产品经理对外卖订单都很熟悉，因此梳理出外卖订单的类并不算难事。外卖订单的类主要包括订单、订单项、支付信息、物流项等。但是，对于陌生的业务，如何确认有哪些类？类的属性项和类之间的数量关系是什么？接下来我们就以在线课程为例，来说明如何做。

该案例是一个公司的在线直播课系统，用户可在平台上选择课程来学习。该公司是面向小学生的培训机构，拥有众多的在线老师和完善的课程体系。开设的直播课是小学数学提升课，课程会分年级和分难度。并且每个老师可以开多个班，如晚班、周末班和暑期班等，老师也可同步上多个班的课。

我们需要梳理该课程的信息，为此我们要按以下几步来梳理。

- 步骤一：梳理出所有的类
- 步骤二：梳理出数量关系
- 步骤三：明确信息的属性
- 步骤四：考虑效率和灵活性

我们的目的是，明确类和类的关键属性，进而指导后台原型图绘制。后台原型图主要包括要创建哪些信息，以及要创建的信息有哪些属性。

9.3.1 步骤一：梳理出所有的类

梳理类有两个目的。目的一，明确信息之间的数量关系。比如，梳理订单信息的目的是要明确订单和物流项的数量关系，从而考虑显示和操作的灵活性，这个影响主要体现在显示信息上。目的二，避免前后台信息的重复。比如，梳理内容管理的目的是避免输入的数据重复，这个影响主要体现在新建信息上。数据重复是指，运营人员在每次创建信息时都填写同样的内容，这样就增加了工作量。比如，在新建商品时，如果每次都要写品牌名，而不是选择品牌名，那么运营人员的工作量就增加了，并且，如果以后要按品牌汇聚商品，在技术上也不好实现。

课程也是内容，和商品一样，因此也要避免数据重复。为此，我们提出两种梳理方法，分别是从前台信息中获得、从业务调研中获得。这两种方法的效果相同，我们均会讲解。

1. 梳理课程信息和班课信息

一名前台的产品经理会画出前台在线课程的原型图。我们可通过看前台在线课程的原型图，来思考其信息架构，其界面如图 9-9 所示。该图截屏自某培训网校的界面，我们用截屏代替原型图。

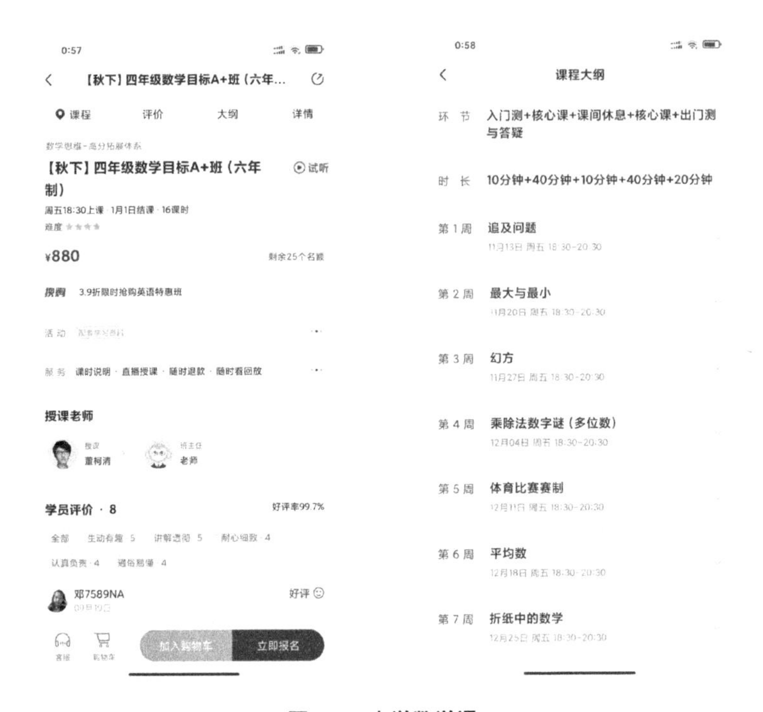

图 9-9　小学数学课

我们对该案例做了一些简化，在分析时可先查看多门课程的详情页。我们发现几门课程的名称是相同的，即都是"【秋下】四年级数学目标 A+班"，只有授课老师和授课时间不同。

我们要避免后台输入的数据重复。为此，我们可抽象出课程和班课，由运营人员先填写课程信息，该信息含有课程名称等，然后再由运营人员填写班课信息，班课信息含有上课时间等，并且班课可关联某课程，这样就减少了填写的工作量。或者，B 端产品经理可以通过向 C 端产品经理询问来获得信息，对话如下。

B 端产品经理："我看到课程标题都是一样的，想问一下我们的课程结构是什么？"

C 端产品经理："我们直播课的课件都是相同的，也就是课程相同，我们称其为一门课程。"

B 端产品经理："明白了，详情页显示的其实是班课信息。这样我们就可以抽象出班课和课程两类信息。"

通过上面任何一种方法，我们都可以归纳出课程信息和班课信息。这样，我们就可以画出类图，如图 9-10 所示。

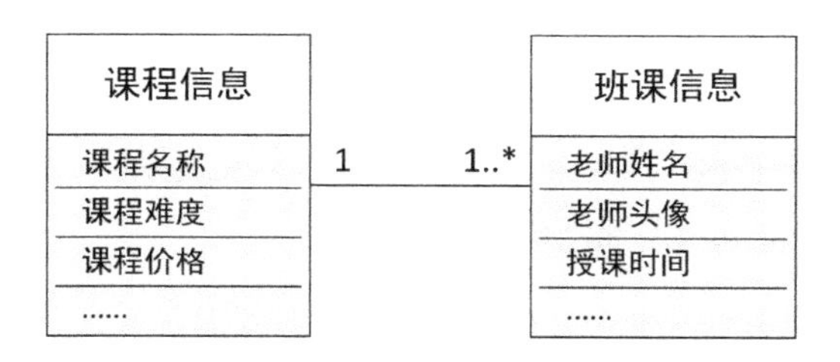

图 9-10　课程信息和班课信息的类图

在该类图中，课程信息包括课程名称、课程难度、课程价格等信息。班课信息包括老师姓名、授课时间等信息。我们在前文中强调过，在画类图的时候只加入重要的属性，所以该图只列了几条信息。

2. 梳理班课和老师

每条班课信息还包括授课老师的信息，该信息有老师姓名和老师头像。该信息是否要梳理成独立的类呢？在该案例中是有必要的，原因有以下两个。

原因一，有利于减少填写工作量。在一个课外辅导机构中，一个老师是长期任职的，也会同时上多个班课。因此，每次创建一门课程，可以直接引用老师的信息，这将减少填写的工作量。引用的方式是，给出一个老师列表，由操作者选择老师。

原因二，有利于减少数据的重复。老师的信息是单独维护的，那么前台要显示一位老师所有的课，也非常好实现，也方便统计该老师的课时费。

基于以上原因，我们要修改图 9-10 所示的类图，要抽象出老师信息，如图 9-11 所示。同样地，我们还要梳理班主任信息，即一个班主任可以带多个班，但因为班主任信息和老师信息类似，我们就不在类图中加入了。

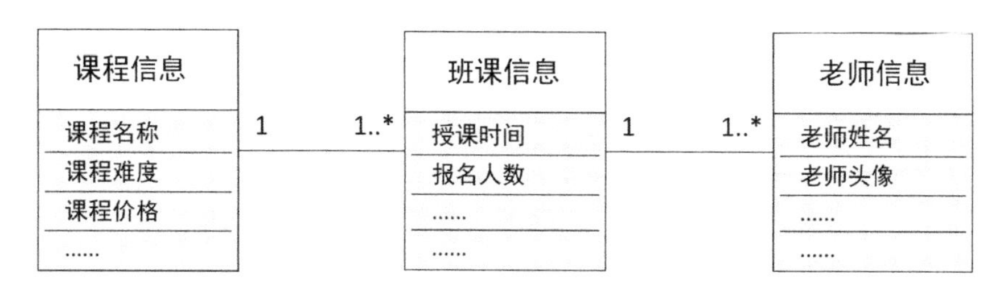

图 9-11　课程信息、班课信息和老师信息的类图

但是，不是所有的直播课都要抽象出老师信息。比如，对于一个企业用的第三方直播系统，企业可用该平台发布直播课程，并让自己的员工远程听课。因此企业就要创建直播课，写出课程时间、课程内容和老师。但这种直播课并不多，老师也不常讲和不固定。因此，没有必要抽象出老师信息这个类。如果将老师信息抽象成类，那么首先后台操作将变得更复杂，其次代码编写也将变得更复杂。正确的方案是，在新建直播课的界面中，直接填写老师姓名即可。

因此，我们要把握抽象类的目的——减少工作量和减少数据重复，不能为了抽象而抽象。

9.3.2 步骤二：梳理出数量关系

在上一步中，我们梳理出了三个类的信息，包括课程信息、班课信息和老师信息，并且也写出了数量关系，但思考还不全面，我们还需要继续完善。

一门课程会关联一个以上的班课，那么数量关系是"(课程)1 对 1..*(班课)"。同样，一个班课必须有一个老师授课，那么数量关系是"(班课)1 对 1(老师)"。但是，如果要支持多个老师上一个班课，即每个老师各讲一阶段的课，那么数量关系就是"(班课)1 对 1..*(老师)"。反过来，一个老师可以上 0 到多节课，那么数量关系就是"(班课)0..*对 1(老师)"，将这两个方面综合起来，数量关系就是"(班课)0..*对 1..*(老师)"。

老师和班课之间有数量关系，同时也有关联关系，该关联关系是讲授关系，即老师讲授班课。最终课程信息、班课信息和老师信息之间的数量关系如图 9-12 所示。

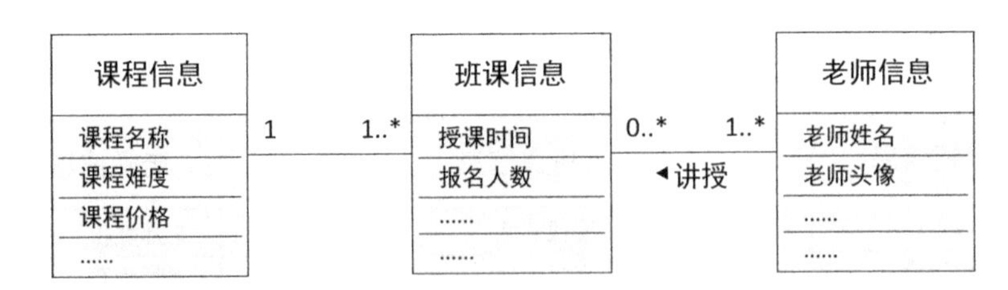

图 9-12 课程信息、班课信息和老师信息之间的数量关系

在梳理出数量关系后，我们在绘制原型图时，就可以按此关系绘制。比如，在创建班课时，可以关联多个老师。

9.3.3 步骤三：明确信息的属性

在梳理完数量关系后，我们就要绘制新建课程、新建班课和新建老师的原型图。但要明确在新建这些信息时，要填写哪些内容，也就是要明确信息的属性。为此，我们要查看课程的每个字段，逐一确认每个字段应该从属于哪个类的信息。接下来我们就逐一分析。

1．归属为课程类的属性

课程名称是“【秋下】四年级数学目标 A+班”，该属性应归属于课程类。因为如果课程名称归属于班课类，那么每次创建班课都要填同样的名称，这样就有了重复工作，因此“课程名称”属于课程类。同样地，课程详情、课程大纲、课程难度等都要归属于课程类。另外，课程的节次也是课程的属性，但是不必在新建课程时填写，可根据课纲条目数自动计算。

2．归属于班课类的属性

授课时间是指每节课上课的时间，分别是 11 月 13 日、11 月 20 日、11 月 27 日等，该属性归属于班课类。每门课程的授课时间是不一样的，需要在创建班课的时候确定。

3．归属于老师类的属性

归属于老师类的属性有老师姓名、老师头像等。

9.3.4 步骤四：考虑效率和灵活性

我们梳理出了新建的课程、班课和老师的字段，类图也就基本完成了。但是在界面编辑的效率和灵活性上，产品经理仍然需要再深入思考。

1）课程的价格设置

课程的价格既可全国统一，也可分城市设置，如何做要具体看业务。如果该公司认为，同样的课就要实现全国统一价格、统一质量，那么价格要在课程里设置；如果该公司认为，每个城市要基于师资、需求来设置价格，那么价格应在班课里设置。

但是，如果大多数城市的价格都一样，那么每个班课都要设置价格就比较麻烦，也容易出错。因此为了提升效率，可在课程里设置一个价格。当创建班课的时候，就可引用该课程价格。如果要设置某班课的价格，系统也要支持单独设置。

2）班课的授课时间

假设同时开 20 个班课，授课时间都是周一和周四。如果要逐一设置 20 个班课的授课时间，显然效率比较低。因此，系统要支持批量设置班课的授课时间。但是，如果有的授课老师有时间冲突，系统就要允许单独设置该班课的授课时间，并且允许老师在授课过程中调整某次班课的时间。这样的设置既有效率，也足够灵活。但下面的系统就缺少灵活性。

这是一个直播系统，该系统可设置每周上课的时间，如在周四上课。多个直播老师都要按照该时间来上课。如果有老师在时间上有冲突，就需要修改授课时间。这个需求是合理的，但该系统不支持修改授课时间，显然该系统缺少灵活性。

9.4 用类图梳理组织

除了数量关系、关联关系，类图中还有聚合关系和组成关系。聚合关系和组成关系很容易混淆，掌握它们也有一定的难度。但掌握这些关系有一定的必要性。如果掌握了这些关系，就可梳理公司、学校的组织关系，从而指导后台的权限设计。为此，我们将分成两部分说明。

- 聚合关系和组成关系
- 梳理学校的结构

其中，在 9.4.1 节中，我们将学习什么是聚合关系和组成关系；在 9.4.2 节中，我们运用学到的基础知识来梳理学校的结构。

9.4.1 聚合关系和组成关系

业界对聚合关系和组成关系有两种解释，我们先看第一种解释。

1. 聚合关系

我们知道，"犬类"和"人类"之间的关系是"喂养"关系。同时，几只犬聚集在一起就成了犬群，我们可以说“犬群”是由“犬”聚合而成的，这就是犬群和犬之间的“聚合关系”。聚合关系表明一个类是由另一个类聚合起来的。聚合也被称为聚集，聚合关系的定义如下。

聚合关系描述了一个较大的事务（整体），是由较小的事务（部分）组成的。

比如，一个公司可由多个部门组成，公司就是较大的事务，部门就是较小的事务，公司就是整体，部门就是部分。也就是说，多个部门聚合在一起，构成了一个公司。再如，部门和员工之间也是聚合关系，部门是较大的事务，员工是较小的事务，部门是整体，员工是部分。

公司和部门、部门和员工之间的聚合关系，如图 9-13 所示。聚合关系用一个空心菱形表示，菱形要画在“较大的事务”一侧。

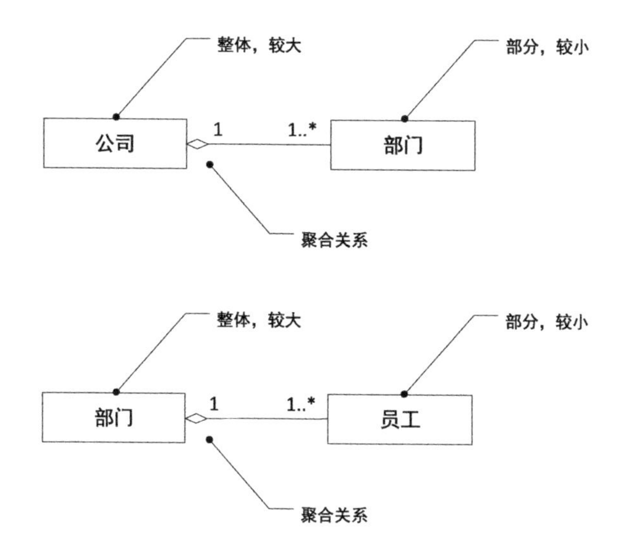

图 9-13　公司和部门、部门和员工之间的聚合关系

1）常见的存在聚合关系的类

不是什么类之间都存在聚合关系。聚合关系表达的是大事务和小事务、整体和部分之间的关系，符合该条件的类并不多，常见的就是组织和订单。

比如，企业是一个组织，从总公司到分公司再到营业点是一层层的聚合关系，都表达了大事务和小事务、整体和部分之间的关系。再如，订单和订单项之间是聚合关系，订单是较大事务，订单项是较小事务。

2）聚合的判定案例

除了组织和订单，很多类间都没有"聚合关系"。比如，订单类图中的订单和支付信息、订单和发票项之间，都不是聚合关系。但一些文章认为，这也是聚合关系。原因是订单信息也是由支付信息、发票信息等组成的。订单是整体，支付信息是部分，符合聚合关系的定义。

但这是不对的。因为 UML 中的聚合关系表明的是大事务和小事务、整体和部分之间的关系。而订单和支付信息、订单和发票项之间，不存在大事务和小事务之间的关系。

2. 组成形式的聚合

公司、部门和员工之间可用聚合关系表达。但是公司的组织形式不同，其聚合关系也不同。比如，一个公司允许一个员工从属于多个部门，但是另一个公司只允许一个员工从属于一个部门。为区别这两种关系，我们就要用到新的概念。我们称一个员工只能从属于一个部门为"组成形式的聚合"，简称"组成"。组成关系也被称作组合关系，其概念如下。

组成关系是聚合关系的一种形式，表达了整体对部分有很强的所有权和生存控制，组成一旦创建，部分就和整体共存亡。

所以，组成关系强调"组"合而"成"，只有组在一起，才成为某事物。通过这个解释，我们非常容易看出，组成是比组合更好的表达。按照概念，部门和员工之间就是组成关系，因为一个员工只属于一个部门，部门没了员工也要转岗。图 9-14 所示就表达了部门和员工之间的组成关系。组成关系用一个"实心菱形"表示，该菱形要画在"较大的事务"一侧。

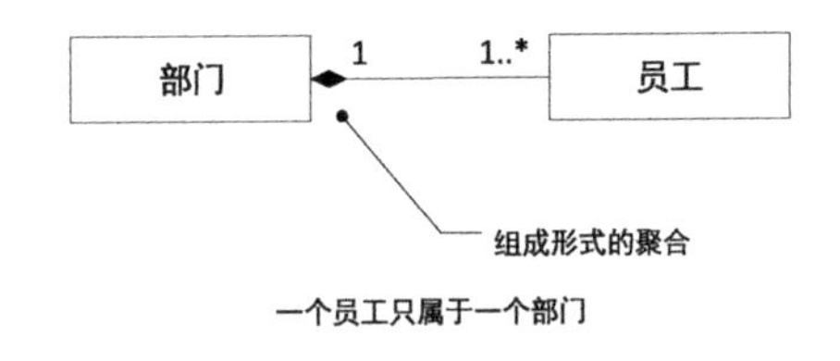

图 9-14　部门和员工之间的组成关系

普通的聚合关系仍用空心菱形表示，如图 9-15 所示。该聚合关系表明了，一个老师可属于多个班级，也就是一个老师可给多个班级上课。

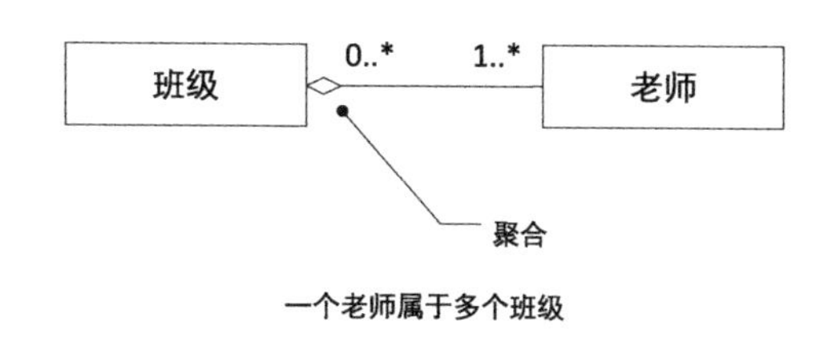

图 9-15　班级和老师之间的聚合关系

1）组成关系的判定标准

组成关系是一种聚合关系，是一种特殊形式的聚合关系。和聚合关系不同的是，组成关系强调了“一心一意”“同生共死”。对此我们的解释如下。

“一心一意”：比如，在一个大型公司内，一个员工必须从属于一个部门，即使是 CEO 也要从属于总裁办，并且不能在其他部门兼职。这个时候员工对部门就是一心一意的。

“同生共死”：部门会被裁掉，当部门被裁掉时，员工要么辞职，要么转岗，部门和员工之间就是同生共死的关系。再如，一个部门只属于一个公司，如果所有的部门不存在了，公司也就不存在了；同样地，如果公司不存在了，部门也就不存在了，两者也是同生共死的关系。再如，一个大学的学生总要毕业，在毕业后学生就不是该校学生了，由其组成的班级也就不存在了，在该案例中，班级和学生之间就是组成关系。

再看订单的例子，订单和订单项之间是聚合关系。因为订单是较大事务，订单项是较小事务，符合聚合关系的定义，所以订单和订单项之间是聚合关系。订单和订单项之间也是组成关系，因为其符合组成要“一心一意”和“同生共死”的原则。一个订单项只属于一个订单，而不能属于别的订单，这就是“一心一意”。而订单创建了，订单项就创建了，订单删除了，订单项也就删除了，这就是“同生共死”。所以，订单和订单项之间也是组成关系，如图 9-16 所示。

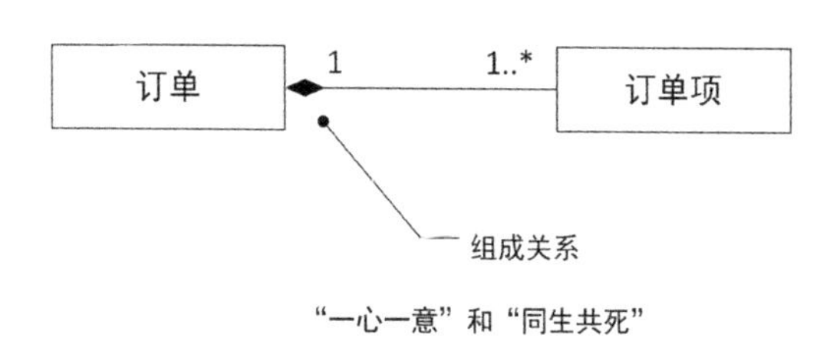

图 9-16　订单和订单项之间的组成关系

2）聚合关系和组成关系的记忆

组成关系和聚合关系很容易混淆，如何记忆？可这样理解，如果员工不是铁了心要和一个部门在一起，他还要兼职，那么两者之间就是聚合关系。没有铁了心，就不是一心一意，就用空心的菱形表示。聚合的意思是，聚则合不聚则散。如果员工铁了心要和一个部门在一起，则两者之间就是组成关系。铁了心就是一心一意，就用实心的菱形表示。

3. 聚合关系和组成关系的区别

聚合关系和组成关系在使用中经常容易混淆，其差别的确很小。甚至对于同样的案例，有的书认为是组成关系，有的书认为是聚合关系。因此，本书对此再做澄清。同时，说明两种关系的应用场景和相应案例。

1）聚合关系包含组成关系

聚合关系强调几个类聚合在了一起，如同聚会一样，聚会完成后大家分开。而组成关系强调几个类不但聚在一起，而且“同生共死”。组成的全称是组成形式的聚合。所以，聚合关系是比组成关系更大的词，组成关系是比聚合关系更准确的描述，两者之间是包含关系，如图 9-17 所示。在本质上，组成关系仍然是聚合关系，只是强调了“一心一意”和“同生共死”。

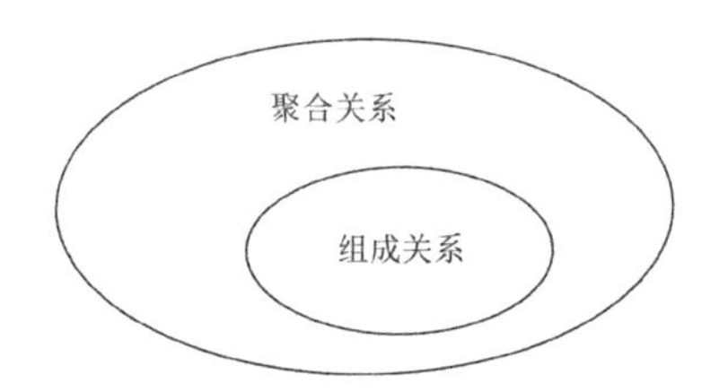

图 9-17　聚合关系和组成关系的包含关系

因此在实战中，我们都用聚合关系也可以。比如，在公司、部门和员工的案例中，无论员工是否会“从一而终”，你都可以用聚合关系表达。

2）两者的区别和应用

虽然我们可以用聚合关系代替组成关系，但两者还是有细微区别的。如果该细微区别对数据库设计有影响，应提早明确。此外，该细微区别对产品交互也有影响。组成关系强调的是“一心一意”“同生共死”，聚合关系强调的是“临时伙伴”“各管生死”。这个区别对产品交互的影响如下。

组成关系：有的公司希望员工只属于一个部门，那么员工和部分之间的关系可以用组成关系表达。如果部门撤销，该员工的工作也就没了。在原型图设计中，产品经理就要在撤销部门时，提示要转移所有员工。在转移完毕后，员工的访问权限也要变化。

聚合关系：有的公司的员工可以内部兼职，那么员工和其兼职的部门之间可以用聚合关系表达。兼职的部门撤销，员工的本来工作还在。比如，一个员工如果可以兼职两个大区的销售总监，则意味着该员工在后台要显示两个身份，拥有两个区域的权限，这样就可看到两个部门的业绩。再如，一个老师可给多个班级讲课，所以该老师能够加入多个班级，并可查看和批改多个班级的作业。聚合也被称为共享式聚合（Shared Aggregation），体现了该老师可以被多个班级共享。

4. 对聚合关系和组成关系的第二种解释

聚合关系表达了大事务和小事务、整体和部分之间的关系。组成关系也表达了大事务和小事务、整体和部分之间的关系，但是强调了“一心一意”和“同生共死”。这种区别是细微的。

业界对聚合关系还有一种解释，认为聚合关系强调一个事务将另一个事务聚到了一起。此时，前一个事务更像是牵头方、发起方。比如，用户创建了订单，则用户就是牵头方，其牵头创建了订单，用户和订单之间的聚合关系如图 9-18 所示。聚合关系用空心菱形表示，空心菱形要画在牵头方一侧。

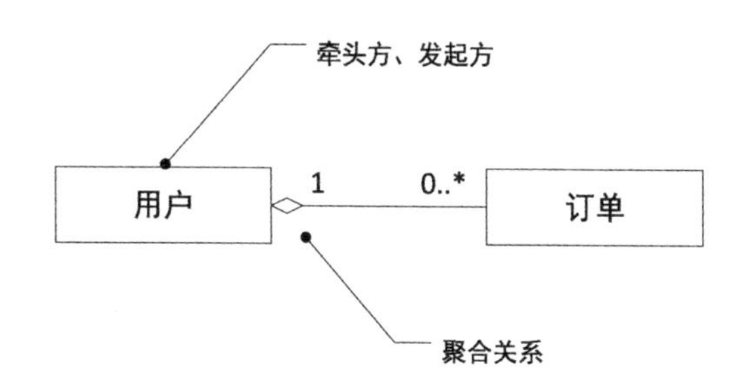

图 9-18 用户和订单之间的聚合关系

除了“用户与订单”之间是聚合关系，“汽车与乘客”之间也是聚合关系。任何一辆汽车只是装载（聚合）乘客，乘客下车后就可以走了，乘客不是车的一部分。聚合在 UML 中的名称是 Shared Aggregation，也体现了聚合是共享式的。

第二种解释不是主流，这种解释的好处是对聚合和组成的划分比较明确，并且体现了类之间的牵头方、发起方。这种解释的弊端是忽略了第一种解释的现实意义，因为这种差别对研发人员和产品经理来说，都是需要明确的。比如，一个员工只能在一个部门任职（是组合关系），和一个员工可以在不同部门任职（是聚合关系），其交互是不同的，其信息结构也是不同的。

5. 本节小结

聚合关系描述了一个较大的事务（整体）是由较小的事务（部分）组成的。同样是聚合关系，还是有所不同，组成关系（组成形式的聚合）强调了"同生共死"和"一心一意"，而普通的聚合关系强调的是"临时伙伴""各管生死"。常见的是，一个组织的部门和员工之间是组成关系，一个学校的班级和老师之间是聚合关系。

我们抽象出聚合关系和组成关系，有利于厘清部门和员工的关系、老师和班级的关系等，从而有利于指导原型图设计和数据库的搭建。

9.4.2 梳理学校的结构

聚合关系和组成关系的应用不多，主要用在组织关系的梳理上。我们梳理了一所学校的聚合关系和组成关系，并串联数量关系、关联关系的知识。

1. 学校的聚合关系和组成关系

一所学校有两类事务需要关注。一类事务是上课的学生，围绕学生的信息有年级、班级和学生。另一类事务是学校的课程，围绕课程的信息有课程、学生和老师。如果我们要开发给学校用的系统，该系统含有学生信息管理、在线课程和在线作业，那么就应梳理清楚以下的关系。

1）年级、班级和学生的关系

一所学校有年级、班级和学生，这些对象之间的数量关系如图9-19所示。

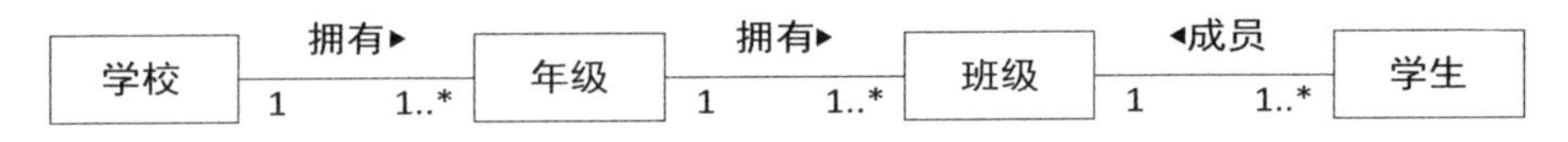

图9-19 年级、班级和学生之间的数量关系

该图从左侧看，一所学校拥有若干年级，且每个年级只能属于一所学校，因此学校和年级之间是"（学校）1对1..*（年级）"关系。类似地，每一个年级拥有若干

班级，年级和班级之间的关系也表示为“1 对 1.. *”；每个班级拥有若干学生，班级和学生之间的关系也表示为“1 对 1.. *”。为了表达学校、年级、班级和学生之间的关联关系，我们写上了关系名“拥有”或“成员”。关系名的命名，只需要让读者明白即可。

图 9-19 还可加入“组成关系”的标志，来表明学校、年级、班级和学生之间更深层次的关系，如图 9-20 所示。用组成而不用聚合，明确地说明学校、年级、班级和学生之间是“同生共死”的。比如，在班级和学生之间，如果该班的学生毕业了，那么该班级也就不存在了。

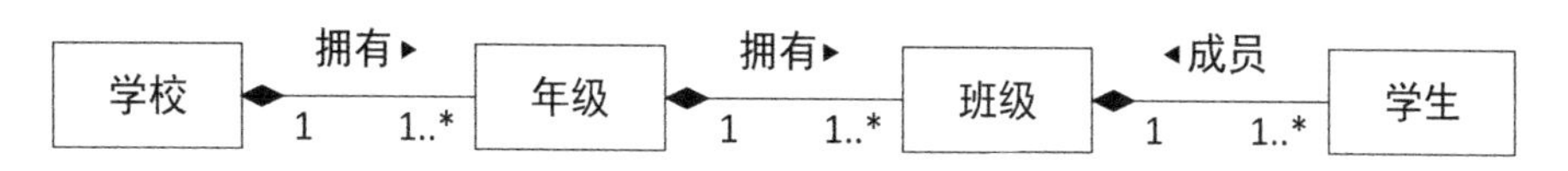

图 9-20　学校、年级、班级和学生之间的组成关系

该结构有两个思考点。第一个思考点：如果要求 1 个班级的人数不能少于 20 人且不能超过 40 人，那么就要用“1 对 20..40”，来表明对学生数量的限制。第二个思考点：一个学生属于多个班级的情况在该案例中不可能出现，因为一个学生只能从属于一个班级。但是，大学是支持攻读第二学位的，报名攻读第二学位的学生是可以到第二学位所在系的班级上课的，此时就应支持一个学生属于多个班级。

2）班课、学生和老师的关系

一所学校还有班课和老师，班课是指某个班级上的一节课程。在加入班课和老师后，班课、学生和老师的关系如图 9-21 所示。

学生和班课之间的关系是“1..*对 1..*”，该关系要从两个角度思考。第一个角度，一个学生要上多节班课，表示为“（学生）1 对 1..*（班课）”。第二个角度，一节班课要有多个学生上，则表示为“（学生）1..*对 1（班课）”，两者综合起来就是“（学生）1..*对 1..*（班课）”。

类似地，班课和老师之间的关系是“（班课）0..*对 1..*（老师）”。要注意，一个老师也可以教 0 门课，这是可能的，如新老师不能一上来就讲课。学生、班课和老师三者之间不是聚合关系，因为这不是一个组织结构，也不存在大小关系。

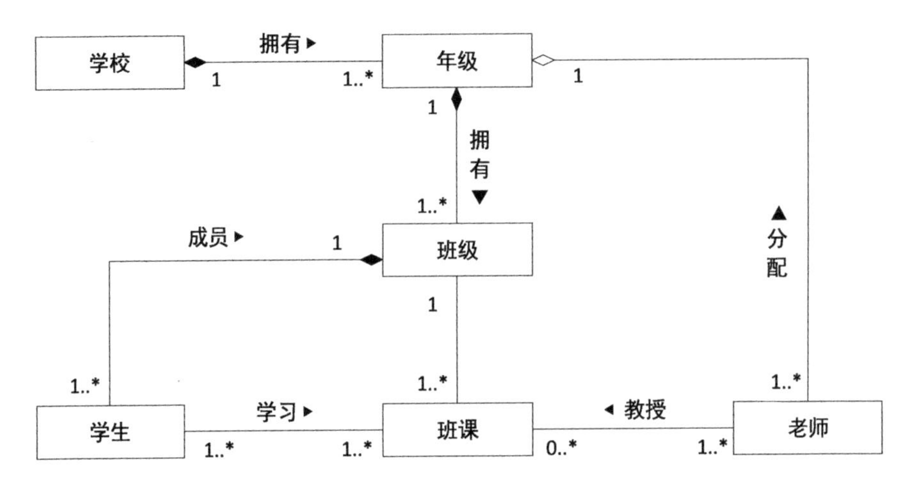

图 9-21　班课、学生和老师的关系

3）年级和老师的关系

一个年级可以有多个老师，表示为"(年级)1 对 1..*(老师)"。1 个老师只属于 1 个年级，表示为"(老师)1 对 1(年级)"。两者综合起来，表示为"(年级)1 对 1..*(老师)"。该模型还需要思考，如果该学校的老师要在多个年级教课，那么模型就需要修改，即改为"(老师)1..*对 1..*(年级)"。

年级和老师之间除了存在数量关系，还有聚合关系。年级是比老师要大的概念，层级也高于老师，它们之间存在"聚合关系"。用聚合而不用组成，是因为老师既没有对年级"一心一意"，也没有和年级"同生共死"。首先，老师不但属于某年级，还属于某教研组，没有做到"一心一意"。其次，该年级的学生毕业后该年级就不存在了，但老师还是存在的，老师没有做到和年级"同生共死"。所以两者之间是聚合关系。

以上就是学校的组织关系的梳理结果。通过对这些关系的梳理，我们可以更好地做交互原型，并给研发人员搭建数据库提供信息。另外，我们对该梳理结果做了简化，在实战中还应考虑教研组、科目等信息。限于篇幅，这些信息不再梳理，交互原型也不做说明，请读者自己思考。

2. 实战中的注意事项

聚合关系和组成关系的差别很细微，并且这个差别会影响交互设计和数据库构建。我们可以按照下面的原则处理聚合关系和组成关系。

1）原则一：只给组织加标志

我们在前文中强调，组织特别适合用聚合关系或组成关系表达。这两种表达方式的好处是在用菱形标志标记后，类之间的关系更明确，阅读更加清晰。而在有的信息结构中，虽然也存在聚合关系或组成关系，但梳理的价值不大。比如，订单和订单项之间是组成关系，即使产品经理不说，研发人员也不会出错，则可以考虑不标记，只给组织加标志即可。

2）原则二：只加聚合标志，不加组成标志

可只加入聚合标志，不加组成标志，并用备注来说明该聚合的特殊性。因为我们的目的是把类间的细小差别说清楚，从而保证原型图和数据库设计正确。在该场景下，用语言会比用符号更能说清楚差别。表 9-1 列出了部门和员工关系的两种表达方法，这两种表达方法是等价的。显然用文字说明关系，读者更容易理解。

表 9-1 部门和员工关系的两种表达方法

方法	案例	是否推荐
用文字说明关系	部门 ◇ 1 —— 1..* 员工 一个员工只属于一个部门	推荐
用图形说明关系	部门 ◆ 1 —— 1..* 员工	不推荐

此外，对于空心菱形和实心菱形在含义上的细微区别，甚至专业人士都有不同的结论。因此，产品经理可用备注的方式描述业务，这样既说清楚了问题，也减少了沟通成本。而且在 UML 中，组成关系只是聚合关系的一种特殊情况。所以只用聚合关系，UML 也是认可的。

9.5 用 E-R 图表达信息关系

9.5.1 类图和 E-R 图的关系

除了类图，用 E-R 图（实体关系图）也能表达信息关系。E-R 图是由科学家陈品山于 1976 年在论文中提出的，并且该论文已成为计算机科学领域被广泛引用的论文之一，但 UML 图并不包含 E-R 图。

类图可以表达信息关系，E-R 图也能表达信息关系。通常，画类图就可以了。但是有些公司也会用 E-R 图，因此产品经理也需要了解一下 E-R 图。更准确地说，类图和 E-R 图存在一定的转换关系，但类图能表达更丰富的内容。也就是说，类图可以代替 E-R 图，但是 E-R 图代替不了类图。对此，UML 的发明人在《UML 用户指南》中也做了说明。

UML 中的类图是 E-R 图的超集。传统的 E-R 图只针对数据建模，类图则进了一步，它还允许对行为建模。

所谓的超集，是指类图能比 E-R 图做更多的事情。E-R 图的中文名为实体—联系图，E-R 图的概念如下。

E-R 图是用图形化的方式表示实体、属性，以及它们之间的联系。

针对 E-R 图的概念，我们需进一步解释什么是实体和什么是基于行为的建模。

实体也是一个类，可称为实体类，实体类是指一个客观存在的事务，如订单、课程等都是一个实体类，都是客观存在的事务。再如，电机也是一个实体类，有大小、重量、功率等属性。所以在这个场景下，E-R 图和类图这两种说法只是名称不同，但表达的是一个事务。

除了实体类，还有行为类。比如，一个电机，既有大小、重量和功率等实体指标，还有行为指标。电机的行为指标也可用类图表示。比如，一个普通电机的行为指标是停止和控制速度，一个转向电机的行为指标也有停止和控制速度。但是，转向电机比普通电机多了一个行为，就是控制物体的转向。

普通电机和转向电机两个类的行为关系，也可以用类图来表达，但是用 E-R 图无法表达。对于如何用类图表达行为，我们不再画图说明，因为这不是我们学习的重点，读者只需了解 E-R 图的概念即可。

9.5.2 用 E-R 图表达信息结构

在了解了 E-R 图的概念后，我们就可以把前文中订单的类图用 E-R 图来表示。图 9-22 所示就是订单的 E-R 图。其中，用户和商品两个实体用方框括起来，实体的属性用圆角矩形括起来。实体和属性之间要用直线连接起来。用户和商品间的关系是下单，表示为“下单”。下单这个行为用菱形括起来，下单后就会有订单编号、下单时间等属性，这些属性也用圆角矩形括起来，并和“下单”行为连接在一起。1 个用户可以下 M 个订单，则将数字“1”和“M”写在直线上。

姓名
手机
邮箱
......
用户
1
下单
M
订单编号
下单时间
订单总价
......
商品
商品编号
商品名称
商品属性
......

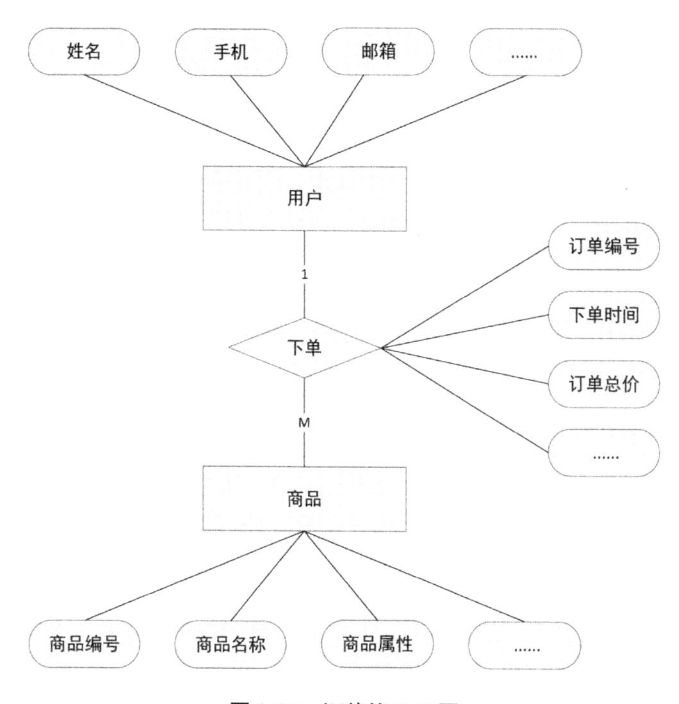

图 9-22　订单的 E-R 图

通过这个案例，我们看到类图和 E-R 图表达的内容几乎是一样的。我们将该订单的 E-R 图转化成类图，如图 9-23 所示。但 E-R 图和类图也有不同，在类图中，订单是作为类出现的，在 E-R 图中，订单是作为关系体现的。其实类图仍然有符号用来表示这种关系，但限于篇幅我们不做展开。无论将下单抽象成类还是抽象成实体关系，订单的属性都是一样的，包括订单编号、下单时间等属性。

用户
姓名
手机
邮箱
......
1
0..*
订单
订单编号
下单时间
订单总价
......
1
1..*
订单项
商品单价
商品数量
商品总价
......
1
1
商品信息
商品编号
商品名称
商品属性
......

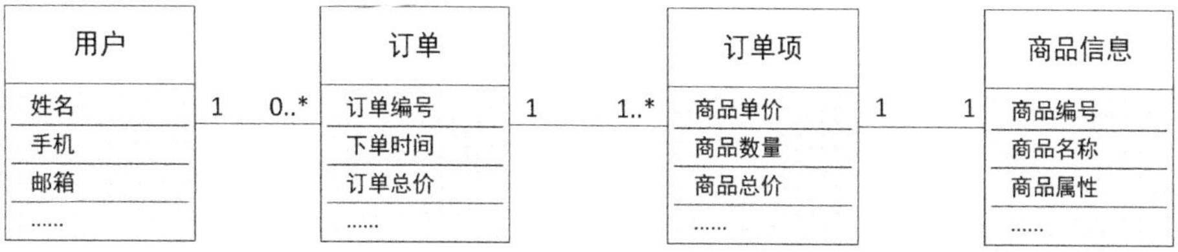

图 9-23　订单的类图

综上所述，我们知道 E-R 图和类图可以表达同样的事务，并具有同样的效果。因此，在工作中只需使用一种就可以了。

9.6 本章提要

1. 类是对具有共性的一组对象的描述，对象是类的一个实际例子。其中，类是对一组具有相同属性、操作和关系的对象的描述。而对象是对现实事务的抽象，是一个具有边界并包括属性、状态和行为的实体。

2. 一个类图包含类名称、属性项、数量关系、关联关系、聚合关系和组成关系。其中，聚合关系描述了一个较大的事务（整体）是由较小的事务（部分）组成的。也就是表达了大事务和小事务、整体和部分之间的关系。组成关系是一种特殊形式的聚合关系。和聚合关系不同的是，组成关系强调了“一心一意”“同生共死”。

3. 交易类网站的常见信息包括以下五种。(1) 用户角度：用户信息、内容信息、业务信息；(2) 组织角度：组织信息、资产信息。梳理信息要基于两个原则：原则一，业务越复杂越需要，业务越陌生越需要；原则二，组织信息建议都梳理。

4. 用类图梳理内容类信息，可分以下四步：梳理出所有的类、梳理出数量关系、明确信息的属性、考虑效率和灵活性。

5. E-R 图也能表达信息关系，但 E-R 图并不属于 UML 图。UML 中的类图是 E-R 图的超集。传统的 E-R 图只能针对数据建模，类图则更进一步，还能对行为建模。

第 5 部分　画界面：交互设计、信息设计

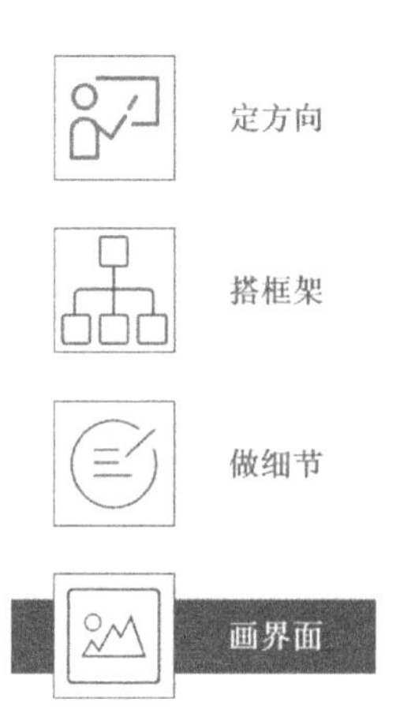

有些人认为设计就是看起来长什么样。但是如果你深入挖掘就会发现，设计更关乎如何运作。

——苹果创始人史蒂夫·乔布斯

画界面就是在做设计，正如史蒂夫·乔布斯所说："设计不是看起来长什么样，而是更关乎如何运作。"在本书中，设计就关乎业务如何完成。设计可分为交互设计和信息设计。其中，交互是用户操作后的系统反馈，信息是用户看到的内容。

对于交互设计和信息设计，很多书都讲过。本书更侧重于一项业务的前台交互设计和后台展示设计，典型的如身份认证的前台交互，以及身份认证的后台审核。至于用户看到的首页、列表页和个人中心等更多地以信息展现为主，并不在本书的讨论范围内。

对于画界面部分，我们将分成交互设计和信息设计两个章节来进行讲解。限于篇幅，交互设计以登录案例为主进行说明，信息设计以商品管理为例进行说明，希望能给读者一定的启迪，助其建立思考框架。

第 10 章

交互设计

交互的范畴比较大，人和人之间的交谈就是交互，机器和机器间的协作也是交互。本书的交互特指人和机器之间的页面交互。本章的内容如下。

- 交互设计的概念和原则
- 规则驱动的交互实战
- 交互设计的用例文档

其中，10.1 节讲交互设计的概念和原则，只有先知道了交互设计的概念和原则，才能做好交互设计。10.2 节讲的是规则驱动的交互实践，我们将基于交互规则和业务规则来做交互设计，并给出操作步骤。10.3 节讲的是交互设计的用例文档，讲述了交互文档编写的注意事项，该文档也适合用用例描述。

通过学习本章的内容，你将能够设计较复杂的交互，如登录、注册、身份认证和订单等内容，这些内容大多是由 C 端用户发起的业务请求。

10.1 交互设计的概念和原则

产品经理在设计页面交互的时候，需要理解一些概念和原则。

- 常见的事件
- 字段规则和业务规则
- 交互设计的四大原则

☞ 交互设计的外围需求

只有理解了相关概念和设计原则，才能有层次和有步骤地进行交互设计。

10.1.1 常见的事件

1. 事件的概念

事件的概念涵盖很广泛，本书中的**事件**特指用户在网页或应用上的操作，并且该操作是可以被系统识别的。比如，用户单击确定按钮、移动鼠标、输入文字等都是事件。系统在识别事件后就要做出响应，这个响应可以是改变输入框颜色、弹出键盘、控制输入内容等。

比如，用户用手机号进行登录，过程是：用户单击输入框→输入框颜色改变，并弹出数字键盘→用户输入手机号，但只能输入数字→在用户输完 11 位数字后，不允许再输入。在这个过程中，用户单击输入框、用户输入手机号都是可以被系统识别的事件，系统的响应是改变输入框颜色、弹出数字键盘、规定只能输入数字，以及规定只能输入 11 位数字等。

2. 常见的事件类型

产品经理要知道有什么事件，然后才能基于事件，设计交互逻辑。然而介质和语言不同，事件也略有不同。对于网页，在电脑上可用鼠标操控，在手机上可用手指操控，这就是不同的事件。为此，我们把这些事件分成鼠标事件、手势事件、键盘事件和焦点事件。

1）鼠标事件

鼠标事件是鼠标在浏览器等软件上的操作，包括鼠标的单击、双击等事件，内容如表 10-1 所示。该表列出了事件的英文名和中文名，建议在需求文档中用中文名，中文名表述得更清晰、简洁。

表 10-1 鼠标事件

英 文 名	中 文 名	解 释
Onclick	单击	用户单击某个对象
Ondblclick	双击	用户双击某个对象

续表

英　文　名	中　文　名	解　　释
Onmousedown	按下	鼠标按钮被按下
Onmousemove	移动	鼠标被移动
Onmouseout	移开	鼠标被移开
Onmouseover	移到	将鼠标移到某个对象之上
Onmouseup	松开	鼠标按键被松开

2）手势事件

手势事件是手指在触摸屏上的操作，包括手的轻击、平移等事件，内容如表 10-2 所示。

表 10-2　手势事件

英　文　名	中　文　名	解　　释
UITapGestureRecognizer	轻击	包含“单击”和“连击”
UIPinchGestureRecognizer	捏合	通常用于缩放视图
UIPanGestureRecognizer	平移	识别、拖拽或移动等动作
UISwipeGestureRecognizer	轻扫	用户从屏幕上划过。该事件可指定该动作的方向（上、下、左、右）
UIRotationGestureRecognizer	转动	用户两指在屏幕上做环形运动
UILongPressGestureRecognizer	长按	使用一指或多指触摸屏幕并保持一定时间

3）键盘事件

键盘事件定义了按键的按下、松开等事件，内容如表 10-3 所示。

表 10-3　键盘事件

英　文　名	中　文　名	解　　释
Onkeydown	按下	某个键盘按键被按下
Onkeypress	按下并松开	某个键盘按键被按下并松开
Onkeyup	松开	某个键盘按键被松开

4）焦点事件

焦点事件定义了获得焦点、失去焦点等事件，内容如表 10-4 所示。

表 10-4　焦点事件

英　文　名	中　文　名	解　　释
Onfocus	获得焦点	元素获得焦点，如输入框
Onblur	失去焦点	元素失去焦点

续表

英 文 名	中 文 名	解 释
Onchange	内容改变	内容被改变
Onselect	文本选中	文本被选中

以上就是常见的事件，产品经理需要记住这些事件，并用于文档编写中。相关事件还有很多，产品经理应在工作中不断了解、掌握。

10.1.2 字段规则和业务规则

字段规则定义了该字段的格式要求，如手机号的格式要求；业务规则定义了该业务特有的逻辑，如当用户用手机号登录时，如果手机号未注册或被禁用，应该如何处理。两类规则的具体表述如下。

1. 字段规则

1）字段规则的定义

字段规则定义了字段的格式要求。比如，手机号的格式要求是必须是 11 位数字，且第 1 位数字为 1。再如，对身份证号码的格式要求、对输入文本的长度要求等，也属于字段规则。在定义了字段规则后，我们就可将之用于交互设计中。如果手机号格式错误，系统就提示"手机号码错误"。字段规则常常是稳定不变的，甚至不同平台的规则是相同的。比如，无论哪个电商平台，其对手机号和身份证号的格式要求都是相同的。

一个字段的规则项通常包含类型、长度、默认值和规则，具体如表 10-5 所示。该表定义的字段规则可统一维护，也可标注在原型图旁。

表 10-5 字段规则项

名 称	规 则 项			
	类型	长度	默认值	规则
手机号	数字	11 位	-	第 1 位为 1

2）字段规则的制定

字段规则可由研发人员或产品经理定义。通常，可由研发人员定义的是手机号、身份证号和邮箱的规则等，研发人员只需查阅规定，就可知道字段要求。可由产品经理定义的是密码规则等，因为不同网站对密码强度的要求不同。

更广义的字段规则还包括自动生成的字段规则，如订单或商品的编号规则。这些编号中的每位数字都有特定含义，也需要制定规则。编号规则的制定涉及一些技术知识，所以常由研发人员主导，产品经理做辅助。限于篇幅，本书不再展开说明产品经理如何辅助研发人员制定编号规则。

2. 业务规则

业务规则是基于特定业务的特定限制规则。业务规则的范围很广泛。比如，餐厅排队的开始时间、居民申请用电的条件、投保资格的认定、用户禁用的时长等，这些都属于业务规则。此类规则都带有行业特点，制定此类规则的人必须要有行业经验，所以此类规则也被称为专家规则。

我们知道，字段规则是稳定不变的，即使行业不同，规则也可能相同。但业务规则是行业规定，行业不同，规则也不同。比如，用户在登录过程中连续多次输错密码，此时用户的账户就要被禁用。显然，如果是网银的登录，可设定连续输错 3 次，就要禁用账户 1 天。如果是论坛的登录，大可不必禁用账户 1 天。

一项业务应考虑主要流程、分支流程、异常流程和业务规则。

主要流程：正常执行操作的流程，没有任何异常发生。比如，用户登录的主要流程就是输入手机号和密码，之后登录成功，没有异常。或者下订单的主要流程就是用户下单和支付，也没有异常。

分支流程：和主要流程并列的流程，是用户的选择，而不是异常的事件。比如，用户用邮箱登录、用第三方账号登录等，这些就是分支流程。或者在进行支付的时候，用户选择收货后支付现金，也是分支流程。

异常流程：异常流程对应的是用户的错误或业务异常判断。比如，用户输错密码，就是用户的错误；如果用户账号被禁用，用户就不允许登录，这就是业务异常判断。

业务规则：业务规则和异常流程有时是一回事，比如，用户输错几次密码账户就要被暂时禁用，这既可以归为异常流程，也可以归为业务规则，两者并没有明确界限。但业务规则更多地强调了就是一条简单的规则，比如，申请贷款的年龄要求、订单优惠额的计算、购物金额的上限等，仅仅是一条简单的规则。有的业务规则无法用流程图表达，如订单优惠额的计算等。在实战中，简单的业务规则可不画到流程图中。复杂的业务规则可以画到流程图中，比如，输错密码次数不同，系统的提示也不同，这需要画到流程图中。

3. 如何表达

无论是字段规则还是业务规则，都要在需求文档中表达出来。通常，业务规则既可用流程图表达，也可在原型图旁写出。而字段规则因为表达的大多是显示内容，所以在原型图的旁边写出即可，如备注手机号不对的提示文案。字段规则属于全局性要求，是稳定不变的，因此可只写一份全局的规则来统一维护，如对手机号、身份证号的规则要求。

10.1.3 交互设计的四大原则

交互设计需要把握四大原则，这四大原则是笔者受到尼尔森的十大可用性原则的启发后总结出来的。读者可将其用在字段规则和业务规则的交互设计中。这四大原则分别是反馈原则、防错原则、撤回原则和容错原则。

1. 反馈原则：对于用户每步的操作，系统都要及时反馈

用户在界面上的任何操作，不论是单击、滚动还是双击，系统都应及时地给予反馈，该反馈包括显示变化和结果反馈。

显示变化：显示变化是对用户的鼠标事件、手势事件或焦点事件的反馈。在用户触发这些事件后，系统要有显示上的变化。比如，焦点位于输入框内，则输入框颜色要变化；焦点移出输入框，则输入框颜色也要变化。再如，鼠标悬停在确认按钮上，则按钮颜色要变化。系统通过显示上的变化，可让用户知道该操作是有效的。在用户操作后显示有变化，这自然是好的，因此显示变化可多多使用。

结果反馈：在用户输完信息或提交信息后，系统就要给予用户结果上的反馈，这个结果可以是错误、失败或成功等。结果反馈要考虑两点，分别是输入完和提交完。

① 输入完的案例：用户输完手机号并将焦点移开，系统提示用户手机号错误；用户输入登录名并将焦点移开，系统提示登录名字数不够。② 提交完的案例：用户单击登录按钮，系统提示登录成功，并跳转到下一页面。

和显示变化不同，结果反馈只是偶尔使用，使用太多反而不好。一方面，研发人员实现起来困难，另一方面，在用户没操作完之前，系统不应该有太多的结果反馈。

2. 防错原则：在错误发生之前，就防止用户出错

好的设计在错误发生之前就会避免它出现，而不是在错误发生后告诉用户错了，还要用户重做。防错的方法有友好提示和禁止错误。

友好提示：给用户清晰的提示，从而避免用户产生错误。比如，在用户填写手机号时，系统可将手机号码按“3-4-4”格式进行分段显示，如图 10-1 所示（因为隐私保护遮住了后四位数）。

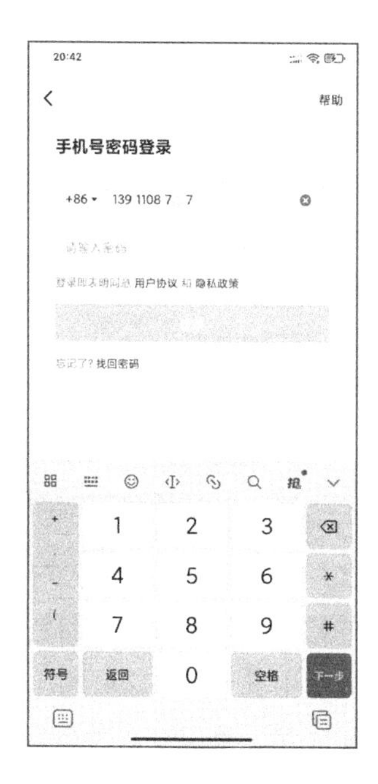

图 10-1　手机号码分段显示

禁止错误：友好提示只能对错误做提示，更好的办法是禁止用户产生错误，不给错误的产生创造机会。禁止错误的方法是不让用户填错，或者填错后系统自动忽略。

① 不让用户填错的案例：在用户填写手机号时，系统要禁止用户填写非数字字符，并且超过 11 位就不允许输入；禁止验证码中出现数字 1 或字母 I。② 填错后系统自动忽略案例：用户在下载网盘文件时，要输入验证码，用户在粘贴验证码时，有时会将空格也粘贴进来，此时系统应忽略空格。

3. 撤回原则：在操作错误发生后，提供撤回的功能

用户会输错信息，或误触功能。在这些错误发生后，界面应支持撤销和重做。该原则很容易理解，具体实现就是在输入框旁边加删除按钮或在发送消息后加撤回操作。

4. 容错原则：指出错误并给出建议，降低用户损失

撤回原则强调的是撤销用户的操作，而容错原则强调的是当用户已做完任务且错误已经产生时，系统应如何应对。方法有两种：指出错误和降低损失。

指出错误：用户要注册新邮箱，但该邮箱已被注册，此时系统就要提示“邮箱已被注册”，并给出建议，即提供可注册的邮箱名列表。

降低损失：用户要批量删除照片，这属于危险操作，此时系统就要尽到提示义务——提示照片会被删除。如果用户仍然坚持删除，这就有可能导致错误产生，此时系统应提供回收站，给予用户反悔的机会。

5. 本节小结

在用户操作过程中系统要给予显示或结果反馈，这就要用到反馈原则。用户在操作中会出错，系统应避免错误产生，就要用到防错原则。如果没有防止错误产生，就要考虑撤回原则。如果该错误不可逆，就要用到容错原则。

撤回原则和容错原则比较类似，都是出错后的应对措施。但撤回原则的错误是指用户的小操作，而容错原则中的错误不是小操作，而是一项任务，该任务完成了，任务就结束了，是不可逆的操作，是由多个操作组成的。但在实战中，我们不必过于强调其差异，只要运用这两个原则思考，确保交互考虑全面即可。

10.1.4 交互设计的外围需求

用户登录或下订单都是一个用例，这些用例还有一些外围需求。这些外围需求虽不是交互设计的主要内容，但也要确认，包括前置条件、后置结果和最小保证。这三类需求较为固定，在所有用例中都大同小异。也就是说，我们在设计列表页，详情页、登录注册、下订单和合同审核等用例时，所考虑的外围需求都是相似的。接下来我们对这三类需求进行说明。

1. 前置条件

前置条件是用例能执行的前提，常见的前置条件有是否登录和网络情况。

1）是否登录

是否登录是指在浏览某页面时或进行某操作时，是否需要进行登录。在前文中提到的通过 ATM 机取款的用例中，卡验证就是执行取款用例的前提条件。对有的用例来说，是否登录是不言自明的。比如，用户浏览首页、用搜索、查看商品详情，自然不必登录。因此，产品经理也不需要强调。

但是，有些用例就要明确是否需要登录，因为不同业务有不同的方案。

比如，对于用户将商品加入购物车的操作，系统可要求登录，也可要求不登录。要求登录可简化开发，不要求登录可以提升体验。再如，在一个电商平台中，当用户下单支付时，系统就要要求登录。但在保险平台中，业务人员可给用户发送短信，用户单击链接即可完成订单支付，这并不需要登录。

在以上案例中，登录和不登录都有道理可讲，因此产品经理需要明确其逻辑。

2）网络情况

如果遇到了网络问题，该页面就无法显示，这时系统就要提示网络有问题，并告知用户如何处理。网络问题很固定，产品经理只需对页面设计提示信息即可。

2. 后置结果

后置结果描述了系统在用例完成后要做的事，包括完成后要跳转的页面、创建的数据和进行的操作。

比如，在订单支付完毕后，产品经理就要明确这三类内容。（1）跳转的页面：在用户支付完毕后系统跳转到的订单成功页。（2）创建的数据：是指系统记录的支付时间、支付金额等数据。（3）进行的操作：在用户支付完毕后，系统要把已购买的商品从购物车中清除。

再如，在用户登录的案例中，产品经理也要明确这三类内容。（1）跳转的页面：在用户登录完毕后，产品经理要明确系统是要跳转至首页，还是跳转至登录前的页面。（2）创建的数据：在用户登录完毕后，系统要保存哪些登录信息，以及是否要在个人中心显示登录时间、登录设备等信息。（3）进行的操作：在用户登录案例中没有进行的操作。

在大多数情况下，产品经理要明确跳转的页面，而对于创建的数据和进行的操作，则不需要考虑太多。产品经理即使不写，研发人员也能做好。

3．最小保证

最小保证定义了即使用例未完成或发生意外，系统也要做的事。最小保证是一种特殊的后置结果，强调了在非正常情况下出现的结果。常见的最小保证是保留信息和记录日志。

1）保留信息

用户在执行用例的过程中，会不断输入信息，这些信息有时需要保留下来。

保留的信息在下次用户再执行该用例的时候显示，从而方便用户操作。比如，用户因意外关闭了一篇在线编辑的文章，系统就会保存已经编辑的内容。通常，只有当要保留信息时，产品经理才要在需求文档中写出，否则系统默认是不保留的。

再如，在用户注册的过程中，用户在输完手机号并单击"获取验证码"后关闭了界面，这也是一种意外，通常该手机号不必保留。但有的时候，该手机号对销售人员来说是有用的，这时系统就要保留该手机号，并可考虑在用户下次注册的时候，还显示该手机号。

S 公司是一家保险公司，用户会在该公司的网站上自主购买保险。有时用户在注册时，先输入手机号，再单击获取验证码，之后就不操作了，也不会再填写其他信息。因此，这些用户就没有完成注册。但是，这些用户的手机号对销售人员是有用的，属于销售线索，系统就要保存下来，并提供给销售人员用。

2）记录日志

日志记录了用户的操作和系统执行的信息。在讲解后置结果时我们谈到要记录数据，目的是在用户打开的某个页面中显示信息。记录日志的目的有两个。首先，便于系统进行逻辑判断。比如，在用户登录的时候，系统就要记录正常和异常的登录信息，便于在用户下次登录的时候，系统依据错误次数来评估是否要开启安全验证。其次，便于记录日志，也便于研发人员发现软件的问题，从而修改代码。

记录日志功能有时由研发人员开发，有时由产品经理开发。

10.2 规则驱动的交互实战

在理解了交互设计的基础知识后，接下来我们就要完成交互设计。我们将以用户登录为例，一步步完成交互设计。我们要先明确字段规则，然后设计字段的交互；我们也要明确业务规则，然后设计业务的交互。所以这个过程可以称为规则驱动的交互设计。接下来我们分几步来实现。

- 步骤一：字段规则的交互
- 步骤二：业务规则的交互
- 步骤三：外围需求的完善

该交互设计的步骤写得较详细，但不是说我们在实战中也要这么做。很多时候，即使写得简单些也是合格的，这要看公司习惯、设计阶段、研发能力等因素。把步骤写详细的目的是，让读者知道交互文档有什么以及如何思考。同时，工作是要分层的，以上三个步骤也是分层思考的过程，从小的字段交互，到大的业务交互，再到一些外围需求。①

10.2.1 步骤一：字段规则的交互

在用户登录案例中，字段规则就是手机号和密码的规则。我们要先明确字段规则，然后才能设计系统的交互响应。该交互能帮助用户高效和顺畅地完成输入工作。接下来我们分定义字段规则和设计字段交互两部分进行。

1. 定义字段规则

在登录过程中，用户要输入手机号和密码。我们需要定义这两个字段的规则。

手机号的字段规则：必须是 11 位数字，且第一位为 1。

手机号除了这个简单的规则，还可以有更多规则。全国的手机号是被统一分配的，前三位有特定含义，如 130-133 号段是联通的，134-139 号段是移动的。如果做严格限制，可定义不是这些号段就不许注册，避免用户输入错误号码。但不要漏掉号段，这将导致正常手机号无法注册。而物联网的号段是 146、148 等，可禁止物联网手机号进行注册。这样可避免有的公司批量注册用户，然后进行“薅羊毛”行为，即大量购

① 如果想了解该交互设计的完整需求文档，请关注微信公众号“图解产品设计”。

买让利商品，然后再倒卖获利。

密码的字段规则：不同系统的安全要求不同，因此规则也不同。对于本案例，可要求密码须是 6 位以上，并且是数字和字母的组合，且不能是特殊字符，如空格等。

2. 设计字段交互

我们要基于用户操作的事件，来思考用户每操作一步，系统能做什么事情。用户操作的事件包括获得焦点、输入字符、失去焦点、单击按钮等。系统要对这些事件做出响应，包括改变颜色、限制输入、显示功能、弹出键盘等。这些响应要符合四大交互原则。其思考过程如下。

1）手机号输入框部分

（1）系统的初始显示。在用户打开登录界面后，我们先要明确初始显示信息。比如，显示上次登录成功的手机号，或者自动获取手机号并显示。在本案例中，显示的是自动获取的手机号，如图 10-2 所示。

（2）单击“其他手机号码登录”。在登录界面中，假设用户单击的是“其他手机号码登录”。此时，系统仍可显示上次成功登录的手机号（非本机号码），如图 10-2 所示。

为了说明交互，我们可忽略上面那种情况，即假设系统不显示手机号，如图 10-2 中的单击“其他手机号码登录”（情况二）所示。在该情况下，系统响应是：手机号输入框获得焦点，并弹出数字键盘，且只允许输入数字，输入其他字符无效。这些限制都体现了防错原则，即避免用户输错。

系统的初始显示

单击“其他手机号码登录”（情况一）

单击“其他手机号码登录”（情况二）

图 10-2 手机号密码登录字段规则一

（3）输入一个字符。在用户输入一个字符后，系统显示如图 10-3 所示。系统的响应有去掉“请输入手机号”几个灰字，并显示删除标。其中，去掉原有的字，体现了反馈原则，让用户知道操作成功了；显示删除标，体现了撤回原则，让用户可快速删除错误的输入。

（4）输入若干字符。在用户输入若干字符后，系统显示如图 10-3 所示。系统的响应有手机号显示为三段，且不允许超过 11 位数字。这些都体现了防错原则，通过提示避免用户输错，通过禁止不必要的操作，来避免错误的产生。

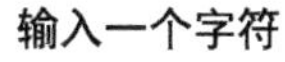
输入一个字符　　　　输入若干字符

图 10-3　手机号密码登录字段规则二

至此，我们分析完了手机输入框的交互，下面进入密码输入框的交互部分。

2）密码输入框部分

（1）单击密码输入框。在单击密码输入框后，手机号输入框失去焦点，并且密码输入框获得焦点。其显示如图 10-4 所示。此时系统的响应有手机号输入框的删除标消失，并改为字母键盘。

（2）输入一个字符。在用户输入一个字符后，其显式如图 10-4 所示。系统的响应有：去掉“请输入密码”几个灰字，并显示删除标，输入的字符会在 2 秒后变成“●”号。其中，去掉原有的字，体现了反馈原则，让用户知道操作成功了；显示删除标，体现了撤回原则。

单击密码输入框　　　　输入一个字符

图 10-4　手机号密码登录字段规则三

3）登录按钮部分

首先，当手机号为 11 位数字且密码不为空时，登录按钮为可单击状态；其次，在用户单击登录按钮后，页面显示登录成功或登录失败，登录失败的显示样式如图 10-5 所示。

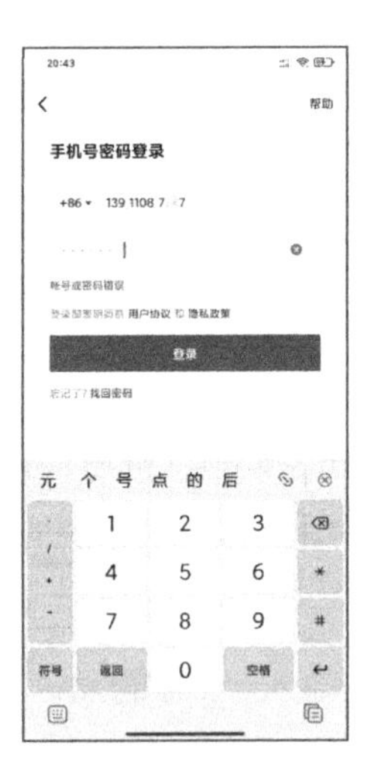

登录失败的显示样式

图 10-5　手机号密码登录字段规则四

以上的思考过程体现了系统显示—用户动作—系统响应，这就是《软件需求与可视化模型》[①]一书提出的 DAR 模型。该模型的思路是，系统先要有显示，之后对于用户的每个动作，系统都要有响应。同时，DAR 模型也是符合四大交互原则的。

最后再补充两点。首先，在登录的过程中，不同应用有不同处理，并没有统一的标准。读者需要在实战中多体会，不断改善交互设计，本书更多地强调了交互可以有什么。其次，我们为了说明问题，截取了很多的图。但在实战中写交互文档时，常常只有一两张原型图，然后在原型图旁边用图文（局部示意加少量文字）结合的方式做备注。这样做的好处是，产品经理节省写交互文档的时间，研发人员看得也很快。另外，如果类似交互已经开发了多次，则还可以进一步简化，如只强调弹出数字键盘、只允许输入数字并给出错误提示文案即可。

10.2.2 步骤二：业务规则的交互

该步骤要实现业务规则的交互。在第 7 章中，我们已经梳理了登录的流程图，该图就是对业务的描述。业务的考虑点包括主要流程、分支流程、异常流程和业务规则。对登录来说，这四个考虑点的具体内容如下。

主要流程：用户输入手机号、密码，之后登录成功，这就是主要流程。

分支流程：用户用邮箱登录、第三方账号登录等，这些就是分支流程。

异常流程：用户输错密码等，这是用户不希望发生的，是异常流程。

业务规则：登录的业务规则主要是安全规则，如用户用新设备、新 IP 地址登录的处理流程，或者用户被禁的判定标准和解除条件等。在实战中，业务规则可不断加入，不断完善，不是一次就完成的。

根据图 7-19 所示的登录流程，我们可梳理出的内容如下所示。本节我们重点梳理以上四点中的异常流程和业务规则。

1. 如果被锁定：则提示稍后再来。

2. 如果被禁用：则提示被禁用，并引导解禁操作。

3. 如果是新设备，则除了密码正确，还要进行手机验证码的验证等。

---

① 《软件需求与可视化模型》，Joy Beatty，Anthony Chen 著，清华大学出版社出版。

4. 如果密码错误，如在 N 分钟内连续输错，则：

（1）错误次数≥1 且≤2，提示账号或密码错误，请重新输入。

（2）错误次数≥3 且≤4，提示账号或密码错误，还剩 $6-M$ 次机会，M 为错误次数。

（3）错误次数≥5 且≤6，则要求进行手机号验证。

（4）错误次数≥6，则提示账号已经被锁定。

本案例仅作为示例，只加入了少量规则。以上这些规则就可写在原型图旁边，并配合局部图示来表明业务的交互。

10.2.3 步骤三：外围需求的完善

在字段规则和业务规则的交互都完成后，我们就要完善外围需求。关于外围需求，我们在 10.1.4 节中已经论述，包括前置条件、后置结果和最小保证。登录的外围需求如表 10-6 所示。

表 10-6 登录的外围需求

名　　称	内　　容
前置条件	考虑网络异常和是否登录两种条件。网络异常：在单击登录后，要有网络异常提示。是否登录：不需要考虑
后置结果	考虑跳转的页面、创建的数据和进行的操作三种结果。跳转的页面：登录完成后回到登录前页面；创建的数据：无；进行的操作：无
最小保证	考虑保留信息和记录日志两种保证。保留信息：无。记录日志：需记录用户登录成功或失败的信息，含有 IP 地址、登录设备等

10.3 交互设计的用例文档

通过以上三个步骤，我们就能完成产品的交互设计。其中，该交互设计中的业务规则的交互和外围需求较为重要，我们将其汇总到一起，就成为用例文档，如表 10-7 所示。

表 10-7 用例文档

项目	内容
用例名称	用例的名称，如“用户登录”就是用例名称
用例描述	用例的简短描述，便于读者快速理解，如“用户用手机号登录的流程”
流程和规则	
主要流程	正常进行操作的流程，没有任何异常发生
分支流程	和主要流程并列的流程，是用户的选择而不是异常的事件。比如，用户不用手机号登录，而用其用户名登录，这就是分支流程
异常流程	异常的事件，是用户不期望发生的。比如，用户输错密码、用户账号被禁等
业务规则	定义了业务的服务标准、计算方式等。比如，账户禁用条件、申请贷款的资格、订单金额计算等
外围需求	
前置条件	进入该用例的前置条件，常见的是对登录和网络的要求
后置结果	系统在用例完成后要做的事情，包括跳转的页面、创建的数据、进行的操作
最小保证	即使系统的执行发生意外，系统也要做的事情，是一种特殊的后置结果。包括保留信息和记录日志

有的公司的需求文档，就由该用例文档加原型图组成。该用例文档有着广泛的应用，既可用在偏向交互的用例中，如登录、注册等，也可用在偏向业务的用例中，如订单流程、审核流程等。总之，只要按照用例的知识拆解出了用例，就可以用该用例文档描述。但在写用例文档时，要注意以下两点。

1）该用例文档的字段全，但不意味着都要写

该用例文档是一个需求检查表，是一个全面的提示，产品经理可根据情况进行删减。常见的错误是，即使是简单的分享和登录，也要写得很全，把该用例文档中的每项都填写上。最佳的平衡点是即使删除了一些描述项，研发人员也不会出错。比如，对于登录案例，不写网络问题、手机号规则、最小保证等，研发人员也不会出错。对其度的把握，需要产品经理和研发人员不断磨合，找到最佳的平衡点。

2）该用例文档是文字形式的，但不意味着必须用文字写

很多书都介绍过该用例文档。有的产品经理就用该格式描述需求，并且是文字形式的。这对有的用例是适合的，但对多数用例并不适合。更常见的方式是，产品经理先画出流程图、状态图等，然后再画原型图，并在原型图旁加上交互说明，交互说明是图文结合的。这种图文结合的交互说明描述了分支流程、异常流程和业务规则等内容。对于前置条件、后置结果和最小保证，可以做全局说明，即写在几个需求的前面，做统一描述即可。

总之，该用例文档只是起提示作用，不代表对文档内容、格式的要求。产品经理应根据实际情况，灵活编写该文档，而要达到的效果就是"用最少时间，编写最少内容，且该文档能被研发人员快速看完、正确开发[①]"的目标。

10.4 本章提要

1. 常见的事件包括鼠标事件、手势事件、键盘事件和焦点事件。写文档可参考文中的事件名称，这样表述更加简洁和准确。

2. 规则可分为字段规则和业务规则。字段规则定义了该字段的格式要求，业务规则定义了该业务特有的逻辑。字段规则通常稳定不变，是全局型的；业务规则表现为不同业务有不同规则，不是全局型的。

3. 交互设计的四大原则如下。(1)反馈原则：对于用户每步的操作，系统都要及时反馈。(2)防错原则：在错误发生之前，就防止用户出错。(3)撤回原则：在操作错误发生之后，提供撤回的功能。(4)容错原则：指出错误，给出建议，降低用户损失。这四大原则分别对应着操作中的反馈、防错和撤回，以及操作完的容错。

4. 交互设计的外围需求包括：(1)前置条件是用例能执行的前提，常见的是是否登录和网络情况；(2)后置结果是系统在用例完成后要做的事，包括跳转的页面、创建的数据和进行的操作；(3)最小保证定义了即使用例未完成或发生意外，系统也要做的事，最小保证强调了在非正常情况下出现的结果，包括保留信息和记录日志。以上外围需求仅起到提醒作用，不意味着在用例文档中都要写出。

5. 交互设计可以分为三步，分别是字段规则的交互、业务规则的交互、外围需求的完善，这三个步骤也体现了分层思考的过程。

6. 用例文档的要求是"用最少时间，编写最少内容，且该文档能被研发人员快速看完、正确开发"。产品经理要想平衡这个矛盾，就要不断改进工作。用例文档的要素有流程、规则和外围需求。用例文档的表现形式可以是以文本为主，也可以是原型图加备注的形式。

---

① 用例文档一方面要思考全面，另一方面要图文结合，表达精练。但如何用文字表述，在这方面还没有标准，请关注微信公众号"图解产品设计"，共同探讨标准。

第 11 章

信息设计

本章侧重于讲解 B 端的信息设计，其中 B 端的列表页设计是 B 端信息设计的重点。只有通过查看列表页信息，才能实现业务目标。比如，通过查看一个电商平台的商品列表页信息，才能执行商品的上下架等；通过看订单列表，才能执行订单的发货、退货等操作。因此，我们要注意列表页信息的设计。本章的内容如下。

- 信息设计范畴概述
- 列表页的字段设计
- 列表页的信息布局
- 列表页的扩展功能
- 业务驱动的列表页设计

其中，11.1 节讲信息设计的范畴，我们将梳理后台信息设计的框架，明确列表页和其他页面的关系；11.2 节和 11.3 节讲的是列表页设计的原则和方法，以及列表页排版的注意事项；11.4 节讲的是信息设计的通知和导出这两个扩展功能；11.5 节讲业务驱动的列表页设计，具体呈现了在实战中如何以业务驱动列表页设计，从而满足业务目标。

11.1 信息设计范畴概述

列表页是后台的重要页面，我们需要了解，但我们也需要了解其他的页面，从而形成整体认知。

11.1.1 信息设计的范畴

员工使用后台是为了完成一项业务，如发布商品、审核商品等。为完成这些业务，后台就要有页面，这些页面包括列表页、表单页、详情页，以及组织这些页面的导航。其中，表单页是填写内容的页面，典型的表单页是新建商品页。详情页是展示内容的页面，典型的详情页是商品详情页。图 11-1 所示就是一个典型的后台页面。

图 11-1　典型的后台页面

该后台页面的结构是一种最常见的后台页面结构，其上面和左侧是导航，右侧是信息列表。然后再加上另外两个页面：表单页（新建商品页）和详情页。这三个页面相辅相成，都是为了完成某项业务而存在的。

还有一类页面，是为了做商业决策而存在的，这类页面被称为商业智能仪表盘，也被称为仪表盘或数据可视化页，图 11-2 所示的页面就是此类页面。此类页面会展示图形化的数据，如订单量、商品量等，从而为企业的经营决策提供依据。

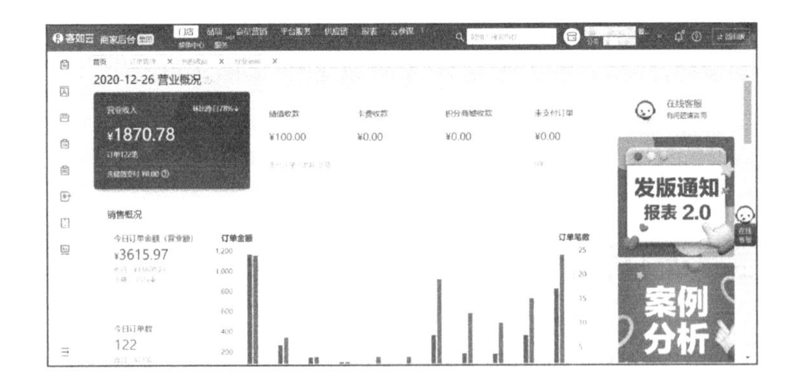

图 11-2　数据可视化页

11.1.2 列表页的类型

信息设计的范畴包括列表页、表单页和详情页，这些页面都有相应的设计方法。限于篇幅，我们重点分析列表页的设计。要了解列表页，就要先知道列表页的类型，列表页主要有以下几种类型。

内容类：典型的是电商平台的商品列表页。运营人员通过查看该列表页，决定商品的上下架、制定营销策略和编写商品文案等。后台编辑的内容都是要给用户看的。除了商品列表页，内容类还包括优惠活动、优惠券、专题信息等列表信息。

审核类：典型的是商品审核、优惠券审核、退货审核等。公司内部为了方便管理，就要进行一系列的审核。这些审核措施既可以对内容类进行审核，也可以对服务类（如订单退货）进行审核。审核是业务管控的手段。

服务类：典型的是电商平台的订单列表页。一个订单就是一项业务，是由用户发起的，并由平台执行服务，如进行发货、送货等。

概括地说，一个电商平台的内容就是前台展示的商品、活动等，是用户来网站的理由；审核就是内部的管控；订单就是电商平台执行的业务，是给用户提供的服务。大多数交易类的网站均可拆解为这三类内容，请读者思考、体会。

11.2 列表页的字段设计

列表页有三种类型。接下来我们以一个电商平台的商家后台为例，说明商品列表页的设计。图 11-3 所示为某电商平台的商家后台的商品列表页。运营人员通过查看该列表页了解商品情况，从而进行下架、补货和营销等工作。

该商品列表页可分为三个区域，分别是筛选区域、查看区域、操作区域，如图 11-4 所示。

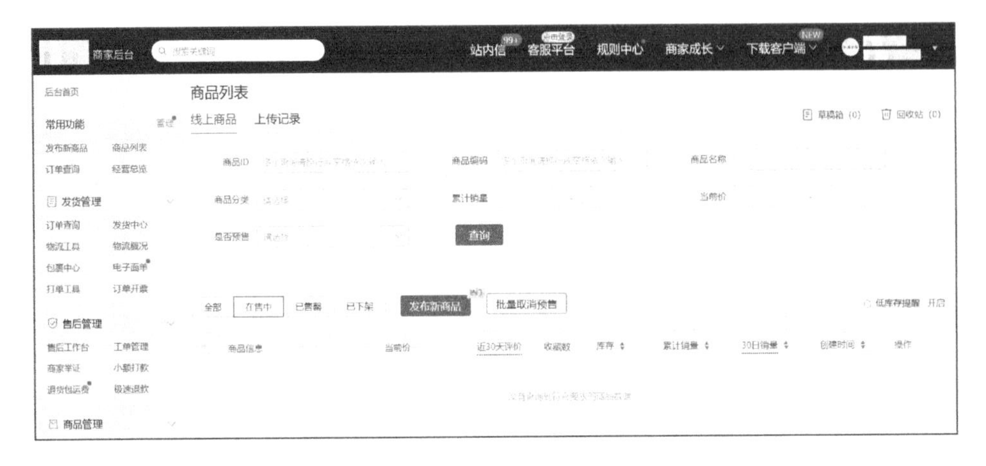

图 11-3　某电商平台的商家后台的商品列表页

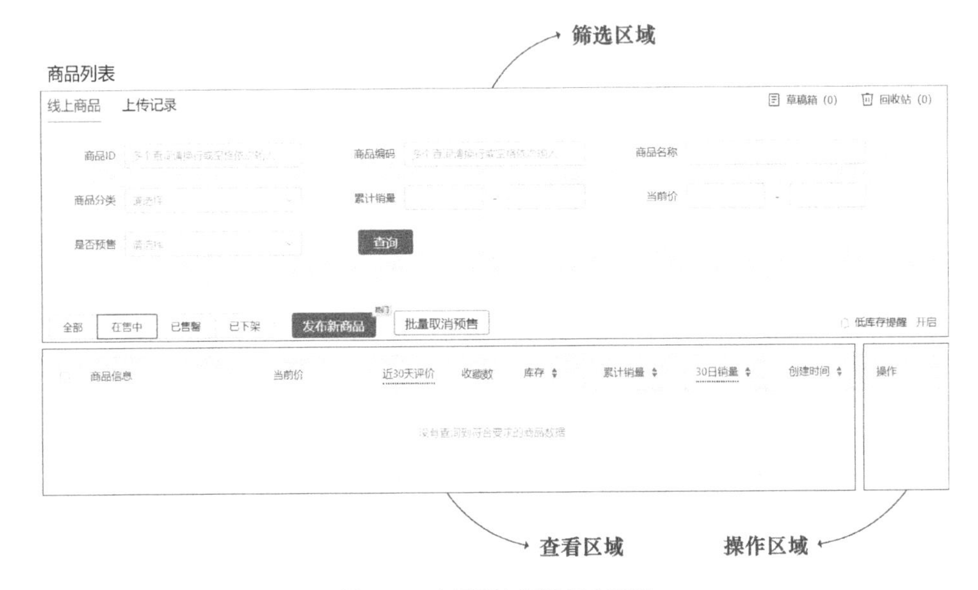

图 11-4　商品列表页的三个区域

这些区域的设计看似简单，但每个选项、字段和操作都有用处。比如，员工要下架商品，就要先筛选某个分类，然后找到销量差的商品，最后再执行下架操作。接下来我们分别说明三个区域的设计。

11.2.1　筛选区域

筛选区域又可分为两部分，分别是 Tab 导航和筛选项，如图 11-5 所示。这两部分的设计应当遵循两个原则：原则一，Tab 导航必须有，并且可分层；原则二，筛选项看业务，前期可少加。

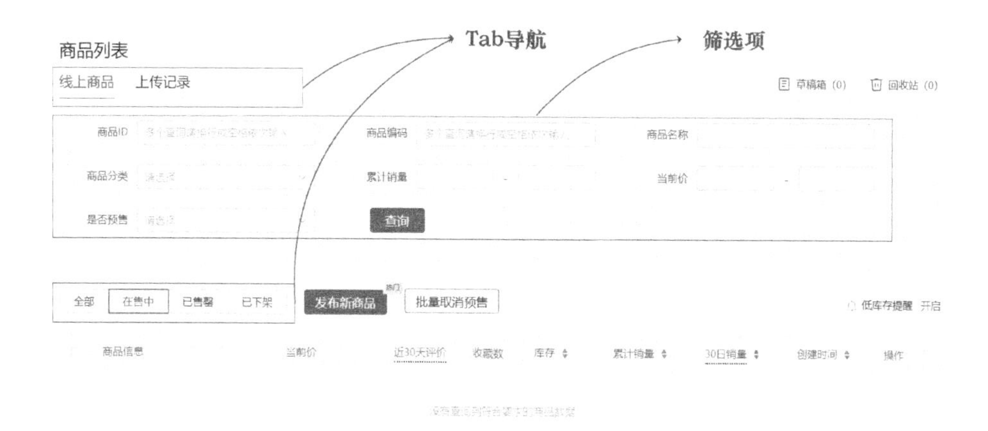

图 11-5　筛选区域的两部分

1. Tab 导航必须有，并且可分层

很多产品经理不用 Tab 导航，而用下拉列表来代替，这通常是错误的。因为用 Tab 导航可区分不同的业务，提升工作效率，并且有很好的扩展性。

区分不同业务：商品管理可大致分为两项业务，分别是上传商品、营销商品。显然对商家来说，这是两项不同的工作。其中，上传商品对应 Tab 导航的“上传记录”，商家在上传商品后，要等待平台审核，在上传记录切换成该商品的 Tab 后，商家就可看到等待审核的商品。营销商品对应 Tab 导航的“线上商品”。因此，用 Tab 导航将商品管理分成两项业务是合适的。这样看着也很清晰。

提升工作效率：下拉列表和 Tab 导航都可用于切换工作，其作用是相同的。但下拉列表需要更多的操作步骤，效率略低。

良好的扩展性：Tab 导航如果想加小红点或数字提示也很好加。比如，在“已售罄”的 Tab 导航右上角写上数字“3”，就表示有 3 款商品卖光了。

综上所述，无论是从业务角度、效率角度，还是从扩展角度，Tab 导航都是正确的选择，并且实现起来也不难。

Tab 导航是一个正确的设计。我们在设计 Tab 导航的时候，需要注意两点。第一点，在不同的 Tab 导航下，其内容也是不一样的。图 11-6 所示为“上传记录”下的筛选字段和列表信息。这些内容同"线上商品"的是不同的。

图 11-6 "上传记录"下的筛选字段和列表信息

第二点，Tab 导航可以分层，如图 11-5 所示，在"线上商品"导航下，还有"在售中、已售罄、已下架"三个导航。在这三种状态下，也有不同的工作任务。比如，通过查看下架商品，看看有没有要恢复上架的商品。

2. 筛选项看业务，前期可少加

所有的筛选项都是基于业务目标而存在的，而不是随意加入的。

比如，为什么要加商品编号筛选？因为有的公司根据商品编号来沟通，因此可通过查询商品编号找到该商品，之后再查看商品的销售量和库存，进一步执行可能的推广、补货等操作。再如，为什么要加商品分类筛选？因为运营人员要了解该分类的销售情况，从而优化营销方案或修改商品信息等。因此，每个筛选项的加入都是有依据的。

筛选项是有用的，但也不能随意加，因为每个筛选项的开发都需要时间，所以如无必要，不要加入过多的筛选项。例外的是，如果该筛选项已经实现了，则再加的成本就很低。比如，线上商品实现了按照商品名称筛选，那么在待审核的商品列表中加入该筛选就很容易。

11.2.2 查看区域

查看区域分为列表区域、排序功能和分页区域，如图 11-7 所示。接下来我们分别说明。

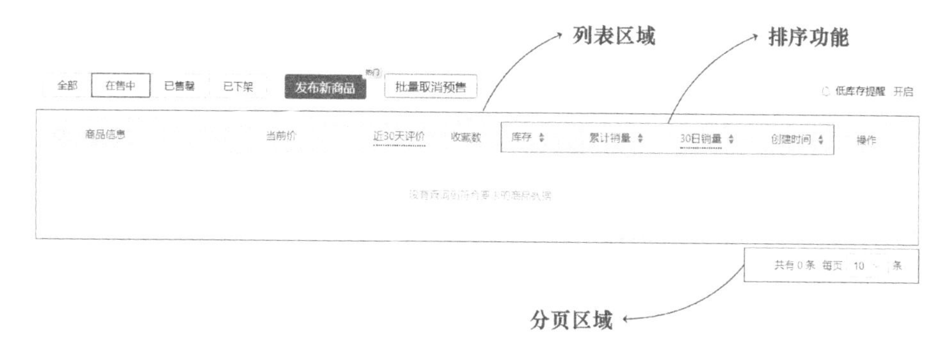

图 11-7　查看区域

1. 列表区域：识别、决策和操作

用户查看列表的步骤是，通过筛选项查找内容，这些内容会显示在列表区域。该列表区域可分成三部分，分别是识别、决策和操作。

识别：先要确定内容是什么，以及内容间有什么区别。对商品来说，内容间的区别就是 ID、图片和商品。尤其是图片和商品，是最直观的能够区别内容的字段。其他常见字段还有分类、品牌等。是否要加这些字段，要看其是否有利于区分信息。

决策：用户在看了商品信息后就要做决策。常见的用于做决策的信息有商品价格、销量和库存这三个字段。这三个字段的加入很容易理解。比如，要对比价格从而方便进行调价。再如，如果销量不好，就要调整价格、修改描述或进行促销。又比如，库存过多，也要进行促销。总之，这三个字段都有作用，都是为了决策而存在的。

其他常见的字段还有创建时间（上架时间）、最近销量等。这两个字段再加上总销量，是判定商品是否热销的依据。显然，有的商品上架时间长，销量就高，但不意味着该商品现在就是热销商品。

另外，如果筛选项中有某个字段，一般也要在列表页中展现，这样用户在按照该字段筛选后，也可以知道该筛选是有效的。

操作：操作部分的字段包括状态字段和操作字段。状态字段一般应加入，这样就可以让运营人员明白当前商品的状态，便于进一步操作。比如，当前商品的状态是上架状态，运营人员一看就知道可以进行下架操作。很多列表页并没加状态字段，这通常是不对的。虽然通过 Tab 导航也能知道商品的当前状态，但是当要显示全部商品的时候，我们就不能很容易辨别出当前商品是什么状态，只能通过操作按钮做判断，这并不直接。

以上就是识别、决策和操作部分的内容。在工作中，产品经理应仔细揣摩这些字段的作用，然后再加入。同时，不仅商品管理有这三类内容，其他的列表页，如订单管理、合同管理、文章审核等，通常也有这三类内容，我们也可依据以上原则设计。

2. 排序功能

排序是简单的设计，产品经理只要明确有哪些字段需要排序，并且指明在默认情况下按哪个字段排序即可。比如，默认按创建时间排序，且创建时间与现在时间越接近，就越排在前面。

3. 分页区域

后台的分页常有现成的组件支持，产品经理直接拿来用就可以了。此外，产品经理需要定义清楚一页要显示多少条信息，以及需要考虑信息的安全。从安全角度考虑，产品经理应注意以下两点。首先，分页区域不应显示有多少条和多少页。其次，不允许用户翻到最后一页。这样能够避免后台员工知道公司有多少种商品。

11.2.3 操作区域

运营人员在看了销量、库存等信息后，就要有所行动，如进行下架、重新编辑等操作。关于这些操作项目，我们在讲业务操作的时候已经梳理了，就是围绕商品状态梳理的。此时我们还应基于业务目标再梳理一次。比如，基于员工要补货这个业务目标，后台就要实现修改库存的操作；基于员工要营销这个业务目标，后台就要实现修改商品信息的操作等。这两种梳理方法输出的结果可能是一样的，但两种方法都用一下可避免出现遗漏。

信息操作除了下架、重新编辑等操作，还有排序操作。比如，轮播图的内容、秒杀的商品、排行榜的商品等内容在前台展现的时候是有先后次序的，通常都需要人工进行排序。排序有两种实现方案，一种是数字，一种是上下箭头。数字是指给信息指定一个数字，数字越大，该信息越应该排在前面。通常，内容多用数字，少用上下箭头。我们可在实战中将这两种方案都尝试一下，哪种方案的操作步骤少和时间短就用哪种。

11.3 列表页的信息布局

在前文中我们对列表页的字段设计做了说明，接下来我们对列表页的信息布局做说明。列表页的信息布局比较简单，我们根据查看区域做说明。查看区域的设计目的是便于用户在有限空间内快速阅读。在此前提下，我们在设计时应注意以下两点。

1．一列一字段，便于阅读

后台列表是为了方便业务人员快速浏览信息而设计的，所以通常是一列一字段，这样便于业务人员看到想要的内容。比如，将销量单独放在一列，这样业务人员从上往下看，就可快速找到销量差的商品。

2．承载更多信息的方法

如果列表页要展现的信息较多，则可支持列表区左右滑动，并固定商品图片和标题等内容，或者支持左侧导航栏折叠等，这样就可容纳更多的列表信息。

11.4 列表页的扩展功能

产品经理在设计列表页的时候，还有两个扩展功能需要考虑，这两个扩展功能是信息的通知和列表页信息的导出。

11.4.1 信息的通知

商家的商品参加了某个活动，商家在查看列表页后，发现该商品卖光了，此时商家就要赶紧进货。商品卖光的信息是重要的，如果商家发现商品卖光了，就要尽快发消息通知用户。发送消息的方式有站内消息、发送短信、发送邮件。这几种方式各有特点，我们分别说明。

- 站内消息：通过发送站内消息，来通知用户商品的变化，但前提是用户必须登录。如果用户始终在电脑前，这种通知是没问题的。站内消息的表现形式众多，如小红点、未读数、消息列表等。

- 发送短信：如果用户不在电脑前，那么商家通过发送短信也能通知用户。这种方式会产生一定的费用。
- 发送邮件：如果该信息并不重要，并且用户用系统不频繁，那么发送邮件也是可以的。用户只需登录邮箱，既看了工作邮件，也看了消息通知。

这三种方式应用广泛且灵活。很多业务都需要发送提醒消息，如商品卖光、审核提醒、订单堆积、服务器异常等。接下来我们举一个例子，来理解其灵活性。

D公司的业务是帮助其他公司报税，所以D公司就要和客户签合同，提供报税服务。此时销售人员拟定合同，D公司进行内部审批。过去该审批是通过发邮件完成的，即销售人员发送邮件，审批人确认邮件，但该方式效率低下，不易追踪，因此需要线上化。在设计中如果不用提醒机制，就会出现审核不及时等情况，这就耽误了合同的签署。因此，需要设计消息提醒。

合同审批需要区域销售人员、财务人员、法务人员或公司副总等进行审核。此时，如果公司副总不习惯用公司网站，但常会看邮箱，那么一旦有审批就要发邮件提醒公司副总。但如果有一个审批就发送一次邮件，又过于频繁，因此可每隔一段时间发一次。财务人员、法务人员始终使用内网，因此可通过站内信通知，或者用小红点在左侧导航栏提醒。如果某审批人长时间没有审批，则可以给他发送短信让其尽快处理，并同时发送短信给销售人员，让其跟进一下。

该合同审批的案例综合运用了站内消息、发送短信和发送邮件三种方式。该方案仅供参考，仍有很多细节没有挖掘。该方案的目标是快速完成审批，但也要明确多长时间审批完是可以接受的，不能一味地要求快速完成。在实际工作中，产品经理应反复权衡：提醒过多，就会打扰其他人的工作；提醒过少，又会造成审批不及时。产品经理应在审批速度和工作效率之间寻求平衡。

11.4.2　列表页信息的导出

列表页信息可以支持导出，即通过单击导出按钮，将当前列表的内容生成CSV文件或Excel文件，并下载到本地电脑上。其中，CSV文件是以文本形式存储的表格数据，可以用记事本、Excel等工具打开。列表页信息是否需要导出，要依据业务需求来确定。

产品经理在设计该功能时要注意两点。首先，所见即所得的设计原则，即当前列表页显示什么就导出什么；其次，要考虑安全问题，如无必要，不要支持大量数据导出，这样有信息泄露的风险。

11.5 业务驱动的列表页设计

产品经理在设计列表页时常面临的问题是，总担心列表页的筛选项和信息内容想不全，从而导致上线后不能满足用户需求。因此，我们不能一上来就设计列表页，而是要以业务为驱动，这就要考虑以下步骤。

步骤一：梳理业务

步骤二：梳理场景

步骤三：设计方案

步骤四：设计页面

这四个步骤可概括为 BSSP 设计方法，B、S、S、P 分别是 Business（业务）、Scene（场景）、Solution（解决方案）、Page（页面）的首个字母。下面，我们以商品列表页为例，说明 BSSP 设计方法如何使用。

11.5.1 步骤一：梳理业务

产品经理要设计商品列表页，就要先明确用户画像和业务目标，即明确给谁做，以及要帮对方达成什么目标。

1. 用户画像

用户画像是在用户细分的基础上，对用户做的生动描述。比如，我们可将商家按照商家类型、体量、使用阶段、发展阶段和认知等做划分。之后，再对细分的某类商家进行形象、生动的描述。在对商家画像描述清楚后，我们需要再对商家的员工进行生动描述。其方法也是先做细分，再做生动描述。

在前文中，我们粗略讲解了决策人、管理人和执行人之间的差异，但是还应进一步细分，并做生动描述。但面向 B 端员工的用户画像可以简略一些，只要抽象出群体的关键特点即可，而不用像 C 端的用户画像一样，有个人爱好、自我宣言等内容。

2. 业务目标

在将用户画像描述清晰后，我们就要明确业务目标。在该场景下，业务目标就是员工的工作，也是目标层用例。比如，员工要发布商品，这既是一项业务，也是员工的工作，同时也是目标层用例。

关于梳理业务的方法，我们在第 5 章讲过，就是查阅员工的工作职责。但是，很多工作不会写在工作职责中，这就需要我们对业务进行访谈、观察和实操，我们将在第 12 章中讲解该内容。而此时，我们略过分析过程，直接列出其中几项工作，分别是发布商品、补货、处理滞销、处理违规、进行促销、优化文案等，这些都是业务目标。

11.5.2 步骤二：梳理场景

在梳理完业务后，我们就要基于业务梳理场景。梳理场景可分为两部分，分别是用户故事、用户场景。这些内容的梳理方法众多，也有很多资料可供参考。本书结合商品列表页来对这两部分的内容做简要介绍。

1. 用户故事

用户故事是以商家画像、员工画像为基础，在明确业务目标的前提下，研究用户要做的活动是什么，并由此挖掘该过程中的问题，再思考我们可做什么来创造价值。概括地说，用户故事就是明确活动、问题和价值。在这个过程中，对于用户的活动，我们还可进一步思考如下问题。（1）用户具体做什么？（2）用户还有其他选择吗？（3）用户怎么做才能达到目的？（4）出现问题如何处理？

2. 用户场景

在梳理用户故事的过程中，为了加强带入感，并建立同理心，我们应思考在用户使用产品的时候最可能出现的场景。这仿佛是电影的一个片段，该片段包括时间、环境、设备、用户情绪等多个方面。通过描述这个场景，产品经理可带入情感、画面等因素，从而促进同理心的建立。

以上两部分概括地说就是为了完成业务目标，在什么场景下，做了什么事情。对于商品列表页，其场景分析较简单，就是思考用户在什么场景下要发布新商品。但是如果案例是餐饮的点餐系统，则产品经理需要重点考虑不同业态（茶饮、西式快餐等）、不同情境（闲时和忙时等）、不同活动（消费者、服务员和后厨等的交互）下的点餐系统应如何设计。

11.5.3 步骤三：设计方案

在明确了员工的活动，并提炼出某个场景后，接下来我们就要思考用什么方案，来满足用户的场景需求。设计方案和场景分析可以交叉运用。在想到方案后，再思考场景下的应用。或者反过来，先想场景，再想方案。而要设计出优秀的方案，一方面，有赖于产品经理所积累的方案库，另一方面，也有赖于跨部门、跨行业的团队间的交叉碰撞，即需要集思广益。

比如，员工要发布商品，我们既可以让员工新建商品，也可以让员工复制一个商品并稍做修改后发布，这就是两个方案。再如，员工进行补货，我们可以在列表页中加入“库存量”字段，或者让员工设置库存提醒，即当库存量低于某个数值时，就会提醒员工缺货了，或者建立一套智能的缺货提醒系统等。

不同的方案都是在思考，如何帮助用户准确决策，并完成业务。当然，在设计方案时，除了按照上述内容思考，我们仍然可按解决方案中提到的方法来思考，如思考该方案给使用的商家、开发的公司带来的价值是什么，以及该方案的投资回报率等因素，从而决定哪个方案应优先开发。

11.5.4 步骤四：设计页面

在明确了用户的工作和大致的方案后，我们接下来就要设计页面。虽然在做页面设计，但我们应注意，画原型图的目的是要帮助用户做决策并完成业务。在这个前提下，设计页面可分为闭环设计和信息设计。

1. 闭环设计

闭环设计是指，不仅仅考虑用户在界面上的操作，还应考虑用户为完成该业务所进行的线下操作。此时，我们以缺货后的补货为例进行说明。

比如，员工在某促销活动期间，要不断查看电视机的库存量。如果发现该库存量低于某个值，就要申请采购。在审批人同意后，该员工就要签订采购合同，或者在系统内下单购买。在完成采购后，该员工就要将产品入库，之后再更新库存量。在体验整个业务流程后，该员工就能够更好地完成下一步的信息设计。

2. 信息设计

信息的数量和内容决定了信息的组织和展现。这是在信息设计中，应重点注意的。我们以商品列表页为例说明。如前文所述，典型的商品列表页包括筛选区域、查看区域和操作区域。

1）筛选区域

当商品的数量较多时，通常商品的分类也较多，这将影响筛选设计。比如，员工为了找到缺货的电视机，就需要先筛选出电视机分类，再查看所有电视机的库存量，并将各类电视机按照库存量进行排序。这就需要产品经理在筛选区域增加分类筛选。

2）查看区域

在设计该内容时，如果商品数量较多，如何让这些商品的信息有区别?

比如，对于一个 B2B 农业交易平台，商家会在后台上传各种土豆的图片，但这些图片的差异并不大，差异大的是土豆的规格、品种等。因此，后台的商品列表页就要突出这些差异，而不是通过图片来展现差异。

3）操作区域

操作区域的设计如前文所述，需要基于业务和状态来思考有什么操作，在此不再赘述。

最后我们对三个区域的设计做个补充。如果商品管理模块面对的商家类型众多，则查看区域、筛选区域和操作区域要允许用户可自定义。比如，可自定义列表显示的信息项，自定义筛选的选项等。

11.5.5 本节小结

业务驱动的 BSSP 设计方法包括梳理业务（用户画像和业务目标）、梳理场景（用户故事和用户场景）、设计方案、设计页面（闭环设计和信息设计）。总之，列表页的设计应从业务源头出发，不断细化。

业务驱动的 BSSP 设计方法也可用在交互设计中，如用于设计登录、下单等业务。采用 BSSP 设计方法，更有利于挖掘出未被满足的业务需求，帮助用户更好地完成业务。

11.6 本章摘要

1. B 端信息设计涉及的页面主要包括列表页、表单页、详情页和组织这些页面的导航。列表页又可分为内容类（商品列表页）、审核类（商品审核）和服务类（订单列表页）。

2. 列表页可分为三个区域：筛选区域、查看区域和操作区域。筛选区域又分为 Tab 导航和筛选项，查看区域又分为列表区域、排序功能和分页区域。列表页的扩展功能有信息的通知和列表页信息的导出。

3. 业务驱动的 BSSP 设计方法分为四步，分别是梳理业务、梳理场景、设计方案、设计页面，该方法的目标是挖掘出业务需求。

第 6 部分　拓展篇：应用和思考业务设计

读书不是为了雄辩和驳斥，也不是为了轻信和盲从，而是为了思考和权衡。

——培根

至此，以业务为中心的设计介绍完毕。但是业务是复杂的，业务设计的四层九要素只是模型，我们不应盲从，必须灵活使用，并适当裁剪和扩充。如果读者说本书的内容有些能用，有些不能用，那么该读者就是在思考和权衡了，而不是轻信和盲从。同时，思考还是为了应用，如何应用是需要不断提炼的，为此我们将讲解如下内容。

第一部分，业务调研和设计。对一项业务的调研，就是把纷繁复杂的事务进行抽象和提炼。最终提炼出的就是该业务的流程、状态等内容。然而如何提炼？这是我们要解决的问题。同时，在调研完毕后就要设计业务，我们会给出设计思路。

第二部分，灵活运用设计模型。虽然我们提出了四层九要素，但是仍然要依据情况灵活运用，我们将探讨如何灵活运用。

第三部分，深入理解 UML。UML 的体系庞大，我们要辩证地看，UML 既有好的部分，也存在一定的问题，对此我们将做探讨。同时，我们对 UML 中的 14 种图做汇总，并对产品经理可能用到的顺序图、对象图做介绍。

第四部分，用例和用户故事。本书的用例图不同于 UML 的用例图，在此我们对 UML 的用例图做了介绍，并且，UML 的用例图和用户故事不是对立的，而是相互促进的，我们也对此做了说明。

第 12 章

业务调研和业务设计

业务设计的定方向、搭框架、做细节和画界面，都要基于业务调研才能完成，而如何进行业务调研，就是本章要讲的内容。在调研完毕后，就要进行业务设计，这也是本章的内容。为此，我们以排队系统为例，讲解如何进行业务调研和业务设计。限于篇幅，我们将重点讲业务调研，而对于业务设计则只讲思路，不会涉及原型图绘制。相关内容如下。

- 业务调研概述
- 业务调研的方式
- 业务访谈案例
- 业务分析和设计

12.1 节讲解业务调研的目的和结果。12.2 节将就四种业务调研方式做刨铣。在 12.3 节中，我们将通过排队业务来讲解如何邀约、访谈和总结。12.4 节讲解如何基于访谈内容，来设计排队业务，该设计主要强调思路。

如果说业务调研是输入、那么业务设计就是输出，无论是输入还是输出，都要用到前文中的知识。比如，做业务访谈的过程，就是不断了解细节的过程，包括了解业务的价值、用例、流程、状态、信息结构、消息传递等内容，因此本章会综合运用前文中的知识。

12.1 业务调研概述

业务调研的目的不同，调研的方式和内容也就不同。业务调研的过程，就是理解业务的过程，也就是成为行业专家的过程。接下来我们就讲解业务调研的目的，并说明什么是行业专家和为什么要成为行业专家。

12.1.1 业务调研的目的

业务调研的目的有三个，分别是构建商业模式、吸引并服务用户和构建业务流程。

1. 构建商业模式

面对一款面向消费者的产品，公司的 CEO 想的是服务什么用户、解决什么问题。为达到以上目标，该公司就要利用并整合资源，其中内部资源有产品、研发、生产和营销等部门，外部资源就是指合作伙伴。

公司所做的这些事情，就是在构建商业模式。商业模式描述了企业如何创造价值、传递价值和获取价值的基本原理。商业模式可通过商业画布来表达，包含客户细分、价值主张、渠道通路、客户关系、收入来源、核心资源、关键业务、重要合作和成本结构九项内容。

为了构建商业模式，公司的调查可以更加宏观一些，应涉及行业资讯、行业报告、消费趋势、国家政策等。其调查也应围绕以上九项内容展开，而不应涉及业务流程、交互细节，也不应过多地去挖掘使用场景等细节。

2. 吸引并服务用户

面向消费者的产品，如电商、旅游和外卖等网站，都需要进行用户的调研，该用户特指消费者。调研的目标是更好地服务用户，增加用户量；或更好地服务和引导用户，增加收入，如提升销售总额、提升客单价等。

为了达到这个目标，我们就要收集用户问题、挖掘使用场景、研究用户使用情况、研究用户心理等。因此，用户访谈、焦点小组、问卷调查、竞品分析等方式将被使用，最终改善的是页面、交互和文案等。常见的是修改列表页、详情页和首页的内容，或者修改运营活动的文案、页面信息等内容。

3. 构建业务流程

一款商品是有业务的，如电商平台的注册、订单下单、订单发货和商品审核等业务，餐饮系统的预订、排队和点餐等业务。这些业务也是有流程的，产品经理应设计这些流程，这些流程能够达到提升效率和提升服务等目标。

构建业务流程和构建商业模式、吸引并服务用户是不同的，所以要收集的信息也不同。构建业务流程的目标主要是调查清楚业务流程、梳理信息架构、找到服务痛点等。为达成这些目标，调研方式主要有四种，包括查看行业资料、进行业务访谈、进行观察和实操、进行竞品调研。在这些调研完成后，就要构建新的业务，如制定新的线上审批流程、完成线上排队业务等内容。

综上所述，虽然三种不同目的的调研都可称为业务调研，但是三种调研的内容是不同的，产出的结果也是不同的。本章主要讲解如何构建业务流程。

12.1.2 成为行业专家

产品经理要构建好业务流程，必须成为行业专家。只有成为行业专家，才能在设计产品时游刃有余，而业务调研就是成为行业专家的必由之路。产品经理在成为行业专家后，应能做到：当得了老板军师、做得了一线经理、干得了临时员工。我们以餐饮软件为例进行说明。

1. 当得了老板军师

产品经理既然是设计餐饮软件的，那么就应站在餐厅老板的角度思考，要能出谋划策，给餐厅创造价值。而产品经理设计的点餐软件就能给餐厅创造价值。餐厅通过使用 Pad 点餐，优化了业务，提升了业绩，改善了服务，降低了成本，最终创造了价值。此时产品经理就像军师一样，不断给餐厅老板出谋划策，帮助餐厅老板达成目标。

2. 做得了一线经理

餐厅的店长要做管理工作，该工作包括确定员工的工作流程、进行员工评估等。而产品经理和店长的工作几乎相同，也要定义工作流程和进行绩效评估。比如，通过 Pad 点餐重新定义员工的点餐工作的流程；通过 Pad 点餐的后台数据，来评估员工的工作量和工作效果。

3. 干得了临时员工

对于自己设计的业务系统，产品经理要能用得起来，并清楚整个的服务流程。比如，设计点餐 Pad 或排队系统的产品经理要能做到临时帮忙点菜或帮忙排队，虽然不熟练但干得了。同时，产品经理通常要编写点餐 Pad 或排队系统的使用手册，该使用手册就是在定义员工的使用流程，因此产品经理应对此流程了如指掌。

以上就是行业专家要做到的事情。只有成为行业专家，才能设计好业务。而要设计好业务，做业务调研就是必不可少的环节。

12.2 业务调研的方式

在 12.1 节中我们提到了业务调研的四种方式，分别是查看行业资料、进行业务访谈、进行观察和实操、进行竞品分析。接下来我们就对这四种调研方式做说明，同时补充调查问卷和数据分析两种调研方式。

12.2.1 查看行业资料

所谓查看行业资料，是指要查看本行业和本公司的资料。

查看行业资料的目的是理解行业规律，包括理解行业内企业之间如何竞争、企业之间的差异、上下游的企业如何协同、行业规模和发展规律、行业当前存在的问题等内容。这些内容可通过查看行业杂志、数据平台信息、咨询公司资料等获得。但往往越新的行业，资料也就越少。所以我们就要走访相关企业，并将这些知识汇总成对行业的理解程序。对行业的理解是制定产品战略的前提。

查看行业资料是为了理解行业，而查看公司资料是为了理解业务，即理解公司员工是如何协同工作的。这些信息常常会被内化成公司资料，如工作职责文档和 SOP（标准化操作程序）文档。这些文档涵盖公司业务是什么，以及业务是如何运转的。

1. 工作职责文档

工作职责文档定义了员工要做哪些工作，而不涉及如何完成该工作。较大的餐厅对每个职位都有工作职责说明。如果对方没有该说明，或者不方便提供，那么我们也可以查看其招聘说明，招聘说明里也有工作职责说明。下面的内容就是迎宾人员的招聘说明节选。

（1）将宾客平均分配到不同的服务区，以平衡服务员的工作量。

（2）在满座时，妥善安排宾客，如请宾客在休息区就座、告知等候时间。

（3）接受或婉拒宾客的预订，做好预订记录，搜集宾客的资料做好宾客档案。

（4）了解餐厅内的包房、散桌等的特征和客情。

（5）主动向宾客介绍餐厅情况，并推荐消费。

（6）与餐厅服务员配合，为宾客提供优质的服务。

无论是工作职责说明，还是招聘说明，都是概括性的，只能大致了解迎宾人员的工作。我们在收集了以上资料后，就可以总结迎宾人员的工作职责表，如表 12-1 所示，该表仅做示例，还需不断完善。通过该表，我们可以发现排队和预订工作有交叉，这是产品经理在设计时要注意的地方。

表 12-1 迎宾人员的工作职责表

涉众	餐厅迎宾人员
主要职责	为就餐宾客合理安排好排队顺序 为就餐宾客合理安排好座位 记录好宾客预订情况 保管好前台纸质菜单 介绍餐厅和推销菜品
成功标准	保证宾客的满意率，尽可能留住宾客就餐
参与工作	协助桌台清洁服务 协助桌台摆放服务 协助进行茶水服务
参考文档	餐厅员工工作职责说明、招聘说明

2. SOP 文档

在有了工作职责后，员工就要按照职责做工作，而这个工作是有流程的，该流程就是员工的工作步骤。比如，服务员的工作步骤为：在宾客来了后要先欢迎，再问有没有预订，如果没有预订应引导其排队，当宾客排到位置时应引导其到餐桌，并且要进行摆餐具和倒水等服务，这些服务流程就被称为 SOP。

SOP（Standard Operating Procedure）就是标准化操作程序，是指某一事件标准的操作步骤和操作要求。SOP 可对业务中的关键控制点进行细化和量化，从而便于规范员工的工作。接下来我们列出了迎宾人员的 SOP 的片段，方便读者理解。

1）问候宾客

（1）迎宾人员按规定着装，仪容端庄，站立在餐厅正门一侧，做好迎宾准备。

（2）见客前来，应面带微笑，主动招呼："您好，欢迎光临。"对熟悉的宾客用姓氏招呼，以示尊重。

2）询问是否预订，安排宾客排队

（1）迎宾人员问清宾客人数，是否有预订，并问清预订人姓名或电话号码予以确认。若没有订位则根据宾客的人数合理带位。

（2）若餐厅已客满，应有礼貌地告诉宾客需要等候的时间；若宾客不愿等候，应向宾客推荐其他餐厅并告知路线，同时为宾客不能在本餐厅就餐表示歉意；若宾客愿意等候，应引领宾客至候餐处，并提供茶水服务。

（3）协助宾客在衣帽间存放衣物，并提示宾客自己保管贵重物品，在存好后将取衣牌交给宾客。

3）引领宾客入座

（1）迎宾人员走在宾客前方，按宾客步履快慢行走，如果路线较长或宾客较多，应适时回头，向宾客示意，以免走散。

（2）将宾客引至桌边，征求宾客（未预订宾客）对桌子及方位的意见，待宾客同意后让宾客入座。

（3）将座椅拉开，当宾客坐下时，用膝盖顶一下椅背，双手同时送一下，使宾客与桌子保持合适的距离。

（4）招呼服务员接待宾客，并将就餐人数、宾客的姓氏及房间号等告知服务员，以便服务员能够用姓氏招呼宾客。

通过这个 SOP 文档，我们就能快速理解餐厅迎宾业务的流程了。

3. 如何获得文档

产品经理可直接向企业要工作职责文档和 SOP 文档，或者由销售人员帮忙要。但是，不是所有公司都有这两个文档，或者因为涉密而拒绝提供。此时，产品经理就要退而求其次，向该公司要其他竞品的文档，因为该公司也要知道竞品是如何做的，所以也会想办法收集这些信息。如果该公司连竞品的资料也没有，那么产品经理就要到网上搜集资料了。

工作职责文档和 SOP 文档只能让我们大致知道工作职责和流程。工作的细节和面临的问题并不会写在文档里，另外企业的期望也要明确，这就要求产品经理对企业进行业务访谈。

12.2.2 进行业务访谈

业务访谈是对企业员工的访谈，员工包括 CEO、经理和一线员工。业务访谈主要问业务的期望、价值、流程和问题，这构成了业务访谈的四大方面。

在讲解解决方案时，我们论述了不同人员的不同期望，也论述了企业的五大价值点，并强调要以价值为基础构筑方案。虽然在解决方案层面我们已经明确了要做该业务，但在设计该业务的时候，仍然有很多细节要明确。

因此，我们需要围绕业务的期望、价值、流程和问题这四大方面展开访谈，了解细节。此时，产品经理的访谈既要有逻辑，也要有技巧。访谈的形式有电话、通信软件、现场等。现场访谈是效果最好的，其他形式可作为补充。因为访谈总会有细节遗漏，所以产品经理还需要进行现场观察，实际操作，来真真切切地感受业务。关于如何访谈，我们会在下一节中讨论。

12.2.3 进行观察和实操

进行观察和实操是指，产品经理要到现场观察员工是如何工作的，并尽可能实际操作一下。为了做好工作，产品经理可能需要几小时或几天来观察。现场观察是必须做的，因为该方法能让产品经理看到访谈中没说到的问题，也能让产品经理对业务形成感性认知。如有可能，产品经理应作为员工来实操一遍，或者给别人打下手。这种体验是深刻的，能让产品经理更好地建立同理心。是否有机会实操，主要看业务的情况。比如，排队业务并不适合实操，商品审核还是可以实操的。

现场观察可在业务访谈之前做，实际操作可在熟悉业务后做。现场观察在业务访谈之前做的好处有三点。首先，通过现场观察也可梳理业务流程，这样避免产品经理在访谈时问太基础的问题。其次，现场观察能够促进产品经理和员工之间建立融洽的关系，产品经理可以在观察中帮些小忙，为正式访谈做铺垫。再次，产品经理可以边观察边记录，这样就可在访谈前发现一些问题，从而在访谈的时候提出来。总之，先观察再访谈的方式效率高、质量好。而观察后的实操，则应在熟悉业务后做，这是很容易理解的。产品经理不熟悉业务就做，就好比没培训就上岗，是会出问题的。

无论是现场观察还是实际操作，产品经理都要按照一定的频率去做，如每周或每月做一次现场观察和实际操作，这样就能更好地熟悉业务。但现场观察和实际操作往往被很多产品经理忽视。事实上，现场观察和实际操作是所有调研方式中最应该做的，产品经理必须重视。

12.2.4 进行竞品调研

如果公司的产品是卖给企业客户的，那么竞品调研并不容易做。因为成为竞品的产品是要付费才能使用的。此时产品经理可作为购买者，看看能不能获得试用资格。或者找关系好的合作企业争取使用一下，前提是该企业正在使用竞品。还有一种方式是，产品经理在自己所在的企业中找到为竞品服务过的员工，通过他们也能获得一些竞品信息。

B端竞品调研的目的有两个。第一，熟悉竞品的使用流程，并找出两种产品的区别，从而理解业务和方案的差异。第二，找出竞品无法满足的业务，挖掘我们产品的价值。但不应过多地对比较小功能的差异，功能是满足业务需求的手段，不同功能和内容的组合都是为了完成业务而设计的，无法说功能多了就好。

12.2.5 其他调研方式

业务调研的四种方式可以用在新产品设计中，也可以用在产品迭代开发中。而在产品迭代开发中，还可用调查问卷和数据分析这两种方式。

1. 调查问卷

调查问卷可以用在新产品设计和产品迭代中，其中在产品迭代中用得更多。调查问卷不应作为主要调研手段。因为静态的调查问卷不利于就某个需求做深入沟通，这样也就无法把握需求。

通常，调查问卷适合对如下问题展开调查。第一类，客观事实类问题，如问餐厅服务员每天要给多少个排队宾客打电话，来提醒宾客前来就餐。第二类，探究原因类问题，如问餐厅服务员为什么不用电话提醒功能等。

调查问卷的问题不适合让用户给出，比如，调查餐厅的宾客是想排队还是想预订，这个决定应由产品经理做出，此时产品经理应用构建解决方案的方法做分析。正如我们在非功能框架中所强调的，产品需求和用户需求是有差异的。产品经理应自己定义产品需求，并挖掘用户需求，而不是让用户定义产品需求。

2. 数据分析

数据分析适合在迭代阶段使用，是业务调研的重要手段。数据分析既可评估产品上线的效果，也可以挖掘产品潜在的优化点。首先，数据分析可评估产品上线的效果。比如，排队软件上线了，产品经理就要通过数据分析来证明，该业务是能给商家产生价值的，以及该价值有多大。这一方面证明产品经理设计的产品是有效的，另一方面也给销售人员提供了“武器”，便于销售人员去说服餐厅购买。其次，数据分析可挖掘产品潜在的优化点。产品经理通过数据分析可以挖掘产品未来的设计重点。比如，是要用小程序排队，还是要用 Pad 排队？Pad 排队是要客用，还是要由服务员使用？

数据分析已经是大厂做决策的必备环节，一切要以数据说话，而不能只凭经验做。数据分析虽然重要，但不是本书的重点。

12.2.6 本节小结

业务调研的四种方式是查看行业资料、进行业务访谈、做观察和实操、进行竞品调研。产品经理需要依次运用这四种方式，逐步加深对业务的理解，这样才能梳理出当前业务。

产品在做出后需要持续迭代。为了使产品更好地迭代，产品经理仍然要用业务调研的四种方式，尤其是做观察和实操，由此可挖掘出更多的使用场景和个性化需求。在产品迭代期间，产品经理除了可用以上四种方式，还可用调查问卷和数据分析，其中数据分析是重点。

12.3 业务访谈案例

业务调研的四种方式是查看行业资料、进行业务访谈、做观察和实操、进行竞品调研。其中，业务访谈如何准备？如何执行？本节我们以餐厅排队业务的访谈为例，说明如何进行访谈和沟通，图 12-1 所示就是一个餐厅的排队场景。

图 12-1　餐厅的排队场景

我们假设该餐厅没有排队系统，也没有可参考的竞品，这样产品经理可学习如何梳理线下业务。访谈的目的就是要梳理业务流程和发现业务痛点，并最终设计出新的业务。该访谈可以分成三个阶段，分别如下。

- 访谈前：做好充足的准备
- 访谈中：挖细节，明痛点
- 访谈后：总结访谈的内容

12.3.1　访谈前：做好充足的准备

访谈前的工作包括：了解公司和竞品、邀约访谈的对象和准备访谈的大纲。

1．步骤一：了解公司和竞品

访谈前要了解公司信息和竞品信息。

公司信息是指工作职责文档和 SOP 文档，包括工作职责、考核标准和服务流程等。提前了解该信息，是为了让访谈的效率更高、质量更好。在产品经理了解这些信息后，也能避免沟通出现问题。如果没看资料，产品经理就会问一些初级的问题，或者不懂行业术语，这样会让对方觉得准备不充分，专业度也不够。另外，产品经理应对公司的背景有所了解，这样可以增加话题。同时，竞品信息也是需要提前了解的，产品经理可通过使用竞品熟悉业务流程，并思考其设计原因。

2. 步骤二：邀约访谈的对象

访谈的对象一般由销售人员帮忙邀约，也可以由产品经理自己邀约。访谈的机会难得，产品经理应尽可能一次邀约多个对象。对于餐厅排队业务，产品经理可先邀约店长，再由店长找其他店员。

3. 步骤三：准备访谈的大纲

访谈大纲列出了要问的问题，但不是说产品经理在访谈时要看着大纲来问问题，如果产品经理这样做，访谈对象就会有一种被审问的感觉，且不利于从流程角度理解业务。在准备访谈大纲时，产品经理应围绕两类问题展开。一类是业务细节，包括业务的流程、信息结构、消息传递、管理方式、业务规则等。另一类是业务痛点，是指在业务执行过程中宾客或员工遇到的问题。对于这些具体的访谈内容，我们将结合下面的访谈展开说明。

12.3.2 访谈中：挖细节，明痛点

在访谈前，我们邀约了店长和店员作为访谈对象。通常，我们要先和店长聊聊，问问店长对排队业务的预期和排队业务当前存在的问题，但不一定能问出什么。这是正常的，对方就是在工作，不一定能发现问题。其中，排队业务的绩效标准、服务的评判标准等，是要重点提问的，店长能回答这些问题，同时稍加转化就是新排队系统效果的评判标准。排队的细节也可以问，但店长不负责一线工作，对细节把握不一定到位。因此，我们应主要和店员沟通，来了解排队细节。

如果时间允许，在和店员沟通前，产品经理要进行一些寒暄。产品经理可问店员的个人情况和工作情况，并以此找到聊天话题，从而促进良好氛围的建立。比如，聊聊各自的家乡，以及家乡的风土人情。另外，产品经理还应向店员赠送一些小礼品，表示一下感谢。如果不了解送什么礼品合适，可问问公司销售人员。

寒暄过后，就要进入业务访谈。我们在前面强调过，访谈的目的是明确业务的流程、信息结构和消息传递等内容。而要问出这些内容，访谈就要既有逻辑，又有技巧。接下来我们模拟一个访谈过程。在这个访谈中，我们将尽量少用餐厅的术语，好让读者关注访谈方法。访谈中的“经理”指产品经理，“迎宾”是指在门口接待宾客并引领

宾客入桌的店员。访谈内容分成三部分，分别是明确主要流程、挖细节和痛点、明确信息传递。

1. 第一部分：明确主要流程

经理：“感谢您花费宝贵时间与我交谈，整个过程大概会花费您半小时，目的是了解排队系统，并设计新的排队系统来帮助你工作，麻烦了。”

迎宾：“不客气，您想知道些什么呢？”

经理：“这次访谈主要是想了解，你每天负责的排队工作的流程和问题。”

迎宾：“好的，没问题。我们先从哪里开始呢？”

> 注意点一：建立对话氛围，明确谈话主题
>
> 访谈前的寒暄必不可少。在寒暄过后，产品经理就可开门见山地介绍访谈的目的、范围和所需时间，这样可让访谈对象心里有底。

经理：“让我们先从招待宾客的过程开始吧。当一名宾客走进餐厅时，你要做些什么？比如，第一步你会做什么？第二步你会做什么？我只需要大致了解这个流程。”

迎宾：“如果餐位满了的话，就需要安排客人排队，有空桌就会招呼客人进入，没有其他的任务了。”

经理：“明白了，就是先让客人排队，然后有空桌就引领客人到就餐区。我们能不能代入一个场景，便于我更好地理解这个过程？比如，我现在就是一个客人，并且今天需要排队，我站在你面前，你会怎么招待呢？”

迎宾：“我会这样问，先生，请问是否有预订？”

> 注意点二：鼓励场景代入
>
> 要用场景代入方式做调研。即假设你是客人，然后让访谈对象描述招待过程。如果不用此方法，就可能无法了解到细节。

经理：“好的，就是这样。看来排队和预订业务有些交叉，我们先跳过预订，回归到排队业务，如果我说没有预订呢？”

迎宾：“那我就会询问你的手机号和就餐人数，然后给你一个排队号。”

经理：“如果我报了手机号，以及说有3人就餐呢？”

迎宾：“我会给你一张排队小票。”

> 注意点三：以流程驱动
>
> 我们进行访谈的目的很多，如了解排队小票的信息、如何沟通空位、了解异常情况和常见问题等。但应以了解主流程为切入点，而不用管其他信息，否则容易被次要内容带偏。对于本案例，预订就是次要内容。

经理："为什么要问手机号和就餐人数呢？"

迎宾："因为客人可能先在商场里逛逛再来吃饭。这样当快排到时，我们就要给客人打电话，所以要留手机号。同时餐厅有大桌、中桌和小桌，我们会根据客人的就餐人数将其安排到适合的桌台，所以也要问就餐人数。"

经理："能给我看一张排队小票吗？"

迎宾："好的，没有问题，就是这个样子。"迎宾向经理展示排队小票。

经理："我看到了，小票上有人数是 3、排队号是 10 和中桌等这些信息。"

> 注意点四：查看关键信息
>
> 关键信息也是要问的，此案例中的关键信息就是排队小票的信息。排队小票的信息是设计电子排队系统的参考。一项业务的关键信息很容易识别，电商业务的关键信息就是订单信息，保险业务的关键信息就是保单信息。

经理："在你把这个排队小票给我以后，你会做什么呢？"

迎宾："我会把你领到等候区，并告知有饮料和小吃，让你耐心等待一下。之后如果有空位了，我就会进行广播，如果广播后没回应，我会给你打电话，告诉你可以来就餐了。"

经理："嗯，明白了，这就是排队流程，你看看我画的图。其中预订的细节还没考虑，主要流程是否就是这几个步骤？"

产品经理边说边展示了记录的信息，如图 12-2 所示。

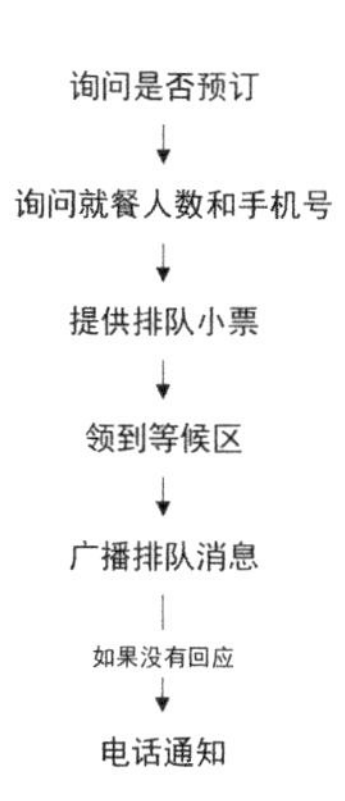

图 12-2　迎接客人的流程图

迎宾:"是这样的,没什么问题。"

注意点五:进行阶段总结,流程不必画全

在访谈一段时间后,可进行阶段总结,此时可快速画一个流程图。总结的目的是避免自己或对方遗忘步骤,也是对访谈对象表示尊重。除了总结时做记录,在谈话中也要随时记录,并适当重复对方的话语。

为了提升效率,该流程图不需要按照本书的规则画,只需按照(主)动宾方式写,主语可省略,也可简写判断条件。图 **12-2** 所示的流程图就是按照这种方式画的。

2. 第二部分:挖细节和痛点

经理:"能不能回忆一下,在每一个步骤中,客人一般会问什么问题?"

迎宾:"在给客人排队小票时,客人会问要等候多长时间,其他的就没有了。"

经理:"在这个过程中,你遇到过什么问题?比如,被客人埋怨,或工作中的失误。"

迎宾:"如果客人去逛商场了,就要打电话通知,但对方又不接电话,这个时候就要反复打,我怕忘记了是否打过,还要记录打电话的时间,挺麻烦的。"

注意点一:挖细节和痛点

挖细节和痛点是应重点做的。比如,通过沟通,产品经理又发现了客人想知道等待时间、服务员要反复打电话等细节。这些痛点往往是效率问题、服务质量问题的表现。

经理:"好,假设排队轮到我了,我和你在一起,你要做什么?"

迎宾:"在客人入座就餐之前,餐桌必须要提前准备好。清洁工要清理桌面,并除去旧的桌布,换上新的桌布,还要调整好桌子和座椅,领位也要将客人领到餐桌,并叫人来招待客人。"

经理:"打断一下,在这里领位就是你本人是吗?领位和迎宾的工作有什么区别?"

迎宾:"没有什么区别,都是一个意思,我们都这么叫。"

经理:"好的,那我总结这里有三个人在工作,分别是清洁工清理桌面、服务员来招待客人,以及领位引领客人。请问招待工作的现有次序是什么?"

迎宾:"招待工作就是先上茶,然后提供菜单,并协助客人点餐。"

经理:"明白了,概括一下是清洁工清洁桌台完毕,然后领位引领客人到餐桌,再由服务员上茶、给菜单和协助点餐。这三项工作有先后吗?"

迎宾:"不一定,一般清洁桌面和领客人就位会同步进行,有的时候点餐在等候区就开始了。”

经理：“为什么这么做呢？”

迎宾：“原因是我们想尽快周转桌台。”

经理：“你在这个过程中除了做领位，会做清洁和招待工作吗？”

迎宾：“会做，如果其他人工作很忙，我会搭把手，做做清洁和上茶。”

> 注意点二：梳理各自分工，问活动而不是工作
>
> 一方面，访谈对象的表述并不一定有条理。在描述领位的过程中，其没有说是谁做的，前后次序也比较混乱。这时就要注意两点，首先，要分清是几个人在工作，对于本案例，是迎宾、清洁工和服务员三个人在工作。其次，要分清主要工作和辅助工作。最后，要弄清几项工作的先后顺序，这些都是可以用流程图表达的内容。
>
> 另一方面，我们在前文中强调，用“（主）动宾”的方式表述活动，这种方式也要运用到访谈中。产品经理要说谁做了什么事，如清洁工擦桌台，就是“（主）动宾”的表述方式。而餐厅迎宾说要有招待工作，我们就不清楚迎宾要做什么，这其实是一项工作而不是活动。我们要问的是做了什么，而不是分配了什么工作。

经理：“明白了，这是我总结的流程，请查看一下。”产品经理展示了流程图。

迎宾：“是这样的，没什么问题。”

3．第三部分：明确信息传递

经理：“在这个过程中，你们是如何传递信息的？”

迎宾：“什么是信息传递？我不太明白你的意思。”

经理：“比如，你怎么知道桌台空了？你怎么通知服务员来招待客人？中间遇到过什么问题？”

> 注意点一：不用产品专业词，用餐厅专业词
>
> 在和对方交流的时候，不要用产品专业词，避免对方听不懂。比如，当产品经理说“如何传递信息”时，对方就不明白。产品经理应尽量用餐厅的专业词，这样能让表述更准确和严谨。

迎宾：“当桌台空了时，一般服务员会大声告诉我，我也会观察是否有客人用餐完毕，但有时也会漏掉，不能及时知道空桌。在我带领客人到桌台后，只需要招呼一下服务员即可，因为他离得很近，我说一下他就知道了，这个环节没有什么问题。”

经理：“好的，这部分也记下了，我也了解了排队业务，谢谢你！”

迎宾：“不用谢！”

> 注意点二：梳理信息传递
> 在这部分中，仍然是先做总结，再问痛点。但不一样的是，第三部分强调了几个人之间是如何传递信息的。产品经理发现迎宾有时不能及时知道空桌，因此其在做系统的时候，要知道显示空余桌台的意义，并且要使系统做到尽快并显著地提醒。

4．本节小结

上面就是产品经理就餐厅排队业务做的访谈。该访谈在层层深入地展开，从主流程出发，不断追问细节，如排队小票的信息，员工的工作职责，空桌信息等，以及其中遇到的问题。

从 UML 建模的角度看，该访谈涉及流程图（排队业务流程、并行的工作流程），信息结构（排队小票的信息、桌台信息），涉众的工作（几个员工的主要和辅助工作），消息传递（桌台是否空、是否有客人入桌等）。当产品经理学会了 UML 时，就能更有逻辑地梳理和表达业务。所以 UML 图虽然表面上是各种图，却能让沟通更有效，能让表达更有逻辑。同时，访谈中的提问也有技巧。本访谈采用的技巧有：先主后次的方法、场景代入的方法、用餐厅专业词而不用产品专业词。

总之，提问要既有逻辑，又有技巧。产品经理只有多练习和多思考，才能有逻辑和有技巧地提问，这不是一蹴而就的过程。

12.3.3 访谈后：总结访谈的内容

在访谈结束后，产品经理就要对访谈内容进行总结。总结是将信息进行汇总，便于以后查阅。汇总的内容包括用户访谈详表和用户问题列表。

1．用户访谈详表

用户访谈详表的内容如表 12-2 所示，包括访谈人员、访谈目的、访谈记录和主要问题等内容。该表有两个作用：作用一，通过整理该表中的访谈内容可避免遗漏，也便于产品经理理顺思路，为今后的访谈提供经验；作用二，可在团队内分享该表，这样其他产品经理也能知道内容，这也是其他产品经理熟悉业务的方式。

表 12-2 用户访谈详表

访谈人员		所在公司	
部门职务		联系方式	
访谈时间		访谈地点	

续表

访谈目的	
访谈记录	
主要问题	

表 12-2 中的访谈人员、所在公司、部门职务等信息属于常规内容，其中，部门职务是指访谈人员所在的部门和所担任的职务。下面，我们对访谈目的、访谈记录和主要问题这三项做说明。

- 访谈目的：表明这次访谈的要点。比如，目的是设计排队系统，或者就排队业务和预订业务的交叉细节做沟通等。
- 访谈记录：包含访谈中总结出的业务流程、信息结构、消息传递等内容。
- 主要问题：用户提出的痛点问题，以及要提升的价值点，如服务、效率、成本等价值点。

用户访谈详表可帮助其他产品经理理解业务，但作用有限。因为该表很难反映业务细节。如果要理解业务，产品经理应一起坐下来，进行面对面的沟通。

虽然用户访谈样表的作用有限，但产品经理仍应做好关键内容的记录，这样可以不断学习成长。产品经理通过内容的填写，可以强化结构化思路，并做好反思工作。该表也可不断增加填写项，比如，访谈记录可细化为业务流程、业务操作和信息结构等项目，主要问题可以拆分成效率问题、服务问题等。这些填写项虽然不是每项都要填，但都起到提示作用，这样产品经理就可把事情考虑周全。

2. 用户问题列表

用户问题列表如表 12-3 所示，包括用户的信息和提出的问题等。该表有两个作用：作用一，该表是用户信息和提出的问题等内容的索引，便于以后找到相关问题；作用二，如果记录的问题被解决了，产品经理可通过电话或邮件告知用户，这首先是负责任的态度，其次也可提升企业形象和自身形象。

表 12-3 用户问题列表

公司	部门	职务	姓名	联系方式	用户问题	是否解决

表 12-3 中列出了公司、部门、职务等字段，便于产品经理进行检索。其中的用户问题是指用户提出的并期望解决的问题，而不是产品经理发现的问题。该表可不断完

善，如加入模块字段，即该问题反映的是哪个模块的问题。

12.4 业务分析和设计

在业务调研完成后，产品经理除了要做总结，还要做业务分析和设计。为了说明思路，我们将尽可能多地列出需求，而不考虑迭代因素。该方案涉及面较广，本节仅提供设计思路，对具体的流程图、原型图的设计工作不做展开。[①]

在总体上，业务分析和设计可从系统价值、系统方案、软件设计和硬件设计四个方面进行。这些分析点在以业务为中心的四层九要素中都有体现，下面我们逐一说明。同时，该分析没有完全按照四层九要素的次序进行，这样做的目的是要让读者明白，四层九要素仅仅是框架，在实际执行时要灵活掌握。

12.4.1 系统价值

好的产品要创造价值，企业服务行业的五大价值点分别是提升人效、降低成本、改善服务、减少差错和提升业绩，以及从员工角度思考的降低劳动强度。排队业务也是类似的，我们要明确可提升的价值点，这些价值点可通过访谈获得，包括改善服务和减少差错、提升业绩（提高翻台率）、降低工作强度。

1. 改善服务和减少差错

排队系统改善服务的能力有限，并不能大幅度提升服务，但是减少差错是可以做到的，如少出现漏票和漏叫等情况。

2. 提升业绩（提高翻台率）

餐厅要挣钱，就要提升翻台率。翻台率是指餐厅一天内每张餐桌的平均使用次数，也就是平均一张餐桌一天坐了多少拨客人。

假设该餐厅有 50 张餐桌，每张餐桌平均挣 100 元，则一天就是 5000 元的消费

① 要想获得更多关于该方案的信息，请关注微信公众号"图解产品设计"或知乎作者"擎苍"。

额。如果提升餐桌翻台率一次，则餐厅一天可以多挣 5000 元。而员工工资、房租成本是固定支出,所以这部分成本并没有增加。我们假设原材料成本占 5000 元收入的 40%，则餐厅一天就可以多挣 3000 元。因此，提高翻台率对餐厅是重要的。

虽然排队系统对提升翻台率的作用有限，但产品经理仍然要努力优化，即让客人尽快就餐，让桌台利用率最大化。具体实现就是使排队系统中的空桌信息尽快传递给迎宾人员，好让迎宾人员安排客人入座。

3. 降低工作强度

店员的工作强度是很大的，要一刻不停地工作。为了能让店员休息一下，很多餐厅下午是不营业的。所以，产品经理开发的产品如果能降低工作强度，对餐厅也是有吸引力的。显然，排队系统可降低工作强度，因为不需要人工报号，而是机器报号，并且，不用店员手写排队小票，缩短了店员的工作时间。

12.4.2 系统方案

为满足以上价值点，排队系统会有多种截然不同的方案。比如，让迎宾人员来取排队小票,或者让客人自行取排队小票,再或者让客人在商家的小程序上远程取排队小票。

其中，迎宾人员取排队小票是首选方案，因为该方案是其他方案的基础，其他方案可在此方案的基础上迭代，并且该方案也是过渡相对比较顺利的方案，有较广的适应面。当然我们还可以从价值角度对该方案进行分析，但限于篇幅，不再展开分析。下面的软件设计和硬件设计都将基于该方案展开。

12.4.3 软件设计

明确了排队系统的价值和方案，接下来就要进行软件设计。产品经理要梳理新的排队业务，并指导店员采用新的 SOP 文档。而产品经理所设计的软件，只是店员执行排队业务的一个环节。在这个基础上，我们可将该业务设计分成任务拆解、流程设计、消息设计、资源设计和模块交叉五个部分。下面我们分别阐述。

1. 任务拆解

用例分析是业务设计的开始。我们要基于目标层用例，拆分出不同的业务单元。

对于该案例，排队就是目标层用例，该目标层用例可以拆分出小目标层用例，分别是领票、叫号、入桌、查询等。其中，查询是指客人要知道前面有几个人等候，系统应支持该查询功能。

找到这些用例有两种方法。第一种，可以采用用例的梳理方法，即问店员有哪些事情要做，这样就可以总结出这几项工作；第二种，也可用我们在访谈中梳理出的流程图来拆解，即画出排队业务的完整流程图，然后再拆分出这几个小目标层用例。这两种方法殊途同归，产品经理如何选择主要基于店员的表述能力。

这几个小目标层用例也就是迎宾人员的工作，每项工作的任务都相对独立。这样，我们就可对每个用例进行独立的设计，当然如有必要，可以进一步将其拆分成更小的设计单元。

2．流程设计

针对以上几个小目标层用例，产品经理就要设计新的排队系统。该排队系统的界面如图 12-3 所示。

图 12-3　排队系统的界面

接下来我们以领票和叫号为例，梳理其业务流程。

领票：迎宾人员询问是否有预订→如果客人没预订，迎宾人员则问有几个人用餐和手机号→客人回答 5 人并报手机号→迎宾人员输入手机号和就餐人数，并单击确定→系统输出中桌的排队小票。

叫号：系统报中桌已空→迎宾人员单击"叫号"按钮→系统广播"请 A001 号的客人就餐"→如果客人到达前台，则迎宾人员单击已入座→迎宾人员引领客人入座。

针对这两项业务，我们只梳理了其主流程，未梳理异常流程和分支流程，请读者按照第 7 章介绍的方法梳理。在排队流程梳理清楚后，就可将之用于画原型图了。比如，桌台空的消息如何在界面上显示，桌台空的信息是谁通知的，迎宾人员如何知道要引领客人到空桌，历史排队信息如何查询等。

3. 消息设计

该业务要重点设计消息的传递。消息是指迎宾人员需要获得的空位信息。这里涉及两方面，分别是提醒方式和提醒时机。这些提醒都是对内而言的，外部提醒是指通知客人可以用餐的消息。对于以上内容，我们分成内部提醒方式、内部提醒时机和外部提醒方式来说明。

1）内部提醒方式

我们在前文中讲到，信息的提醒方式有站内消息、手机短信和邮件。但业务都是特殊的，对于排队业务，桌台空的提醒方式有店员呼喊、用对讲机、用排队 Pad 提醒，我们基于场景对这几种方式进行分析，发现都有其合理性。

如果餐厅比较小，店员呼喊即可让迎宾人员知道消息，这就是适合的方案。如果餐厅略大，则用对讲机会比店员呼喊要适合，用排队 Pad 提醒则更加适合。用排队 Pad 提醒的好处有以下两点。首先，如果有多个桌台同时空了，通过 Pad 提醒就不至于让迎宾人员疲于应付；其次，这种提醒不会产生听错的问题。所以用排队 Pad 提醒会更好。如果要让迎宾人员立即知道，也可加入语音提示功能。

2）内部提醒时机

什么时候提醒，这是我们需要关注的，方案有两种。

方案一，服务员提醒。这种方式是由餐厅服务员在系统中做标记，如果该桌台已经可以入桌，服务员就标记为可以入桌。

方案二，按状态提醒。每个桌台都有状态，包括已打印结账单、已结账和已清台等。其中，已打印结账单是指已给客人打印了结账单，但还未结账；已结账是指客人已完成结账；已清台是指该桌台已清理完毕。

选哪种方案提醒，要看这种方案能否让客人尽快入座并让服务员少操作。每个餐厅都不同，这要依据餐厅业务做测算。同时，在什么时间节点可入座，也要看餐厅业务。比如，对于高档餐厅，还未清台就让客人入座，并不合适，但是中档餐厅就没问题。当然，餐厅对这两种方案都支持也是可以的。这样餐厅就可基于自己的业务灵活把握。

3）外部提醒方式

我们在访谈中提到，有的客人要先逛商场再吃饭，此时如果有空桌，迎宾人员就要打电话告知。如果客人不接，迎宾人员就要记录本次拨打时间，并要过一会儿再打，这样自然是不方便的。因此，我们可以用排队Pad实现该功能，即在排队Pad中，迎宾人员可单击“电话提醒”，让系统自动拨打客人电话，并用语音告知客人可以就餐了。

然而，对这种方式是否要支持，餐厅应仔细思考。餐厅的目标是提升翻台率。如果客人都领完号就走，那么餐厅门口人就不多，这就不容易吸引客流。如果客人去逛商场了，那么可能会换个地方吃饭。因此该方式可能会有负面作用，餐厅还需仔细评估。

4. 资源设计

1）桌台资源利用

翻台率对餐厅很重要。我们通过系统通知，将桌台空的信息尽快传递给迎宾人员，这样就实现了桌台的快速周转。而餐厅还可通过拼桌更好地利用桌台资源，即陌生人可以坐一张桌子，此时一张桌子可以同时下多个订单。另外，当客人的用餐人数较多时，就要将多个桌子并在一起用餐，这称为并桌，这样多张桌子只有一个订单。

无论是拼桌还是并桌，产品经理都要考虑其交互如何设计。而能想到拼桌和并桌，一方面产品经理要有行业经验，另一方面可用类图梳理。比如，在抽象出客人、订单、桌台等信息后，产品经理就可思考是否存在多拨客人用一张桌子，或一拨客人用多张桌子的情况，显然凭常识我们也能判断出这是合理的。

2）桌台信息管理

桌台信息包括就餐人数、所在区域、所在楼层、是包厢还是散桌等。排队Pad也需要有这些信息，从而知道哪里有空位。

5. 模块交叉

排队系统还应考虑外围的模块，以及其他模块的交叉。

1）外围的模块

我们在讲解决方案时讲了涉众分析，也谈到了要梳理组织结构。因此我们也应梳理餐厅的组织结构，这样就可以挖掘出付费模块、交接班模块、统计模块和系统维护模块等。其中，统计模块是为了评估该产品的价值，以及评估迎宾人员的工作而设计的。系统维护模块是指开发的一些便于维护系统的功能。

2）和其他模块的交叉

和预订模块的交叉：预订和排队是紧密结合的，客人预订相当于提前排队。如果桌台是已预订状态，则当有人排队的时候，该桌台就要设置成在某时间段内不能用。

和 CRM 模块的交叉：迎宾人员的一项工作是提供优质服务，因此迎宾人员需要了解客人的消费历史、预订历史、信息和等级等内容，从而更好地为其提供服务。

和点餐模块的交叉：点餐模块涵盖当前桌台信息（已入桌、已清洁等）、订单信息等内容。其中，当前桌台信息和排队系统密切相关，需要统筹考虑。

12.4.4　硬件设计

排队 Pad 是一款硬件产品，产品经理在设计时要定义该硬件产品的规格，要考虑是桌面放置还是立式放置。如果要在室外使用，还应考虑该硬件产品是否适应低温等情况。

12.4.5　后续计划

上面，我们对排队业务做了定性的分析，还有些细节需要确认。比如，内部消息提醒的时机：什么时候由谁来触发提醒。再如，排队系统是否支持打电话叫客人回来，因为这样做可能影响销售。这些细节就要靠下次访谈或者做一些实验来明确。同时在下次访谈时，产品经理应去一些其他类型的餐厅（自助、快餐）了解一下排队流程。

12.5　本章提要

1. 业务调研的目的有三个，分别是构建商业模式、吸引并服务用户、构建业务流程。产品经理应先明确目的，再进行调研。业务调研的过程，就是产品经理成为行业专家的过程。在成为行业专家后，产品经理能做到：当得了老板军师、做得了一线经理、干得了临时员工。

2. 业务调研有四种方式，包括查看行业资料、进行业务访谈、进行观察和实操、进行竞品调研。其中，进行业务访谈的目的是梳理业务流程、发现业务痛点，最终设计出新的业务。

3. 一次业务访谈可从主流程出发，不断追问细节，并明确问题。业务访谈主要问业务的期望、价值、流程和问题等内容。提问的技巧有：先主后次的方法，场景代入的方法，用对方工作的专业词，不用产品的专业词等。在访谈结束后要总结，产品经理可将访谈内容总结成用户访谈详表和用户问题列表。

第 13 章

灵活运用设计模型

按照业务设计整体框架的四层九要素，一项业务应先设计功能框架和非功能框架，然后再设计业务流程、业务操作和信息结构。但在实战中，这并不绝对，要看具体情况。同时，在实战中，哪些 UML 图需要画，哪些可省略，这也是一个问题。为此，我们编写了本章内容。本章包括的内容如下所示。

- 业务设计的起点
- 哪些 UML 图需要画

13.1 业务设计的起点

业务设计的整体框架包含四层、九个要素，其中的定方向包含产品战略和解决方案，这是业务设计的基础。在这个基础确定后，我们就要来设计业务。业务设计部分包括第二层搭框架的功能框架和非功能框架，和第三层做细节的业务流程、业务操作和信息结构。其中，功能框架、业务流程、业务操作和信息结构都是针对功能设计展开的，这四个要素是业务设计的核心内容。

我们推荐的设计方法是，先完成功能框架（用例驱动），再依次完成业务流程、业务操作和信息结构。然而这种设计方法并不绝对，需要具体问题具体分析。读者可以依据实际情况，来调整次序，删减内容，并不断循环调整其设计，这些都是允许的。

这好比设计国家大剧院，建筑师要从外观、结构和空间上考虑。在设计的时候，要求国家大剧院的外观要漂亮，结构要牢固，同时空间要舒适。作为建筑师，就要在这几者之间循环调整并不断思考。

业务设计的起点有三种，分别是用例驱动设计、流程驱动设计和领域驱动设计。其中，用例驱动设计是先梳理业务用例，该方法适合中型系统；流程驱动设计是先梳理业务流程，该方法适合中小型系统；领域驱动设计是先梳理业务的信息结构，该方法适合梳理行业系统。接下来我们分别说明这三种方法的适用场景。

13.1.1 用例驱动设计

用例驱动设计是指先通过划分出目标层用例、步骤层用例等手段，拆分出功能模块，然后再针对每个功能模块，进一步梳理出业务流程、业务操作和信息结构等内容。前文中的银行系统、订单系统就是采用这种方法梳理的。

该方法的好处很明显。我们定义目标层用例就是在梳理公司的业务，然后再以业务为单元，梳理步骤层用例，随后将步骤层用例进行合并，从而完成功能单元的划分。这个思路是层层递进的，非常合理。银行系统、订单系统、库存管理系统等均采用这样的思路。这样，我们就不可能遗漏业务模块。

13.1.2 流程驱动设计

对于一项较简单的业务，如用户下单、餐厅排队等业务，我们可先梳理业务流程，而不是先梳理业务用例。这样做的好处是，我们在一开始就能抓住业务主线，并保证业务主线设计的合理性。然后再以此为基础，拆分出目标层用例（业务目标）、业务操作和信息结构等。餐厅排队系统就是先梳理出排队的流程，然后又拆解出领号、叫号、领位和查号等业务目标，最后再梳理桌台和订单的信息结构。

该方法的好处是，梳理业务的过程很自然。在第 12 章对排队业务的访谈中，我们通过梳理流程就能很自然地梳理出业务逻辑。如果一上来就问迎宾人员排队有哪几个业务模块，则对方不一定能说出。

13.1.3 领域驱动设计

领域驱动设计（Domain-Driven Design，DDD）是由领域驱动设计之父埃里克·埃文斯提出的，该方法可进行静态的业务设计和软件架构。领域驱动设计的涵盖面较广，其核心思想是先梳理信息结构（类图）和业务规则，再梳理业务的用例、流程和操作等内容。

1. 领域驱动设计的含义

领域这个词并不容易理解，可以换一种说法来理解。我们说张三是通信领域的专家，李四是导弹领域的专家，他们都拥有各自领域的知识。所谓的领域驱动设计，就是以梳理行业知识为出发点，进而构建出完整的业务。这些行业知识主要是信息结构、行业规则等内容。反而业务流程、业务目标等变成次要信息了。领域内容的梳理决定了软件的体系架构，而业务流程、业务目标等，不过是在这个基础上的业务实现而已。

2. 领域驱动设计的作用

领域驱动设计要先梳理信息结构，这特别适合用在复杂系统中，尤其适合用在 SaaS 软件中，如行业用的财务系统、人力服务系统、餐饮系统等。该方法可确保软件具有较强的可扩展性，从而适应不同企业的不同需求，避免软件的重复开发和反复修改。接下来我们通过两个案例来理解领域驱动设计的作用。

案例一：用户和组织结构

D 公司是人力外包公司，早期采用敏捷开发，并不重视信息结构的梳理。但是随着业务的发展，其业务越来越多，软件无法支撑未来业务的发展。比如，几个系统的用户信息并不一致，有的以手机号区别用户，有的以用户 ID 区别用户。当需要将不同账户的信息汇总展示的时候，该公司就面临着困难。

另外，该公司的订单和服务模式也很复杂。该公司可以和某个集团公司签订合同，并由集团公司支付服务款项，但是落实的服务对象可能是集团公司下属的事业部或分公司，也可能是一个完全独立的公司。D 公司需要对各个组织单独服务，但集团公司还要求能看到各个组织的信息，或进行一定的权限设置。然而，该业务开始没有考虑到这些，导致设计的数据库需要大改。

案例二：收费和业务需求

R 公司是给餐饮、零售企业做软件的公司，提供的业务众多，面对的公司类型也众多。比如，运营人员提出几个模块可单独收费，也可以组合收费，并且有预付费等多种收费模式，但是该系统不具有可扩展性。再如，某集团公司要求把集团公司下的某品牌单独拆出，进行独立运营和核算，但该系统无法满足此需求。

通过以上两个案例，我们就能理解领域驱动设计的作用。在这些案例中，因为相关责任人在早期没有考虑清楚信息的结构，从而造成了少则十多万元，多则上百万元的损失。造成问题的原因，一方面是，研发人员在搭建数据库的时候没考虑其扩展性，另一方面是，产品经理没说清楚需求，即没说清楚业务模型、权限要求、服务要求等。如果产品经理想写出让研发人员不返工的产品需求文档，则必须保证信息结构设计正确、有足够的可扩展性、能灵活应对业务需求，这些都有赖于用类图来进行梳理。

综上所述，领域驱动设计特别适合应对复杂行业，尤其是灵活多变的行业需求。而开发此类软件的公司，通常拥有深厚的行业背景，并能引领行业管理的发展。在这里，软件公司不仅是软件的制造者，也是行业管理的引领者。所谓的中台设计，其核心难点也在于如何拆解复杂业务并设计好信息结构，其实这些都是领域驱动设计的范畴。限于篇幅和定位，本书关于领域驱动设计的内容讲得较少，读者可找相关图书阅读并学习。

13.1.4 本节小结

本节介绍了用例驱动设计、流程驱动设计和领域驱动设计。如果业务目标多，就从用例驱动设计开始，用例驱动设计通常适合中型系统；如果业务较简单，就从流程驱动设计开始，流程驱动设计通常适合中小系统；如果业务的信息结构复杂，需要灵活扩展，就从领域驱动设计开始，领域驱动设计通常适合行业系统。

当不好确定哪种方法优先的时候，读者可以试着三种方法都做一下，看看哪种方法更容易厘清业务，就从哪种方法开始。

13.2 哪些 UML 图需要画

在明确了业务设计的起点后，我们还要明确在做设计时是否一定要产出用例图、流程图、状态图和类图等内容，这仍然要看具体情况。这好比设计一个大型建筑，各种效果图、工程图显然必不可少。但是如果是设计自家狗窝，则大可不必这么做，直接上手搭建即可。

而一个业务设计也和建筑设计一样，要根据情况决定是否要画用例图、流程图、状态图和类图。总的建议是，大中型系统都要画，中小型系统建议画。

1．大中型系统都要画

对于大中型系统，用例驱动设计、流程驱动设计、领域驱动设计的方法均应使用，并辅以状态图来梳理业务的具体操作。比如，一个银行系统用用例驱动设计的方式，梳理出贷款功能、开户功能、存取款功能。然后，再用流程驱动设计的方法，梳理贷款审批的流程，并辅以状态图梳理出关键的操作。最后，再用领域驱动设计的方法，梳理后台贷款信息的组织和展现。

在采取以上方法后，对应的 UML 图是否要画呢？对于一项复杂业务，流程图、状态图和类图都应画出来，这样表达也很清晰。用例图则可不画，用思维导图代替即可，我们主要用的是用例的思路。

2．中小型系统建议画

对于较大的复杂系统，我们都建议画图，那么对于中小型系统，我们如何把握？笔者曾和一个产品经理交流，他问人脸识别和实名认证系统是否要画流程图和状态图。对此，我们的建议如下。

首先，如果业务不复杂，就可不画。可以看出，人脸识别和实名认证系统不复杂，其流程图和状态图都很简单，那么就可以不画。但前提是，产品经理要能做到纸上无图，心中有图。也就是说，在脑子里有图，即使不画图，其文档也没问题。其次，还要看研发人员的需求。因为虽然产品经理自己明白了，但是研发人员也要通过看图，来理解业务并设计软件。所以，如果研发人员需要，就应画一下。

13.3 本章提要

1. 业务设计的起点并不固定，可以是用例驱动设计、流程驱动设计和领域驱动设计。其中，用例驱动设计是先梳理业务用例，该方法适合中型系统；流程驱动设计是先梳理业务流程，该方法适合中小型系统；领域驱动设计是先梳理业务的信息结构，该方法适合行业系统。

2. 本书从梳理用例的方式开始，但是排队系统从流程驱动设计开始，而领域驱动设计是在构建业务复杂的系统时要先做的，信息结构设计不佳将造成研发人员大量返工。在实际工作中，三种方法可以交叉运用，并保证先粗后细即可。

3. UML 图不是必须画的，通常大中型系统都要画，中小型系统建议画，但只要产品经理能把握需求，就可以不画。

第 14 章

深入理解 UML

产品经理要不断揣摩事物的利弊，而不应做出绝对肯定或否定的结论。同样，对于 UML，要从两方面来看。一方面，UML 被 IBM 等大厂所认可并推广。另一方面，UML 也饱受争议。因此我们需要了解 UML 的问题。本章就对 UML 的利弊做分析，同时对 UML 的整体框架和其他 UML 图做说明，内容如下。

- 对 UML 的认知误区
- UML 的整体框架
- 顺序图和对象图

其中，14.1 节讲人们对 UML 的认知误区。14.2 节讲 UML 的整体框架，将介绍 UML 图的作用和概念。14.3 节将简单介绍顺序图和对象图，因为产品经理可能会用到这两种图。

14.1 对 UML 的认知误区

14.1.1 UML 的成就和问题

UML 非常复杂，其文档已经达到了近千页之多，涵盖了 10 多种图形的表达。UML 因为内容全面而被业界广泛认可，也因为过于复杂，而被专家和从业人员批评。但是，复杂不是 UML 的错，UML 仅仅是一种语言，如何使用它关键在于人，下面我们具体解释。

1. UML 因表达全面而应用广泛

UML 的目标是应用在各行各业，所以必须全面和复杂。也正是因为全面，UML 才会被 ISO 所接受。对 UML 而言，不仅可以用在软件行业中，还可用在非软件行业中，并且系统越大、越复杂，效果就越好。

UML 可以用在银行系统、电力系统、医疗电子软件的设计中，或用在法律部门的工作流、战斗机飞行系统及通信设备的设计中。

对此，IBM 软件工程首席科学家，也是 UML 的发明人之一的 Grady Booch 说道："UML 应用之广泛让我感到自己的渺小，我看到 UML 用在世界每一个角落，每一个我们能想到的领域。我们可以设想在可预见的将来，更多有用、安全和灵活的高质量系统会成为基本的需要。我相信 UML 将会进化，以帮助达成这些系统的开发、部署、运作和演化，成为文明社会不可缺少的部分。"

2. UML 因过于复杂而饱受批评

虽然 UML 的复杂有其道理，但其也因为过于复杂而饱受批评。在 2000 年美国《软件发展》期刊组织的 UML 讨论会上，负责 UML2.0 提案工作的 Cris Kobryn 将 UML 的复杂性称作"毫无道理的复杂"。业界的主要批评是，UML 过于庞大和复杂，以致人们很难熟练掌握它，并很难有效应用它。而 UML 的有些概念也很少使用，一些概念间只有细微的差别，找到这些差别又缺乏现实意义。另一种意见是，UML 应定义一个精练的核心，只提供最常用的建模元素。但这个目标没有实现，UML 仍然很复杂。

3. 复杂是必须的，用好或用坏在于人

虽然 UML 的一些表达有一定问题，如用例的包含关系和扩展关系的划分，但 UML 的复杂是必须的，因为 UML 是一种语言。这好比我们说的语言，本来就有各种词语，如状态、活动、对象、包含、继承、聚合、组成等词语。UML 只是给这些词语做了精确定义，并用图来表达。所以，我们不能因为语言包含的词语太多，就说语言有问题。同样地，我们不能因为 UML 的复杂就说 UML 有问题。另外，语言只规定了语法，没有教人们如何运用好它。所以，我们不能说只要学会了语言，就能写出逻辑清晰、内容动人的文章。同样地，我们也不能说只要学会了 UML，就能轻松地厘清业务、设计业务。

但是，UML 的规定的确多，导致其难以掌握和有效运用。因此，我们只需要学习部分内容，并且要多学如何用。只有这样，才能更好地梳理业务、设计业务。同时，

也应把 UML 图和文字描述结合起来，让它们发挥各自的优势。

14.1.2 UML 的学习误区

有人认为，没学过 UML 也没问题，在工作中不需要了解得这么深入，但这并不正确。有人在学习 UML 后，又会强调要学全、用全，这也是不正确的。接下来我们就这两点做说明。

1. 认为没必要深入学 UML

一些大厂的产品总监认为大致了解 UML 就可以了，并不需要专门学习，并且，一些研发人员也不重视，甚至不知道 UML。如果要做一个小系统，无论是产品经理还是研发人员，都不太需要用 UML。但如果要做一个大系统，或者要把小系统做得游刃有余，则产品经理和研发人员必须掌握 UML。这也是做过较大系统的产品经理和研发人员的共识。

比如，我们可用用例图梳理出业务范围、定义出功能模块。我们还可用流程图梳理业务流程，用状态图梳理操作，用类图梳理后台管理等，这些都是好的思考习惯，即使不画图也有用。同时，运用结构化的思考模式，产品经理能把业务想得周全，并有利于对外沟通和对内表达。

2. 认为 UML 要学全、用全

学全是指不但要把本书内容掌握，还要把其他细节掌握。这大可不必。如果都学会固然是好的，但如果花了大量时间去学的知识却很少得到应用，这样就失去了意义。所以，本书只讲了 UML 的一部分，尤其去掉了研发人员要掌握的部分，如用例的包含、扩展、导航等关系。

14.2 UML 的整体框架

我们学习了 UML 中的用例图、流程图、状态图和类图，这些基本上就够用了。UML 一共有 14 种图，本节就简单做一下介绍。目的是让读者对 UML 形成整体的认

知。为此，我们将讲授两部分内容。首先，讲授 UML 图的分类，便于读者理解建模的框架。其次，我们把所有 UML 图的名称、定义等做汇总，便于读者查阅和理解。

14.2.1 UML 图的分类

总体上，UML 图可分为结构事务和行为事务。结构事务又分为基本结构和体系结构。行为事务又分为基本行为和交互行为。

1. 结构事务

结构事务是指模型的静态部分，用来描述静态的元素或物理单元。通俗地讲，就是描述这个事务是什么。比如，狗的颜色是黑色，就是在描述事务是什么。结构事务分成两类。

第一类，基本结构：描述常规的结构事务，包括类图、对象图、部署图。类图表达的是类和类之间的关系，本书对其做了重点介绍。对象图和类图类似，区别是一个描述对象，一个描述类。部署图则偏重描述硬件结构。

第二类，体系结构：描述软件、系统和数据的结构，常常被研发人员使用。包括构件图、组成结构图、包图、扩集图。

2. 行为事物

行为事务是模型的动态部分，用来描述基于时间的行为。通俗地讲，就是描述人或角色做了什么。比如，用户的登录操作就描述用户做了什么。行为事务也分成两类。

第一类，基本行为：描述常规的行为，包括用例图、活动图和状态图。这些图都描述了人或角色做了什么，也是我们重点介绍的图。

第二类，交互行为：描述对象或角色间发送的消息。包括顺序图、通信图、定时图、交互纵览图，这四种图都属于交互图。这些图都是表达消息传递的，只是表达的侧重点有所不同。

14.2.2 UML 图的汇总

在 14.2.1 节中我们对 UML 图做了分类，接下来我们将对 UML 图做汇总。另外，因为翻译的原因，各种图的叫法并不一致，我们也将图的各种名称做了汇总。所有内容如表 14-1 所示。

表 14-1 UML 图的总结

<table>
<tr><th>类型</th><th>中文名称</th><th>别称</th><th>英文名称</th><th>定义</th></tr>
<tr><td rowspan="3">基本结构</td><td>类图</td><td>无</td><td>Class Diagram</td><td>描述类，以及类之间的关系</td></tr>
<tr><td>对象图</td><td>无</td><td>Object Diagram</td><td>描述对象，以及对象间的关系</td></tr>
<tr><td>部署图</td><td>无</td><td>Deployment Diagram</td><td>描述计算机的物理体系结构</td></tr>
<tr><td rowspan="4">体系结构</td><td>构件图</td><td>组件图</td><td>Component Diagram</td><td>描述系统内各软件的关系，该图是类图的变体。描述可执行文件、动态链接库和文档等</td></tr>
<tr><td>组成结构图</td><td>无</td><td>Composite Structure Diagram</td><td>描述类在运行时的内部结构，以及类内部的各种部件之间的关系</td></tr>
<tr><td>包图</td><td>无</td><td>Package Diagram</td><td>将系统分解为不同的组织单元，并描述单元间的关系。比如，将系统划分为支付系统，物流系统和财务系统等</td></tr>
<tr><td>扩集图</td><td>无</td><td>Profiles Diagram</td><td>支持对数据建模，可用来说明模型库依赖哪些东西和其扩展的模型子集</td></tr>
<tr><td rowspan="3">基本行为</td><td>用例图</td><td>用况图</td><td>Use Case Diagram</td><td>展示用例、参与者和系统间的关系，描述参与者做了什么</td></tr>
<tr><td>活动图</td><td>流程图</td><td>Activity Diagram</td><td>描述业务或系统的执行步骤与过程</td></tr>
<tr><td>状态图</td><td>状态机图</td><td>State Diagram</td><td>描述对象的状态变迁，以及触发状态变迁的事件</td></tr>
<tr><td rowspan="4">交互行为</td><td>顺序图</td><td>序列图
时序图</td><td>Sequence Diagram</td><td rowspan="4">四者都是交互图（Interaction Diagram），都是展示交互的图，表达了对象以及对象间的关系，展现对象间发送的消息。区别是：顺序图强调消息的时间次序，通信图强调收发消息的对象或角色的结构组织，定时图展现了消息交互的实际时间，交互纵览图是活动图和顺序图的组合</td></tr>
<tr><td>通信图</td><td>协作图</td><td>Communication Diagram/ Collaboration Diagram</td></tr>
<tr><td>定时图</td><td>计时图
时序图</td><td>Timing Diagram</td></tr>
<tr><td>交互纵览图</td><td>交互概览图</td><td>Interaction Overview Diagram</td></tr>
</table>

下面对表 14-1 做说明。

（1）活动图（Activity Diagram）在本书中称作流程图，是为了和多数人的习惯保持一致。

（2）时序图：在一些翻译中，时序图是指 Sequence Diagram（顺序图），而在少数翻译中，时序图是指 Timing Diagram（定时图）。为避免误解，该名称应少用。

（3）通信图早期版本的英文名称为 Collaboration Diagram，中文译为协作图，两者名称不同，但内容相同。

以上就是 UML 所有的图。要说明的是，这些图可混用，也就是可在图中既表达活动，也表达状态、对象和类等内容，但不建议初学者混用。因为这往往导致使用者的思路混乱。

14.2.3 UML 和面向对象的关系

在 14.2.2 节中，我们介绍了 UML 的各种图。有种观点认为，UML 和其图是一种面向对象的分析、设计方法，但这种说法并不准确。为什么不准确？我们先理解什么是面向对象，之后再分析为什么这种说法不准确。

什么是面向对象？我们在第 9 章讲到，对象是对现实事务的抽象，是一个具有边界并封装了属性、状态和行为的实体。因此，一台微波炉、一只狗或一个订单都是对象。我们从对象又引申出类的概念，两者相辅相成，因此，我们可以说 UML 中的类图、对象图就是面向对象的。

但是，业界普遍认为流程图（活动图）并不是面向对象的。流程图表达了人或物的一个接一个的活动，也是在表达一个过程，这被看作面向过程，而不是面向对象。比如，我们可在一个流程图中表达这样的内容：迎宾人员先打印了排队小票，然后又开始叫号，最后让客人入桌。这些就是迎宾人员的一个接一个的活动，也是其工作的过程。

在理解了什么是面向对象之后，我们再来看为什么说 UML 不是面向对象的分析、设计方法。

首先，UML 的确起源于几种面向对象的方法，在这之后，越来越多的图被加入进来，其中有很多图不是面向对象的。如前文所说，流程图就不是面向对象的。邵维忠、杨芙清在其合著的《面向对象的系统设计》一书中，明确指明"用例图、构件图、部署图、包图等都不是面向对象的固有组成部分"，并且明确指出 UML"超出了面向对象的范畴”。此外，既然 UML 是统一建模语言，那么就要含有所有建模语言，这样 UML 也不能局限于面向对象。

其次，对象仅是一个概念，并被用在很多 UML 图的解释中，但不能说这些图就是面向对象的。比如，有人说流程图也是面向对象的，因为流程图表达的是对象的各种活动。但这属于过度解释，因为流程图强调了过程是什么，而不是对象是什么。面向对象的出现，就是为了解决面向过程的问题，而流程图恰恰被认为是面向过程的典型代表。同样地，在用例图中虽然也有对象的身影，但我们不能认为用例图是面向对象的。

这在 UML 的官方文档中也得到反映，在 UML 的规范中，面向对象这个概念出现的次数越来越少。比如，在 UML1.4 中，“面向对象”出现了 20 多次，在之后的两个提案中，“面向对象”只出现了 4 次，并且出现了很多非面向对象的概念。

综上所述，UML 不是面向对象的分析、设计方法。对象只是一个概念，并被用在了若干 UML 图的解释中，我们不能将其含义扩大化。

14.3 顺序图和对象图

对于顺序图和对象图，产品经理可能会用到，也会在研发文档中看到，因此我们需要了解一下这两种图的表达和作用。

14.3.1 顺序图

1. 顺序图的表达

顺序图也被称为序列图、时序图。顺序图描述了对象间的关系和对象间发送的消息，该消息强调了时间顺序。顺序图被称为序列图或时序图，都在表达消息是有时间顺序的。

在第 12 章中，我们讲了餐厅桌台消息的传递，这就可用顺序图表达。比如，在没有应用排队系统时，服务员通过呼喊告知迎宾人员桌台空了，然后迎宾人员应答收到。将这些内容用顺序图表达，如图 14-1 所示。

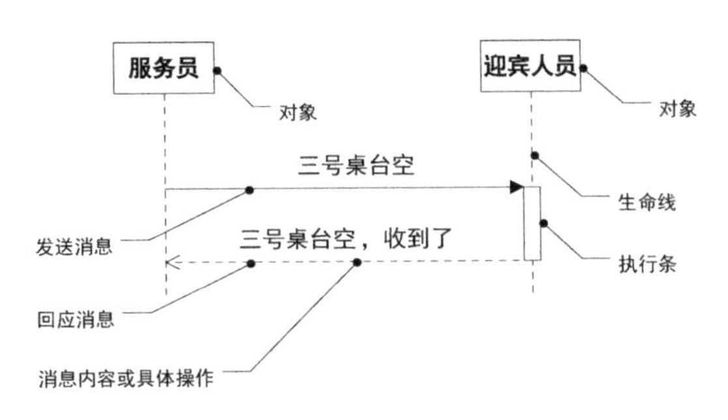

图 14-1　传递桌台消息的顺序图

对该顺序图的解释如下。

（1）对象："服务员"和"迎宾人员"就是对象，这和流程图中的对象是一样的，该对象要用小方块括起来，如"迎宾人员"。

（2）生命线：竖直的虚线称作生命线，或称作时间线。其自上而下的画法，很方便表达消息执行的先后、消息产生时间的先后。

（3）消息：传递的消息内容写在线上。消息的内容是灵活的，可以是消息或操作。比如，可写消息内容，如"三号桌台空"。或者，也可写具体操作，如服务员在系统中标记三号桌台为空，该操作也会触发一条消息。

消息还可分为发送消息和回应消息。发送消息用带箭头的实线表示，为" ──▶ "；回应消息用带箭头的虚线表示，为" <------ "。不同的表达法，表明了谁是主动方，谁是被动方。

（4）执行条：也被称为运行条，表示对象在收到消息后，对该消息要做处理，然后再进行回应。在该案例中，迎宾人员在收到消息后，做了回应，回应的是"三号桌台空，收到了"，表达他听到了什么。

2. 顺序图的作用

顺序图可很好地表达对象间传递了什么消息，这种一问一答的方式也很容易理顺设计思路。顺序图尤其擅长表达多个对象间的消息传递。比如，在排队系统建立后，消息将在服务员、服务员用的 **Pad**、排队 **Pad** 和迎宾人员之间传递。这个时候，消息既可以通过系统来传递，也可以不通过系统来传递。比如，桌台空的消息应通过系统传递，而叫服务员来服务，则可以通过人工呼唤。

产品经理需要用顺序图梳理服务员、服务员用的 **Pad**、迎宾人员、排队 **Pad** 之间的消息传递，从而设计出业务流程。研发人员可以用顺序图表达系统之间消息的传递，从而设计出软件系统。比如，明确点餐 Pad、排队 Pad、收银 Pad 之间的消息传递和备份机制，或者明确电商平台的营销中心、会员中心、物流中心和支付中心之间在用户下单之后的消息传递。

在很多情况下，顺序图和流程图之间存在转换关系。但在特定情况下，流程图将很难表达多个系统之间的复杂消息传递，并且用流程图展示这些消息也不直观、清晰。鉴于这部分内容不是本书重点，本书将不再深入说明。

14.3.2 对象图

对象图和类图非常相似。类图表达了类，以及类之间的关系。而对象图则表达了对象，以及对象间的关系。我们知道，对象是实际存在的事务，也就是说，对象是类的实例。对象图表达的是事务，并且是该事务的信息。图 14-2 所示就是一个对象图。

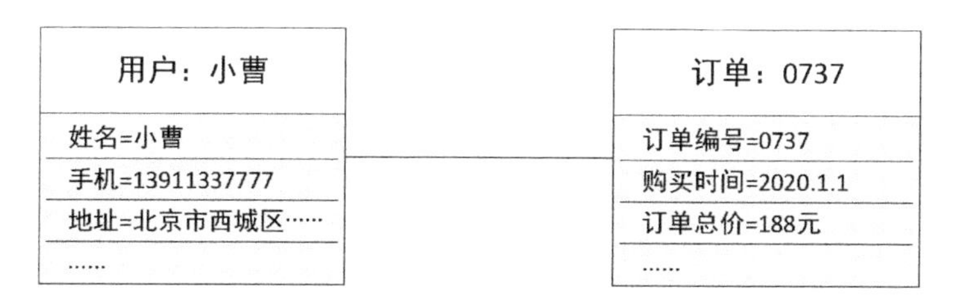

图 14-2 小曹订单的对象图

该对象图表明了，小曹在 2020 年 1 月 1 日下了一个订单，订单总价是 188 元等。我们可以认为，该对象图显示的是某用户买东西后形成的订单信息，并且该订单信息是有结构的，可拆解出用户和订单。读者可再加入订单项、物流信息、发票信息等对象，并把这些对象的当前信息值写出即可。

在理解了类图后，对象图就很容易理解。但应注意，类图可以表达类间的数量关系、普通关系、聚合关系、组成关系等，对象图并不表达这些关系，而且也没必要。因为一个实际存在的订单不存在这些关系，对象图只是表达了该订单当前的信息。

另外，图 14-2 所示的对象图在名称栏写的是“用户：小曹”，但 UML 的规定是“小曹：用户”，该写法和多数人的习惯不一致，产品经理在工作中可灵活掌握，不一定要遵循规定。

14.4 本章提要

1. UML 的表达是全面的，但其也因为表达全面而受到部分专家的批评。主要的批评是 UML 过于复杂，以致人们难以熟练掌握并有效运用它。但 UML 的复杂是必须的，产品经理仍应学习 UML。对 UML 的学习应把握度，虽然学习是必须的，但也不必全学。

2. UML 一共有 14 种图，主要分为结构事务和行为事务，这些图很多是研发人员要用的，产品经理应大致理解这些图的作用。

3. 产品经理还需要了解顺序图和对象图。其中，顺序图表达了对象间传递消息的时间顺序。对象图和类图相似，对象图表达了对象，以及对象间的关系。对象图表达的是一个对象的瞬间信息，这些瞬间信息包括对象的属性值、状态等。

第 15 章

用例和用户故事

首先，本书提到的用例不符合 UML 的规范，本章讲解了 UML 的用例规范，避免产生误解。其次，有人认为 UML 和用户故事是非此即彼的关系，这也是有误解的。最后，UML 有利于提升用户故事的质量，它们之间并不是对立的关系。为此，我们分三节来展开。

- UML 定义的用例
- 用例和用户故事的关系
- UML 和用户故事的关系

15.1 节和 15.2 节讲的是 UML 定义的用例，以及用例和用户故事的关系。15.3 节讲的是 UML 和用户故事的关系，以及 UML 对用户故事的促进作用。

15.1 UML 定义的用例

本书提到的用例不符合 UML 的规范。对于 UML 定义的用例，研发人员常常用，他们通过表达用例间的关系，明确代码的组织，并避免代码重复等。在本节中，我们就了解一下 UML 定义的用例，这样当研发人员用了 UML 定义的用例图时，产品经理也不至于不懂。

15.1.1 用例的目的

读者应理解用例的两个目的。目的一，可对业务做分析；目的二，可对研发工作做划分，厘清模块之间的关系。但问题往往是，产品经理过于在乎梳理模块之间的关系，而忽略了梳理业务逻辑。

产品经理应挖掘业务，因此我们讲了从业务层面梳理用例和用例的层次。比如，将用例分成目标层、实现层和步骤层，这样就能确保不遗漏业务。在确保业务没有被遗漏后，研发人员还会梳理用例之间的关系，这样就可按照梳理出来的关系组织代码，避免代码的重复。常见的关系有导航关系、依赖关系、包含关系、扩展关系和实现关系。UML 也对这些关系做了定义，并且不同于本书。

这些关系的表达，也是用例图不可分割的一部分。产品经理应了解这些关系，这样当研发人员使用这些关系时，产品经理也能理解表达的是什么意思。下面我们对几种关系做介绍。

15.1.2 导航关系

导航关系表明，参与者和用例之间只能从一端到另一端，而不能相反，表示方式为“参与者 ⟶ 用例”。比如“用户 ⟶ 取钱”，表示只能由用户发起取钱这个动作，而不能相反。

通常，用例是由参与人主动发起的，但是也有个别情况，用例是由系统主动发起的，如系统定时发送订单统计到员工邮箱，该用例就是由系统发起的，如图 15-1 所示。

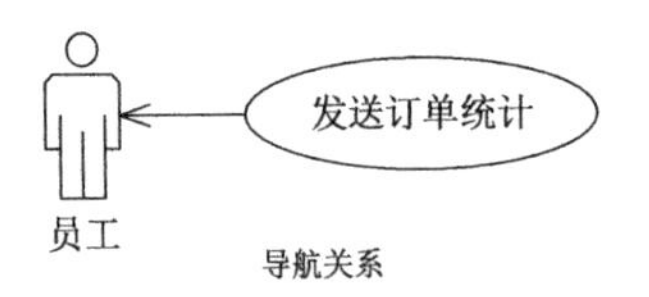

图 15-1 系统发起的用例

在大多数情况下，导航关系是显而易见的，即用例都是由参与人发起的，即使不加导航关系也不会被误解，因此不加导航关系也可以。不加导航的关系，被称为关联关系，也就是说两者是有关系的。导航关系和关联关系的表达如图 15-2 所示。

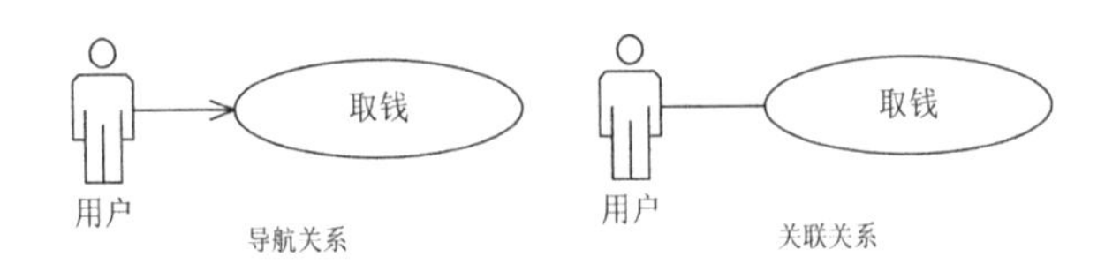

图 15-2 导航关系和关联关系的表达

UML 用箭头表明导航关系，但是本书用箭头表明的是包含关系，本书这样做的目的是简化图的表达，避免搞混各种箭头的含义。

15.1.3 依赖关系、包含关系和扩展关系

依赖关系、包含关系和扩展关系的概念是相似的、并常常一同使用。下面我们就介绍这三种关系。

1. 三种关系的介绍

1）依赖关系

依赖关系是一种使用关系，表明一个用例要使用另一个用例。表示方法是“用例 A ---→ 用例 B”，表明用例 A 依赖（使用）用例 B。比如，用户要完成一次取钱，其流程是验证卡、取钱、打印小票和退出卡这四个步骤。这四个步骤的关系表达如图 15-3 所示。

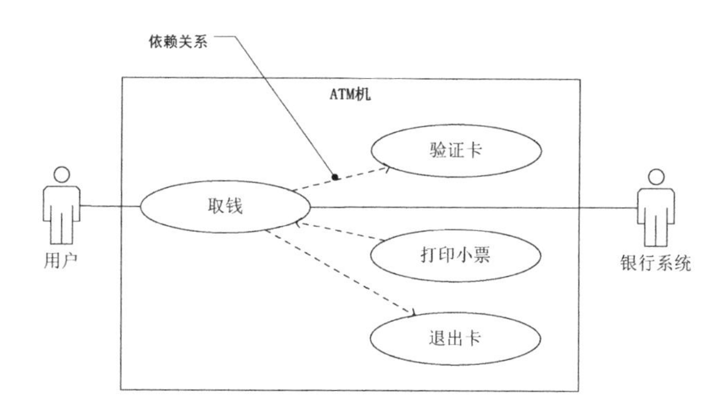

图 15-3　依赖关系

和我们理解的步骤不同，用例之间的依赖关系，并不是为了表达用户的操作步骤，而是为了表达两个用例之间谁要使用谁。

在图 15-3 中，取钱要依赖（使用）验证卡，否则就无法完成取钱，因此表示为“取钱 ---→ 验证卡”，箭头表明取钱依赖验证卡。但是，取钱并不需要依赖（使用）打印小票，因为即使不打印小票，取钱也是可以完成的。但反过来，打印小票要依赖（使用）取钱用例，表示为“取钱 ←--- 打印小票”。因为只有取完钱，才能打印小票。

标定用例间的依赖关系，便于研发人员复用代码，降低软件复杂度。

比如，取钱和存钱这两个用例，都依赖于验证卡和退出卡两个用例，这样我们就可以把验证卡和退出卡作为两个独立用例来进行编码，并且取钱和存钱这两个用例也可以独立编码，而不用考虑验证卡和退出卡的操作。

再如，打印小票用例依赖取钱和存钱两个用例，如果不存钱和取钱，打印小票用例就无法启动，并且存取钱的信息也影响打印小票的内容。那么我们在进行打印小票用例的设计时就要注意，首先要定义清楚小票的显示样式和打印流程，其次如果存钱和取钱的信息字段有增减，那么打印小票的信息也要更新。

2）包含关系

虽然几个用例之间是依赖关系，但是依赖的内涵不太一样，对这种依赖的更准确的表达是包含关系或扩展关系。

其中，取钱用例必须"包含"验证卡和退出卡，才能完成取钱，这就是包含关系。如图 15-4 所示，包含关系也用一条带箭头的虚线表示，并在线上写上 "<<包含>>"，英文则写作"<<include>>"。包含的含义表明，该用例是完成取钱所必须执行的。显然不进行验证卡和退出卡的操作，取钱就无法完成。

3）扩展关系

打印小票用例扩展了取钱用例的功能，这就是扩展关系，表示如图 15-4 所示。扩展关系也用一条带箭头的虚线表示，并在线上写上 "<<扩展>>"，英文写作"<<extend>>"。扩展的含义同时还表明，该用例是可选的。也就是说，即使该用例不执行，也不影响取钱。

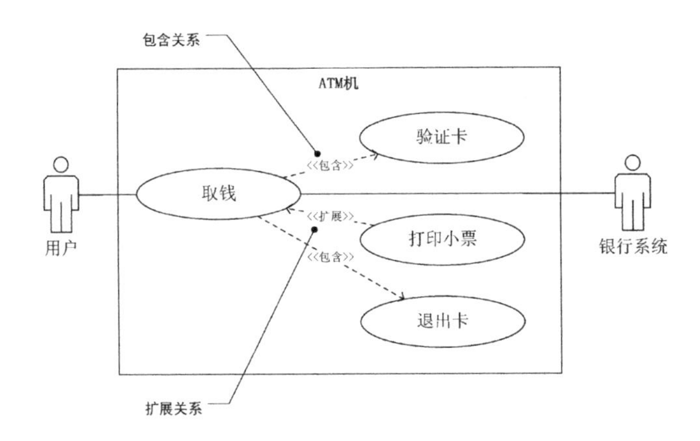

图 15-4　包含关系和扩展关系

2. 三种关系的联系

无论是包含关系，还是扩展关系，都是对依赖关系更细致的表述，因此图 15-3 所示的依赖关系与图 15-4 所示的包含关系和扩展关系，都是正确的画法。通常，我们更多地使用包含关系和扩展关系来表达，较少使用依赖关系。三种关系都表明了用例间的使用关系，如打印小票使用了取钱用例，取钱使用了验证卡用例。

通过以上三种关系的表达，研发人员就可以将用户取钱的流程拆分成四个模块，并分别开发。需要注意的是，箭头不表达用例执行的先后次序，而在 UML 中并没有方法表达用例执行的先后次序。

用例的包含和扩展关系经常被一些专家所批评。邵维忠、杨芙清在其合著的《面向对象的系统设计》一书中提道："在使用中它们的区别仅在于，延伸 用于发生异常（或者说特殊）情况的条件下，包含则用于正常情况下，除此之外再无其他实质性差别，并且其实现机制也可以完全相同。仅仅因为其使用意图上的一点微小差别，UML 就采用了两种不同的概念。此外，UML 对这两种关系给出的表示法也很容易造成用户的困惑——延伸是从较小的用况指向较大用况；包含则恰好相反，从较大的用况指向较小的用况。原因是，箭头的方向是按照从主语指向宾语的原则确定的。这个问题表明，UML 的一部分复杂性来自它没有很好地运用抽象原则，像延伸和包含这些概念，稍加抽象（忽略它在使用意图上的微小差别），就可以得到一个较为一般的概念。在编程语言中对类似问题的处理要比 UML 高明得多，那就是运用过程抽象的原则，把一个较大的过程引用一个较小的过程都处理为调用，而不管调用的目的是共享还是异常情况的处理。"

本书认可上述说法，UML 中用例的包含关系和扩展关系应被简化、修改，即不体现两者的差别、修改箭头方向。所以本书没有用 UML 中用例的包含关系和扩展关系，只是借用了其名称。

3. 和本书的不同点

UML 中的用例图是研发人员在开发软件时用的。对于产品经理，应梳理清楚用例执行的先后次序，而不是考虑几个用例之间的调用关系。因此本书用了新的表达方式，来表达用例之间的先后次序，如图 15-5 所示。

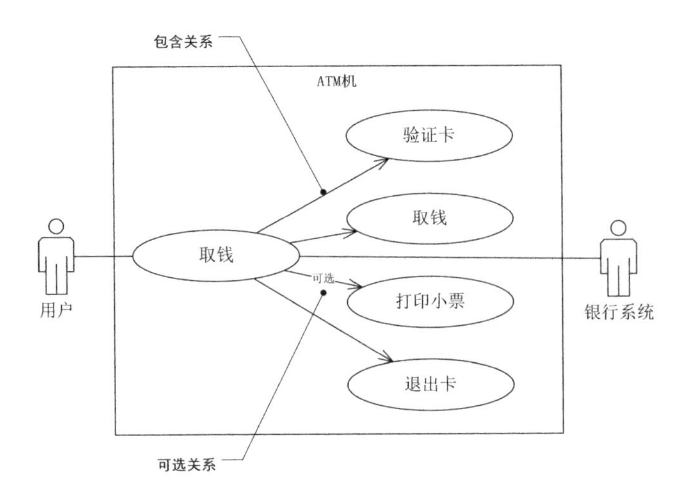

图 15-5　按步骤表达用例之间的先后次序

在图 15-5 中，我们发现，UML 的表达方式和本书的表达方式是不同的。本书中的"——>"表明两个用例之间是包含关系，表达了"取钱"这个大的目标层用例，应包括四个步骤，分别是验证卡、取钱、打印小票和退出卡。需要注意的是，这里带箭头的实线表达的不是 UML 中的导航关系，而是一种包含关系。其中的"——可选——>"表明该用例是可选的，也就是说，即使没有打印小票，取钱也是可以完成的。

15.1.4　实现关系

我们知道，用户去银行取钱有多种实现方案，用户可以通过 ATM 机取钱，也可以在银行柜台取钱。用 UML 表达的用例之间的实现关系如图 15-6 所示。其中，"ATM 机取钱 ---▷ 取钱"，表示的是"ATM 机取钱"实现了"取钱"这个目标，其箭头为空心，线条为虚线；"⬭"表示的是框起来的用例是实现方案。

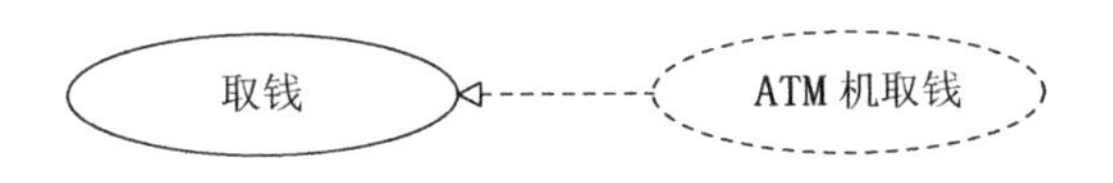

图 15-6　用 UML 表达的用例之间的实现关系

我们发现 UML 的实现关系的表达，和本书的不一致。本书的实现关系的表达如图 15-7 所示，表示方法还是用带箭头的实线，并在线上表明关系，并且其箭头方向和 UML 的实现关系表达中的箭头方向不一致，也没有把"ATM 机取钱"用例的实线框变成虚线框。

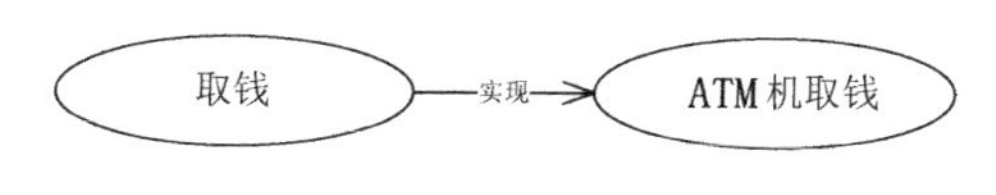

图 15-7 本书的实现关系的表达

15.1.5 出现差异的原因

UML 被人批评的一点，就是用了各种箭头样式，这样就增加了学习成本。所以本书没有用各种箭头表达关系，而是在线上写明表达关系，并且对箭头指向做了改变，箭头指向的都是更为细粒度的拆分，这样就避免出现产品经理总想箭头方向的问题。

无论是导航关系、依赖关系、包含关系、扩展关系，还是实现关系，都有助于研发人员来构建系统，产品经理只需大致了解其区别即可。在实战中，我们建议用本书的方式来表达。

15.2 用例和用户故事的关系

大多数产品经理都听说过用户故事，但没听说过用例和表达用例的用例图。其实用户故事和用例的概念基本相同，只是目的和方法不同。下面我们就讲解什么是用户故事，以及用例和用户故事的联系和区别。

15.2.1 什么是用户故事

用户故事（User Story）是由科恩等人提出的，科恩在其著作《用户故事与敏捷方法》中对用户故事做了定义：**用户故事描述了对用户、系统或软件购买者有价值的功能**。用户故事其实就是用例的另一种解释，因为两者描述的都是功能，并且描述方法一致。但科恩对用户故事做了扩展，认为一个完整的用户故事要由如下三部分构成。

- 一份书面故事描述，用来做计划和作为提示。
- 有关故事的对话，用于具体化故事细节。
- 测试文档，用于表达和编辑故事细节，也用于确定故事何时完成。

科恩还强调应对用户故事做更多解释，如解释其商业价值等。

首先，有关故事的对话就是在描述业务的流程，描述方法是用文字描述，强调其操作过程。其次，测试文档是用于软件测试的，会描述各种异常情况，描述方法也是用文字描述。该测试文档和产品经理写的产品需求文档，从内容上看很多是一样的，两类文档都要描述各种异常的提示信息，只是产品需求文档偏向描述用户常规使用中的异常，测试文档偏向描述在极端条件下的异常。最后，用户故事要描述其商业价值，如用 ATM 机取钱可以节省银行空间，减少人员工作等，这就是在描述商业价值。

15.2.2 用例和用户故事的异同

虽然用户故事的提出人科恩认为用户故事和用例是不同的，但两者的区别不大。比如，用户在系统登录就是一个用户故事，而这个用户故事也是一个用例，并可用用例图表达。只是用例的提出更早，用户故事是基于用例的思想提出的，并对用例的关系做了简化，还扩展出了一套挖掘需求的方法。具体解释如下。

1. 用户故事和用例都在描述功能

用例是对参与者的一组有序动作的描述，系统通过执行有序动作来为参与者创造一个可以观察的显著结果。用户故事描述了对用户、系统或软件购买者有价值的功能。

用户故事和用例的概念描述差别很大，但其实都在描述一件事情。在描述完这件事情后，我们就可以抽象出功能。用户故事的定义明确说用户故事是在描述功能，用例的定义虽然没有说用例是在描述功能，但最终还是为了设计软件功能。

2. 用户故事用文字描述功能，用例用图形描述功能

用户故事用文字描述功能，而用例用图形化的用例图描述。用文字描述功能的用户故事简单易懂，这样人人都可分析；图形化的用例图虽然结构分明，但画法多、概念多，不容易掌握。

3. 用户故事侧重挖掘需求，用例侧重梳理软件设计问题

用户故事和用例的提出人不同，其解决的主要问题也不同。用户故事侧重解决产品经理的需求挖掘问题，用例侧重解决研发人员的软件设计问题，并且也可用于需求挖掘。

用户故事：用户故事通过讲故事来描述功能，这样就可用通俗的语言来分析业务，这种方式规避了用例的很多概念，如包含、扩展和导航等概念。同时用户故事有整套的需求挖掘方法，如故事描述、故事细节和测试文档共同构成用户故事，从而更有利于理顺需求。这些挖掘需求的方法是产品经理关心的，不是研发人员关心的。

用例：谈用例必谈用例图，用例图是描述用例的语言。用例图的图形化方式可描述用例间的关系。这些用例间的关系大多是我们站在研发的角度思考出来的，有利于梳理模块之间的调用关系。产品经理在用用例图时，不应过度关注这些关系，更应关注使用用例挖掘用户需求、划分设计单元等内容。但用例的发明人没说如何做这些事情，只是给出了用例图的标准。

总之，用户故事侧重于挖掘需求，是产品经理关心的；用例侧重于梳理软件设计问题，是研发人员关心的，产品经理要谨慎使用用例图，不要过度使用。在两者之间本书重点讲解用例，这样做可以让读者更有结构地思考需求、划分设计单元。当然，产品经理如果再结合用户故事的一些方法来挖掘需求，效果会更好。

15.2.3 用例和用户故事地图的异同

围绕用户故事，还有帕顿提出的用户故事地图，我们可以将用户故事地图看作用户故事的另一种实践。和用户故事不同的是，用户故事地图强调要把故事进行分层描述。用户故事地图提出了分层思想，本书的用例也有分层思想。但本书的用例和用户故事地图的分层思想是不同的。用户故事地图提出了目标层，本书的用例提出了目标层、实现层和步骤层，比用户故事地图的层次更丰富。本书的用例提出实现层，强调的是我们要基于目标思考不同的解决方案。

15.3 UML 和用户故事的关系

UML 是基本功，用户故事是实践方法，两者可一起用。在学习了 UML 后，再用用户故事等方式梳理业务，业务也将更加清晰、有效和严谨。也就是说，用户故事有用，UML 也有用，两者相辅相成，都可为梳理需求这个共同目标而服务。

15.3.1 用户故事并不反对 UML

用户故事是敏捷开发中的需求挖掘方法，用户故事反对的是厚重文档，而不是UML。但有人认为，用了用户故事，就不应该用 UML，并且对 UML 是摒弃的态度。这成为一些人不学和反对 UML 的理由。但要知道，用户故事的提出者科恩既是敏捷联盟的发起成员之一，也是软件开发的专家。科恩是知道 UML 的价值的，并且没有反对 UML。

科恩在《用户故事与敏捷方法》中说道："我们从来没有时间写长篇大论的漂亮的需求文档，所以便选定了一个可以和用户交谈的方法，我们不是把需求写下来，传来传去，并在时间不够用的时候还在商谈，而是和客户交谈。我们会在纸上画一些界面样例，有时做一些原型，我们经常开发一点就给潜在的用户，展示我们开发了什么。我们至少每月一次邀请一些典型用户，向他们演示我们开发的功能。我们贴近我们的用户，向用户展示我们一点一滴的进度，这样便在不知不觉中发现一个不需要漂亮的需求文档就可以成功的方法。"

科恩还曾说道："大量预先的需求收集和文档，会以很多方式导致项目失败，最常见的是需求文档变成软件开发的目的，应当在对交付软件有用时才写需求文档。"

所以，科恩所反对的不过是"长篇大论的漂亮的需求文档"，反对的是"大量预先的需求收集和文档"，这自然是对的。但科恩并没说要反对 UML。科恩历任多个软件开发公司的技术总监，有很强的软件架构能力。科恩是在拥有该能力的基础上提出的用户故事，目的是要简化文档。

15.3.2 用 UML 可提升用户故事的质量

UML 是结构化的语言，因此我们在编写用户故事时，可用 UML 来提升沟通能力。科恩反对"大量预先的需求收集和文档"，理由是语言的不准确性会导致误解，但这不应成为不提升沟通能力的理由。关于沟通问题，科恩列举了小孩洗澡的故事。

小孩的父亲在浴缸中放满了水，让孩子进入水中，小孩大概只有两三岁，她先用脚趾试了下水温，告诉父亲："水要热点儿。"父亲把手放到水中，惊奇地发现，水并不凉，水温已经比他女儿习惯的温度更高了。父亲思考了一下孩子的要求，发现他们的沟通出现了问题，相同的词代表不同的意义。对于孩子的要求"水要热点儿"，任何大人的理解都和“提高水温”是一样的，然而对孩子而言，“水要热点儿”的意思是“让水温更接近我认为的热的温度”。

通过这个案例，科恩提出书面语句容易产生误解，所以提出产品经理“需要与开发人员、客户和用户频繁沟通”，这就要用到用户故事。毫无疑问，这是对的。但是沟通问题往往成了一些产品经理不学 UML，以及搞不清需求的“挡箭牌”。优秀的产品经理仍然会运用 UML 的思维，来解决小孩洗澡的问题。

此时，产品经理应运用类和对象的思维，应明确当前“水的温度是多少度”。这就是在明确水这个对象的温度属性值，或者用活动图的“(主)动宾”的表达方式，要说“调高或调低水温”或“调整温度到体感温度”。诚然，这种沟通方式对孩子来说仍然困难，但是对一个成人来说，这种沟通是可以掌握的。同样，你也可以把这种表述清晰地传递给研发人员，而不是用小孩子的说法——“水要热点”这种有歧义的表述。

所以，产品经理应通过学习 UML，来提升用户故事的编写水平和自己的沟通能力，并提升需求编写的质量。

15.3.3 UML 是设计大系统的必选

很多产品经理并不懂 UML，一开始就用用户故事做分析。诚然，在大多数情况下，该方法是有效的。这是因为，不仅用户想不明白产品怎么做，而且产品经理也想不明白。那么，用户就一点一点地提需求，产品经理就一点一点地满足需求。

但是对于设计一个大系统，产品经理仅懂用户故事是不够的。产品经理应仔细思考大系统的信息结构等，这属于领域设计的范畴；产品经理还应梳理业务之间的关系，这就要用用例；或者产品经理还应梳理出复杂流程，这就要用流程图。这些都必须用 UML 来表达。《启示录》的作者马丁·卡根曾一针见血地指出：“如果产品设计者自己脑袋里都没有清晰的模型，那么怎么控制最终产品的形态呢？”马丁·卡根又说：“真正合格的产品经理，必定会交给开发团队清晰、严谨的产品说明。”

对于产品经理的工作，我们的目标就是，在掌握敏捷开发和用户故事的基础上，再给出清晰和严谨的文档。当然，这个文档可用 UML 图表达结构，或者用用户故事写过程，或者由简单的原型图构成。无论采用哪种表达方法，UML 都将发挥威力。

15.4 本章提要

1. 本书提到的用例不符合 UML 的规范，UML 定义的用例常常被研发人员使用，目标是避免代码重复等。UML 的用例关系包括导航关系、依赖关系、包含关系、扩展关系、实现关系等。本书定义的用例关系强调了用例的层次，不考虑代码的组织。

2. 用户故事描述了对用户、系统或软件购买者有价值的功能。用例是对参与者发起的一组动作的描述，系统响应该组动作，并产生可观察到的结果。从定义看，用户故事和用例是基本等同的。两者的异同有：两者都在描述功能；用户故事用文字描述功能，而用例用图形描述功能；用户故事侧重挖掘需求，用例侧重梳理软件设计问题。但两者的区别并不绝对，只是大致的划分。

3. UML 和用户故事并不矛盾，用户故事有用，UML 也有用，两者相辅相成，都是为梳理需求而存在的。学习 UML 将有利于提升产品经理编写文档的水平和沟通水平。

后记

在完成最后一章的那一刻，我如释重负。

产品经理所需的知识众多，各种知识交叉度极高，所以写本书最大的挑战是如何把这些知识点结构化。为此我和专家们进行讨论，并参考了 42 本书，对全书大改了 7 次，四层九要素的理论体系也在修改中逐步完善。

在四层九要素中，由于先融进了 UML 的用例图、流程图（活动图）、状态图和类图等内容，因此首先确认的是功能框架、非功能框架、业务流程、业务操作和信息关系这五个要素。有的专家认为，UML 没有价值——没学过的人也能完成工作。但我发现部分资深产品经理也会画错，这导致业务梳理不清、产品规划有漏洞。所以我认为这些内容还是有必要加入的，并且写了注意事项。在此基础上，我又确认了产品战略、解决方案这两个要素的差异，产品战略更侧重定义产品的边界，而解决方案更侧重在该边界内定义哪个模块要先做。最后确认的是信息设计和交互设计这两个要素，它们精炼了界面设计的工作。这九要素根据从宏观到微观、从抽象到具体的顺序分为四层，业务设计的四层九要素框架模型由此建立。

纵览全书，这个模型如一根丝线串起了一颗颗美丽的珍珠，特点是高内聚、低耦合，知识点之间不重合，顺应了产品人的分析思路，也让学习更加轻松。

感谢

首先，我要感谢俞军老师、KK、张恂老师和谢启斌（Galen）。

俞军老师是百度前产品 VP，曾给我讲过课。本书中有关产品价值的内容参考了俞军老师的《俞军产品方法论》，但担心把握不准还和俞军老师做了确认。KK 是连续创业者、战略顾问、投资人，也是我的老领导和导师。KK 在产品战略、解决方案等方面提出的宝贵意见，帮助我优化了内容、完善了四层九要素模型的理论体系。张恂老师是建模的权威，是太极建模方法的创始人。在张老师的严格要求下，我对本书中的概念表述反复推敲和修改，力求精确和严谨。谢启斌是客如云前产品总监、阿里巴巴商家中台前 P10 产品研究员，产品功力极其深厚，对本书的目标提出了实用性很强的建议，帮助本书在深化用户故事部分更加落地。

其次，非常感谢执曦、桑雨、徐荣荣、刘超、子非鱼等行业同人。他们是本书的早期读者，有些案例就来自他们的真实体验。

再次，我要感谢我职场中的老领导、领路人老童、Ryan、彭总、邓总等人，是他们在战略、执行等方面给予了我指导、帮助和提携，从而塑造了我的产品观。

特别感谢责任编辑林瑞和老师对我的认可和帮助，没有林老师的慧眼，就没有本书的出版。

另外，我也要感谢我的妻子，她工作很忙但是却负担了繁重的家务，让我集中精力完成此书。我也要感谢我的孩子，他成为我的第一个读者，我会尝试着把某些概念讲给他听，他给出的反馈是，我要站在读者的角度去审视自己的表述。

最后，我也要感谢购买本书的读者们，希望这本书能帮助你们设计出更好的产品，并在产品经理这条路上越走越好！

延伸学习

除了本书，我还在知识星球上创建了“图解产品设计”社群，可以作为你学习的加油站。如果你想要深入学习，对自我发展、行业选择有困惑，对产品设计有追求，这里有你想要的答案；如果你想要转行，无论是应届生还是在职人员，这里是你的好参谋。希望星球的某句话、某篇文章，能照亮还在黑暗中摸索的你。你可在星球里提出问题、获取资料和优惠课程。

提出问题

转行咨询：针对应届生和在职人员的转行咨询；

知识答疑：针对本书或其他产品知识的答疑；

职业点醒：解答行业的选择、面试的困惑等。

干货资料

干货分享：我写的简历模板、面试题库，以及其他行业资料；

书籍推荐：万字长文的书籍推荐，帮你找到学习方向；

本书资源：本书的知识地图、概念汇总和部分源文档；

深度好文：精选我和其他产品友人的好文。

课程信息

这本书是我课程的部分精华，我还有 B 端设计、交互设计、用户增长、简历和面试指导等课程，这些内容会陆续以录播、直播等形式呈现给读者，星球里会有课程信息和优惠价格。

最后，愿你在产品经理的道路上持续精进，成为一名高手，实现自我梦想！

微信扫码星球“图解产品设计”（二维码请见封面的作者简介），获取万字书单，简历模板、20 道面试回答！

反侵权盗版声明